한역 근대 과학기술서와 대한제국의 과학

지은이 | 김 연 희

이화여자대학교 과학교육과를 졸업하고, 서울대학교 과학사 및 과학철학 협동과정에서 과학사로
석사 및 박사학위를 받았다. 개항 이후 정부에 의해 도입된 근대 과학과 기술에 관한 책을 포함해
여러 편의 논문을 발표했다. 또 한국 전통 과학과 근대 과학 도입에 대한 어린이들의 이해를 돕기
위해 책들을 저술하기도 했다.
현재 문화재청 문화재위원, 국립고궁박물관 자문위원회 부위원장으로 활동 중이다.
논저로 『한국 근대과학형성사』(들녘, 2016), 『전신으로 이어진 대한제국, 성공과 좌절의 역사』(혜안,
2018) 등이 있다.

한역 근대 과학기술서와 대한제국의 과학

근대 과학으로의 여정

김 연 희 지음

초판 1쇄 발행   2019년 4월 30일

펴낸이 오일주
펴낸곳 도서출판 혜안

등록번호 제22-471호
등록일자 1993년 7월 30일

주 소 ⍝04052 서울시 마포구 와우산로 35길 3(서교동) 102호
전 화 3141-3711~2
팩 스 3141-3710
이메일 hyeanpub@hanmail.net

ISBN   978-89-8494-629-3   93400

값 28,000 원

이 도서는 2014년 정부 재원(교육부)으로 한국연구재단의 지원을 받아 연구되었음
(NRF-2014S1A5B5A02016265)

한역 근대 과학기술서와 대한제국의 과학

근대 과학으로의 여정

김 연 희 지음

혜안

책머리에

조선의 고종 시대는 우리 역사 가운데 가장 어두웠던 시절의 하나이다. 더욱이 그 끝이 처참한 비운의 시대로 이어져 연구하기에 힘이 빠지는 시기이다. 그럼에도 처음 과학사 공부를 시작하면서 조선의 고종 시대에 주목했다. 그것은 "나라를 빼앗긴 까닭은 과학 학습을 하지 않았기 때문일 것"이라는 생각에서였음을 고백하지 않을 수 없다. "왜 우리 민족은 과학을 하지 않았는가?", "우리 민족은 과학을 싫어하는가?" 혹시 "과학을 공부할 지적 능력이 부족한 것은 아니었을까?"와 같은 식의 자괴감에 얼룩진 생각들도 있었다. 그리고 그 흔적을 찾기 위해, 역사에서 차지하는 과학의 위치를 찾기 위해 이 시기를 들여다보기로 마음먹었다.

하지만 과학사를 공부하면서, 그리고 과학사의 사유 방식, 연구 방법으로 고종 시대를 들여다보면서 이런 생각들이 달라졌다. 그리고 질문도 바뀌었다. 이런 변화는 과학은 시대와 사회, 그리고 문화에 따라 달라졌고 사회의 산물이며 심지어 한 형태로 이루어지지도 않았다는 학습 결과에 의한 것이다.

이런 관점에서 보면 500년의 지적 전통의 사회인 조선이 서양의 과학 기술을 받아들이는 일은 쉽지 않았다. 이런 사회에서 전격적으로 신속하게 이루어지지 않았음은 오히려 당연했다. 물론 조선 사회에서 작동하는 자연관은 현대의 관점에서 보면 자연을 잘 설명하지도, 정확하지도, 예측을 잘하는 체계도 아니었다. 하지만 근대 과학이라는 아주 특이한 지식체계와 마주하기 이전, 자연 현상을 잘 설명했고, 삶과 일상생활에 관련한 중요한 현상들의 예측에도 큰 무리가 없었고, 심지어 사회 질서를 튼튼하게 유지시켜 주기도 했다. 지적 바탕은 매우 두터웠다. 이런 지적 전통을 하루아침에 우리보다 좀 더 강한 무기를 만들 수 있는 지식 체계로 모두 바꾸지 않았다고 비난할 수는 없다. 과학혁명의 현장이었던 서양에서조차 코페르니쿠스의 태양중심설을 받아들이는 데에 50년, 뉴튼의 만유인력을 받아들이는 데에도 50년이 걸리지 않았던가.

조선에도 시대 상황 논리라는 것이 존재했다. 고종도 이 논리에서 멀리 떨어져 있지 않았다. 그도 서양 제국의 근대 과학기술을 맞닥뜨렸고, 그 힘을 인식했다. 막강한 화력과 풍요로운 물질로 무장한 서양 과학에 혹하지 않을 사회나 위정자가 얼마나 되겠는가? 그는 이를 도입하려 했다. 그가 택한 방식은 전통 사회와 전면적 충돌이 감지되는 서양 근대 과학기술의 전모에 대한 도입과 학습보다는 국정 개혁에 도움이 될 만한 분야를 선별해 이를 적극 도입하는 방식을 택했다. 이처럼 조선 사회는 근대 과학을 포함한 서양 문명에 저항하지 않았다. 그렇다고 무조건 전통을 폐기하지도 않았다. 도입된 분야들과 연결된 다양한 근대 과학, 그리고 이를 포함한 근대 과학의 패러다임을 전통의 자연관 안에서 소화하고자 끊임없이 시도했다.

이 과정들을 검토하고 연구하면서 내 연구 질문들도 바뀌었다. 왜 망했을까, 왜 과학 도입에 늦어졌을까 하는 패배주의적 질문에서 근대 과학기술을 받아들이는 방식과 전통과의 조율과 조화, 그 과정에서의 변화 방식 등에 관한 질문들로 바뀌었고 연구 과제도 변했다.

최근 규장각에서 발견한 수천 권에 달하는 160여 종의 한역 근대 과학기술서는 이런 질문과 연구 과제의 변화에 크게 영향을 미쳤다. 책을 좋아하는 조선에서 이를 쌓아놓기만 하지 않았으리라는 생각에 이 책들을 들여다보고 내용을 살피고 정리하고 분류했다. 이 책들이 들어온 경로를 검토하고, 이 책들의 쓰임을 추적하고 가늠했다. 그리고 원본을 찾아다니며 번역에 의한 혼종을 찾으려 했다.

이처럼 과학사, 특히 한국과학사를 공부하는 동안, 이 연구들은 나를 변화시키고, 근대 과학에 관한 열등감에서 탈피하도록 도왔다. 이 과정에서 조선의 개화를 위한 정책의 전환, 이에 따른 지식 풍토, 혹은 지적 맥락의 변화, 지식 유입 통로의 변화들처럼 내가 그동안 집중했던 연구 과제와 관련한 여러 편의 연구 결과를 발표했다.

그럼에도 불구하고 이 시대의 과학과 관련한 지식 풍토, 혹은 지적 맥락을 점검하는 연구들은 더디게 진척되고 있다. 여기에는 시대에 대한 편견, 근대 과학에 적대적이고 변화에 소극적일 뿐만 아니라 수구적인 태도를 견지했다는 오해가 가장 크다고 본다. 또 근대 학제와 근대 교육은 일제강점기에 형성되었다거나, 모든 근대 문명 역시 이 시기에 도입되었다거나 하면서 조선에 근대를 선사한 시혜자를 자임했던 일제의 왜곡된 선전도 크게 자리 잡고 있다. 여기에 더해 일제강점기 이전의 변화조차 서양 선교사들이나 외국 사업가들에 의해 주어진 것으로 포장되었다. 조선 정부와 백성은 타문화에 배타적이고 수동적이어서 그저 두 손 놓은 채 그들이 베푼 은혜조차 받아들이기를 거부했다는 주장이었다. 여기에는 민족적 멸시도 어김없이 개입되었다. 이런 제국주의적 편견들의 흔적을 심지어 최근의 연구에서도 찾을 수 있는데 이는 이런 이념 공세가 얼마나 뿌리 깊은지를 웅변하는 일이다.

이 시대를 연구하는 사람으로서 가졌던 부담감이 적지 않았음을 고백하려 한다. 부담감 가운데 하나는 이 시대의 자료의 방대함에 따른 것이었다. 고종 치하의 40년 간 이루어진 일들이 매우 많았고, 그런 만큼 자료의 양도 만만치 않으며, 그 가운데에는 사료 자체에 내재된 여러 문제들의 맥락을 정확하게 이해하고 있어야 한다는 점에서 왔다. 또 하나의 부담감은 당시 근대 과학기술이 사회 전반과 관련한 사안이었다는 데에서 왔다. 과학기술 도입은 대개 외교의 문제였으며, 정부 시책과 관련한 만큼 행정적 사안이기도 했을 뿐만 아니라 무엇보다도 전통적 사유 방식과 관련된 사상의 문제이기도 했다. 이렇게 광범하게 대한제국 전후 사회의 전반을 이해해야 한다는 압박도 컸다. 이런 압박과 부담을 해결하기 위해 기본적으로 관련된 분야의 학습과 더불어 관련 사료들을 수집하고 이해하고 분류하고 정리하는 작업부터 시작했다. 이 작업들은 '내가 보지 않은 사료에 다른 이야기가 있으면 어떡하나' 하는 원초적인 염려에서 벗어나게 해주었다.

나는 내가 공부하며 모으고 정리했던 자료들이 비록 완벽하지 않지만 이 시대를 연구하는 분들과 이를 공유하려 한다. 2부에 근대 과학기술서적의 도입과 수용 및 활용을 검토하면서 모으고 정리한 자료들을 실었다.

이 책은 한국연구재단의 지원을 받아 수행되었던 3개년 연구의 최종 결산이기도 하다. 국가의 재정 지원으로 이루어진 만큼 최선을 다했다. 이 책이 이 시대의 지식 풍토를 다루는 연구자들에게 조금이라도 도움이 되었으면 한다. 그리고 이 시기 과학과 기술을 수용과 관련한 다양한 해석과 깊이 있는 연구가 진행되어 활발하게 논의들이 전개되었으면 하는 바람이다. 그리고 대한제국에 이루어진 과학기술 도입에 관한 다방면의 노력과 작업, 그리고 결과들이 재평가되어 제 자리를 차지했으며 한다.

이 책은 앞에서 언급한 대로 한국연구재단의 지원으로 출간될 수 있었다.(2014년 선정 인문사회분야[학문후속세대지원사업(학술연구교수, NRF-2014S1A5B5A02016265]의 3차년도 사업의 결과물임) 이같이 지원해준 한국연구재단에도 감사의 뜻을 전한다. 또 이 책을 발행하는 데에 많은 도움을 준 한국과학사학회지 관계자 여러분과 쉽지 않은 책의 편집과 간행에 힘써준 도서출판 혜안에도 감사드린다.

글싣는 차례

제2부

14

서 장

이 책의 중심 의제는 대한제국기 전후 이 땅에서 이루어진 전통 과학의 근대 과학으로의 이행, 혹은 전환 과정의 검토이다. 특히 한역 근대 과학기술서적들을 중심으로 이들 서적들이 대거 입수되는 1880년대 이후 경술국치 이전까지 이 서적들의 영향과 이에 따른 지적 지형의 변화, 이에 수반될 수밖에 없는 근대 과학의 이해 과정을 중점적으로 살펴보았다.

조선은 개항을 전후해 전통 시대에 존재했던 자연 혹은 기술과 관련한 지식체계와는 전혀 다른 규범과 사유 체계, 연구 목적 및 방법, 언어, 우주관, 자연관, 세분화된 분야의 이론 등으로 구성된 근대 서양 과학기술을 발견했다. 음양오행과 이들 사이의 상생이나 상극과 같은 관계로 자연 현상을 정성적으로 설명하는 동양 전통의 방식과는 달리 서양 과학은 분석적이었고 기계적이었으며 실험적이었다. 이런 형태의 과학이 서양에서도 고대로부터 지속적으로 존재했거나 누적적으로 발전했던 것은 아니었다. 서양에서도 중세까지 자연 현상의 설명은 지상의 4개 원소와 우주의 제5원소를 바탕으로 한 경험에 기반한 것으로 지극히 상식적 수준을 벗어나지 못했다. 심지어 중세의 기독교와 결합함으로써 동양 전통보다 합리성 측면에서 문제가 더 심각했다. 하지만 16, 17세기에 이루어졌던 과학혁명으로 고대 중세 이래 고수되었던 자연관과 기독교적 설명 체계들은 해체되고 해소되었다. 과학혁명은 말 그대로 혁명이었다.

서양의 새로운 과학은 운동의 원인보다는 운동이 일어나는 과정에 주목했고, 이 과정에는 신도 개입할 수 없었다. 오로지 자연에서 운동하는 물질만이 상호 작용하면서 일어나는 기계적인 운동만으로 변화와 생성이 진행되었다. 이 운동들은 또 수많은 운동으로 잘게 분해되었고, 각각의 과정을 수학이라는 감정이 개입되지 않은 언어로 설명할 수 있게 되었다. 그리고 각각의 현상은 또 실험실에서 재현할 수 있었고, 이 역시 수학으로 구축한 이론을 검증할 수 있게 되었다. 서양이라고 이 과정이 순식간에 일어났던 것은 아니었다. 200년에 걸쳐 일어났다. 많은 고대로부터의 사유 방식이 해체되었고, 기독교적 자연관이 분해되었다. 이를 대체하는 새로운 자연관이 재구성되었다. 이를 바탕으로 하는 이론 체계 역시 구성되었으며 연구 목적 역시 재설정되었다. 자연에 대한 이해는 인류 공영에 이바지해야 했다. 이런 목적으로 추구된 지식만이 가치를 부여받았다.

과학혁명에 의해 형성된 새로운 과학은 자연을 통제하고 지배하는 힘을 가지게 되었다. 이전 시대와는 확연히 구별되는 위치를 장악했다. 근대 과학혁명 이후 과학은 풍요로움을 인류에게 선사하는 산업혁명의 바탕이 되었고 이 과정에서 과학 이론을 기반으로 하는 기술인 공학이라는 분야가 형성되기도 했다. 자연을 통제하는 힘을 가지게 된 과학과 공학은 엄청난 화력을 앞세운 제국의 확장 정책에 의해 조선에도 전달되었다.

당시 조선은 서양의 제국주의 팽창이라는 녹록치 않은 상황에 직면하고 있었다. 19세기 중반 이후 조선 정부는 이전에 경험하지 못했던 위협과 마주 했다. 조선은 북경의 함락을 목도하고 병인양요와 신미양요를 직접 겪으면서 서양의 강력한 힘에 경악했다. 이런 서양 열강의 공격을 막아내기 위한 대책을 강구하는 것이 현안으로 대두되었다. 대비책 가운데 하나가 서양 열강 수준의 화력(火力)을 보유하는 것이었고, 이를 도입, 유지, 운영, 관리하기 위한 풍부한 재정을 마련하는 일이었다. 즉 부국강병이 그 대비책이자 국정과제로 등장했던 것이다. 또 조선의 위정자들은 서양의 부강함은 동양에는 없는 근대 과학기술에 의한 것이라는 판단으로 서양 과학기술의 학습과 수용을 도모하기도 했다.[1]

이미 서양 과학기술 학습과 도입에 대한 생각은 대원군 집정기 때에도 존재했었다. 비록 척왜양이(斥倭攘夷)의 기치를 높이 들어 쇄국을 주장했음에도 불구하고 대원군은 서양 무기 제조 방식 도입을 위해 무기 관련서적 수집을 주도했다.[2] 이는 해방(海防)을 중심으로 하는 국방 정책이었고, 달라진 무기에 대응하기 위한 방어 전략의 일환이었다. 그가 수집한 『영환지략(瀛環志略)』과 『해국도지(海國圖志)』 등은 서계여(徐繼畬, 1795~1873)나 위원(魏源, 1794~1856) 등 중국인의 저서였다. 이 책들은 서양의 과학기술, 서양의 경제와 정치, 무기 및 군사 상황을 포함한 서양 사정을 중심으로 이루어졌고 간접적으로 서양 무기를 설명했다. 서양 무기 내용이 이 책들의 핵심이 아니었음에도 당시로서는 서양 과학기술 관련 정보의 양은 상당한 수준의 것이었다.[3] 중국에서도 1868년 이후에

---

1) 강력한 무력을 행사하는 서양문명을 인식하는 동양의 시각에 대해서는 김월회, "문명의 표준을 점하라", 『문명 안으로』(한길사, 2011), 149~170쪽 참조.
2) 대원군 집권기, 정부 차원에서 도입해 이용한 책으로 『해국도지』, 『영환지략』, 『博物新編』 등을 들 수 있다. 이에 대해서는 박성래, "大院君 시대의 과학기술(科學技術)", 『한국과학사학회지』 2-1(1980), 9~12쪽 참조.

야 비로소 상해 강남제조국 번역관(上海 江南製造局 飜譯館)이 조직되고 운영되었기 때문이다. 대원군은 신헌(申櫶, 1811~1884)으로 하여금 이 책들을 참고로 무기를 개량하게 했다.[4]

대원군 집정 당시에도 정부에서의 이런 움직임은 민간에 영향을 미쳤다. 개항 이전 한역 과학기술서적들이 유입되었고 그 흔적은 당대 최고의 실학자인 최한기(崔漢綺, 1803~1877)에게서 찾을 수 있다. 그는 이런 서학 관련서적들을 매우 광범위하게 수집하고 읽었던 것으로 유명하다.[5] 또 대청 역관 무역의 핵심이었던 오경석(吳慶錫, 1831~1879) 역시 최한기 못지않게 많은 중국 서적들을 수집, 장서한 것으로 알려졌다.[6] 그가 초기 개화 세력의 핵심이 될 수 있었던 것은 이런 광범위한 도서 수집 및 독서와 무관하지 않다.

이런 움직임은 고종 친정 이후의 상황과 비교해보면 매우 미미했다. 고종 친정 이래 조선 정부는 개항을 추진하면서 서양 과학기술을 본격적으로 도입했고 이것이 미치는 영향은 지대했다. 서양의 풍요로움과 강력한 화력을 도입해야 한다는 생각으로 조선 정부는 부국강병이라는

---

3) 『瀛環志略』은 1848년 徐繼畬가 쓴 책이며, 『海國圖志』는 魏源이 쓴 책이다. 특히 세계 지지를 중심으로 소개한 『해국도지』에는 戰船, 水雷砲 등을 포함 서양 무기들과 관련한 적지 않은 정보들이 실려 있었다.

4) 대원군의 무기제조와 관련해서는 김연희, "영선사행 군계학조단 재평가", 『韓國史研究』 vol. 137(2007), 229~230쪽을 참조할 것.

5) 최한기의 저술을 모은 『明南樓叢書』에서 그가 접한 서학서들의 일단과 이해와 관련한 정황을 살펴볼 수 있다. 예를 들어 제5책 『身機踐驗』은 서양 의학과 물리학을 다루었고 권8의 "諸氣致用"편에는 風雨鍼, 寒暑鍼과 같은 각종 서양 기상 측정 기구들이나 실험기구들이 제시되어 있으며 '전기편'에서는 『박물신편』의 '전기'를 그대로 전재하기도 했다. 그는 이 저술들에서 광범위하게 서양 서적들을 참고하고 있어 당시 민간에서 구할 수 있던 서양 과학서적의 양이 적지 않았음을 알려주었다.

6) 신용하, "吳慶錫의 開化思想과 開化活動", 『韓國近代社會思想史研究』(서울 : 一志社, 1987), 97~100쪽.

18

이전에 도모하지 않았던 지향점을 설정하고 국정 쇄신을 도모했으며[7] 본격적으로 관련서적들을 대량으로 구매했고, 관련 기술을 익히기 위해 청나라와 일본으로 유학을 보냈다. 이런 대대적인 움직임을 바탕으로 정부 하위 부서들이 혁신되었고, 조선의 지적 풍토에도 영향을 미쳤다.

물론 조선 정부의 위정자들이 도입을 희망한 것은 근대 과학기술의 바탕인 자연관이나 세계관은 아니었다. 그들은 서양 제국에서 생산된 기술의 결과물들을 원했다. 특히 강력한 무기체계의 도입을 갈망했다. 그들에게 서양 과학기술은 부국강병의 실현 수단이자 도구에 불과했다. 서양 근대 과학기술을 부국강병의 수단으로서 이해하는 조선 정부의 태도는 개항 전후 이래 경술국치에 이르는 30년 동안 비교적 일관되게 견지되었다. 이런 태도는 심지어 현대에서도 찾아볼 수 있다.

그럼에도 한 국가의 정부가, 특히 500년이나 유지된 중앙집권 국가 정부가 외래 문물 도입의 핵심 역할을 담당한다는 것은 일개 개인이나 몇몇 집단이 수행하는 차원과는 비교 자체가 불가능한 작업이 진행되었음을 의미했다. 결과도 영향도 차원이 달랐다. 조선 정부가 서양 과학기술을 도입하며 수행한 다양한 국가 정책들로 조선의 사회는 크게 변화했다. 굳건한 전통 사회에 균열이 일어나기 시작했던 것이다. 이런 균열은 새로운 국가 정책과 더불어 이를 수행하기 위해 양성된 서양 과학기술 학습 인력들에 의해서도 이루어졌다. 또 이들을 양성하기 위한 교육기관과 근대 서양학제가 도입된 국가 공식 교육제도에 의해 더 가속되었다. 더불어 사회 곳곳에 배치된 서양 과학이 적용된 신식 문물들도 전통 사회에 영향을 미쳤다. 이들은 500년이 넘는 조선의 굳건한 지식 체계를 해체시켰고 그 핵심에는 한역 근대 과학기술서적들이 자리를 잡고 있었다.

---

7) 이와 관련한 전반적 상황은 김연희, 『한국근대과학형성사』(들녘, 2016)을 참조할 것.

이 책은 한역 근대 과학기술서적을 중심으로 전통적 지식 체계가 해체되는 과정을 살펴본 것이다. 근대 서양 과학지식이 조선에 도입된 방식, 활용되는 방법과 지식 전통 속에서 이해되는 방식, 그리고 확산, 이 과정에서 생성된 변종, 전통 자연관의 해체 과정을 점검했다. 이 과정에 관한 글을 1부에 정리했다. 1부에는 다섯 개의 글을 담았다. 1장에서 조선 정부에 의해 수집되어 국정 쇄신을 위한 자료로 활용되었던 한역 근대 과학기술서적을 대부분 정리하고 소개했다. 이 서적들의 도입 과정과 도입된 책들을 분류하고 내용을 살폈다. 도입 흔적이 있는 220여 종의 서적들을 적시하고, 현재 남겨져 분석이 가능한 서적들 가운데 특히 규장각한국학연구원에서 찾아볼 수 있는 160여 종을 검토했다. 2장과 3장은 이 서적들이 활용되는 방식에 관한 연구이다. 2장은 정부 차원에서의 활용 방식을 살핀 것으로 주로 중앙정부가 확보한 근대 문물 관련 정보의 확산이라는 측면에서『한성순보』와『한성주보』를 중심으로 살폈다. 관보로 전국 곳곳에 배포되었던 이들 매체들에서 한역 근대 과학기술서적들의 활용 방식과 더불어 국가 정책과의 연관성을 점검했다. 이와 같은 정부 차원에서의 활용 검토와 더불어 당시 활동했던 지식인이 이 서적들을 읽어내는 방식도 점검했다. 지석영이 한역 근대 과학기술서적들을 읽고 이해하는 방식을 3장에 실었다.

4장은 1890년대 중반과 광무연간에서 한역 근대 과학기술서적을 활용하는 방식과 활용 후 변화 양상을 추적한 것이다. 1880년대 과학을 지칭하거나 과학 분야에서 사용하던 용어들의 변화, 혹은 사용 용례, 사용자 등도 다루었다. 동시에 서양 과학과 기술을 접한 인물들이 생산한 각종 매체들을 살펴 그들이 사용하는 지적 맥락의 변화, 대한제국기 형성된 근대 과학의 혼종, 이해 방식 등을 정리했다. 그리고 마지막 5장에서 애국계몽운동기, 한역 근대 과학기술서적으로 학습한 이들의 활동으로 이 서적들의 영향이 여전한 가운데 새롭게 등장하기 시작한 움직임들을 살폈다. 당시 간행된 11종의 애국계몽운동기관의 기관지 및 학회지를 통해 이 움직임들을 포착하며 근대 과학 지식의 지형의 변이를 살피는 한편 이 시대에 과학이 이해되고 활용되는 방식을 점검했다.

이 책의 1부에 실린 다섯 편의 글들 가운데 두 편을 제외하고는 모두 이미 학회지에 발표된 글들임을 밝혀둔다.[8] 그 가운데 1장은 내용을 확장하고 보강해 꾸몄다. 새롭게 실은 4장과 5장의 글 두 편은 한국사상 사학회 등에서 발표한 글을 다시 체제를 정비하고 구성을 달리하며 내용을 보충하고 정리한 것이다. 4장에서는 1890년대 중반 이후 조선의 전통적 지적 풍토에 큰 변화가 보이기 시작했음을 밝혔다. 그리고 5장을 통해 을사늑약 직전인 1904년 이전과 이후의 상황을 좀 더 대비해 살펴보 았다. 특히 이 시대 도구로서의 과학기술이라는 인식에 균열이 생기고 있었고, 이때에 비로소 전통적 자연 지식과 근대 과학지식이 대별되고 거리두기가 이루어졌으며 혹은 패러다임 전환도 수행되고 있음을 볼 수 있다. 과학이 수단과 도구로서가 아니라 자체의 연구 목적과 방법이 제시되기도 했다. 이 시기 대한제국의 근대 과학의 지적 위상이 이전과는 다르게 구축되기 시작했다.

이 책의 2부는 1부의 연구들을 진행하면서 모으고 정리하고 분류했던 기초 자료들을 중심으로 꾸몄다. 1880년 전후부터 수입되기 시작한 근대 과학기술 관련서적들과 더불어 1880년 이후 1910년까지 출판된 각종 매체에 나타난 과학기술 관련 기사들을 정리한 자료로 구성했다. 조선 정부가 도입한 220여 종의 추적 가능한 한역 근대 과학기술서적의 현황 내용 분류 및 원전의 소장처를 정리했다. 또 『한성순보』와 『한성주

---

8) 이런 작업이 가능하도록 배려해주신 『한국과학사학회지』 편집인께 지면을 통해 감사하다는 말씀을 전한다.

보』에 나타난 근대 과학기술 관련 기사, 이들 매체에서 이용한 한역 근대 과학기술서 및 기사 자료원과 더불어 조선에서 크게 활용되었다고 알려진『중서문견록』과『격치휘편』의 목록, 그리고 이 잡지들을 기사원으로 한 매체들을 조사해 정리했다. 더불어『대조선독립협회회보』에 나타난 과학 관련 기사들과『독립신문』, 학부에서 발행한 각종 교과서의 과학 관련 항목들을 모아 정리했으며 당시 과학교과서로 쓰인 책들을 조사한 자료도 함께 실었다.

그리고 애국계몽운동기에 발행된 학회지 11종에 실린 과학기술 관련 기사들을 분류하고 정리해 4장에 실었다. 이 11종은『기호흥학회월보』,『대동학회월보』,『대한자강회월보』,『대한협회회보』,『서북학회월보』,『서우』,『호남학보』와 더불어 일본 유학생들이 중심이 되어 펴낸『태극학보』,『대한유학생회학보』,『대한학회월보』,『대한흥학보』등이다. 이 매체에 나타난 근대 과학 관련 기사들을 모두 조사하고 분류하고 정리했다. 여기에는 근대 교육제도, 과학과 기술 및 서양의 문명과 무기들이 언급된 기사들도 포함되었다. 4장에 걸쳐 이를 실었으며, 이들 기사의 분류는 당시 매체에서 제시된 기준을 적용한 것임을 밝혀둔다.

제 1 부

제1장 1880년대 수집된 한역 근대 과학기술서의 이해

─규장각한국학연구원 소장본을 중심으로─*

1. 머리말

이 글은 한역 서양 근대 과학기술서의 내용을 분류하고 정리한 것이다. 이 글에서 살핀 서적들은 대부분 1880년을 전후해 집중적으로 수집되었고, 그만큼 당시 조선 정부의 관심이 투영되어 있다.

대원군 집정기부터 정부에 의해 서양 과학기술 관련서들이 수집되기 시작했고 민간에서 수집되고 유통되었지만 고종 친정 이후의 상황과 비교해보면 미미한 수준에 불과했다. 중앙정부가 주도적으로 무기 체제의 전환과 제도 개혁을 위해 서양 과학기술을 학습하고자 한역 서양 과학기술서를 수집하고 유통 및 배포에 관여하자 관련 책들의 종류가 매우 다양해지고 규모도 폭발적으로 확장되었기 때문이다. 특히 조선

---

* 이 글은 『한국과학사학회지』 38-1(2016. 4)에 실린 "1880년대 수집된 한역 과학기술서의 이해 : 규장각한국학연구원 소장본을 중심으로"를 기본으로, 학회지의 지면 관계상 다 싣기 어려웠던 서적의 내용을 좀 더 보완해 정리했다. 이 학회지에 함께 실었던 "부록"은 제2부 1장에 다시 정리해 실었다.

정부의 서적 수집의 중심에는 최고 권력자였던 고종이 있었다. 그는 중국에서 발간된 도서를 수집하기 위해 전통적 방식, 즉 연례 사절을 통한 조공(朝貢)과 상사(賞賜)를 통한 관무역(官貿易), 기타 사절단 등 외교관계를 적극 활용했다.[1] 그 결과 『내각장서휘편(內閣藏書彙編, 이하 『휘편』으로 줄임)』의 「신내하서목(新內下書目)」과 「춘안당서목(春安堂書 目)」과 같은 서목(書目)이 작성될 수 있었다.[2] 특히 『휘편』에 기록된 서목들은 고종이 친정(親政) 전후부터 서적 수집에 관여했음과 서적에 관한 그의 관심이 적어도 1887년 즈음까지 지속되었음을 보여주었다. 이 목록에는 440종 6870여 책이 집록되었고, 그 가운데 서양 과학 및 수학(역산 포함) 관련서적은 모두 136종에 이르렀다. 이 목록에 의하면 『공업신서(工業新書)』, 『공학필휴(工學必攜)』, 『백공제작신서(百工製作新 書)』, 『백공응용화학편(百工應用化學編)』, 『서양백공신서외편(西洋百工新 書外篇)』정도가 일본에서 온 것이고 이를 제외한 과학기술 관련서적들은 모두 중국에서 발행된 책들이었다. 또 규장각한국학연구원(이하 규장각 으로 줄임)의 『규장각도서중국본종합목록(奎章閣圖書中國本綜合目錄. 이 하 『목록』으로 줄임)』에도 많은 중국 한역 과학기술서적이 정리되어 있는데, 『휘편』에서 볼 수 없는 책들도 적지 않다. 이 『목록』과 『휘편』 등을 종합해보면 조선 정부가 서양 과학기술 관련서적을 약 220종 수집 했으며 현재 약 160종이 보존되어 있다.[3]

---

1) 정형우, 『조선조 서적문화연구』(서울 : 구미무역주식회사 출판부, 1995), 109～ 126쪽.

2) 延甲洙, "內閣藏書彙編", 『해제규장각(解題奎章閣)』제16집(1994), 128～150쪽.

3) 규장각한국학연구원(이하 규장각으로 줄임)에 가장 많은 한역 서양 과학기술서 가 소장되어 있다. 고려대학교 중앙도서관(이하 고려대학교로 줄임)에는 『地學 須知』, 『重學須知』같은 須知류의 책이 8종이 소장되어 있다. 그 가운데에는 『畫器須知』, 『全體須知』처럼 규장각에 보관하고 있지 않은 서적도 있다. 이화여 자대학교 도서관에는 『格物入門』이 보관되어 있다. 숭실대학교 기독교박물관

이와 같은 방대한 양의 한역 근대 과학기술서적이 수집되고 보존되는 상황으로 미루어 당시 이들 서적이 고종 친정 이래 추진된 개화정책에 적지 않은 영향을 미쳤을 것으로 기대되었다.[4] 그 관련성에 관한 연구도 발표된 바 있다. 근대 지구과학 관련 교과서나 『한성순보』와 『한성주보』 기사들을 통해 관련성을 살펴보거나 전신 기술의 수용 과정에서 검토되었다.[5] 하지만 이 서적들과 개화 정책과의 관계, 혹은 이 서적들이 조선 사회에 미친 영향, 이 서적들의 활용 등에 관한 본격적 연구들은 별로 시도되지 않았다. 그리고 이들 서적에 의한 조선 지식 사회의 지적 변화와 관련한 연구도 별로 없는 실정이다. 그에 비해 동시대 중국에 대해서는 이 주제에 관해 다양하게 연구가 진행되었음을 볼 수 있다. 대부분의 한역 근대 과학기술서적들이 중국의 서양 문물 도입 과정에서 이루어진 근대 과학기술 수용에 중요한 역할을 담당한 만큼, 서양 과학기술서적들의 번역 작업이 중국 지식 사회에 미친 영향에 관한 탐구가 이루어졌던 것이다.[6] 예를 들어 번역 작업의 중추 기관이었던 강남제조국 번역관 및 그 핵심 인물 프라이어(John Fryer 傅蘭雅, 1839~1928), 그리고 그가 펴낸 서적에 대한 연구가 진행되었으며,[7]

(이하 숭실대박물관으로 줄임)은 『光學須知』, 『地理須知』와 같이 규장각에서 찾을 수 없는 서적을 포함해 47종의 관련서적을 보관하고 있다.

4) 延甲洙, 위의 글(1994), 128쪽.

5) 이면우, "한국 근대교육기(1876~1910)의 지구과학교육"(서울대학교 박사학위논문, 1997) ; 김연희, "『한성순보』 및 『한성주보』의 과학기술 기사로 본 고종시대 서구문물수용 노력", 『한국과학사학회』 33-1(2011) ; 김연희, "고종시대 근대 통신망 구축 사업"(서울대 박사학위논문, 2006), 171~176쪽.

6) 김민정, "번역을 통한 근대 중국 지식인의 모색", 김민정 외, 『문명안으로』, 171~192쪽 ; Benjamin A. Elman, *On Their Own Terms : Science in China, 1550-1900* (Cambridge, MA : Harvard University Press, 2005) ; idem., *From Philosophy to Philology : Intellectual and Social Aspects of Change in Late Imperial China* (Cambridge, MA ; Harvard University Press, 1984).

7) Adrian Bennett, *John Fryer : The Introduction of Western Science and Technology*

중국에 생소했던 서구 과학의 개념들이 번역, 이해되는 방식에 관한 연구도 수행되었다.[8]

하지만 19세기 말 조선의 지적 상황과 관련한 연구들이 진전되기 위해서는 그에 앞서 한역 근대 과학기술서적 전반에 걸친 실상 파악과 이와 관련한 기초 연구 및 분석 작업이 이루어져야 한다고 본다. 이 글은 바로 이를 목적으로 한다. 1880년 전후 조선 정부 차원에서 수집된 한역 과학기술서적을 중심으로 소장 현황을 추적하고, 내용 점검을 토대로 분류를 시도했으며, 중국 간행 연도 및 조선 도입 시기, 도입 통로, 그리고 서적들 사이의 관계를 규명하려 했다. 덧붙여 가능하면 한역 서적이 저본으로 삼은 서구 원서의 서지 사항과 이를 소장하고 있는 외국 도서관의 현황도 밝히려 했다. 그 결과를 2부 1장의 표로 정리했다.[9]

---

into *Nineteenth-century China* (Cambridge, MA : Harvard University Research Center, 1967).

8) 양일모, "근대 중국의 서양 학문 수용과 번역", 『시대와 철학』 15-2(2004), 119~152쪽.

9) 2부 1장 1절은 『내각장서휘편』의 「신내하서목」과 「춘안당서목」은 연갑수, "내각장서휘편", 『해제규장각』 vol. 16(1994), 153~250쪽 ; 『奎章閣圖書中國本綜合目錄』(규장각한국학연구원 R 017.97 G999j) ; 김윤식, 『陰晴史』『한국사료총서 6』(서울 : 국사편찬위원회, 1958) ; 『漢城旬報』 1882. 4. 26 ; 10. 14의 기사들을 이용했다. 그리고 2부 1장 2절은 Bennett의 책을 참고로 구성했다. 여기에 더해 현재 영국과 일본 등에 소장된 상황도 함께 조사해 정리했음을 밝혀둔다. Bennett, *John Fryer*, pp.82~109.

28   제1부

2. 한역 서양 과학기술서의 소장 현황과 수집 과정

1) 소장 현황

앞에서 언급한 대로 조선 정부가 수집한 서양 과학기술 관련서적은 220여 종이며 그 가운데 현재 약 160종이 보존되어 있다. 이 서적들은 『내각장서휘편』의 「신내하서목」과 「춘안당서목」과 같은 서목(이하 「내하서목」으로 사용함)과 『목록』, 김윤식(金允植, 1835~1922)의 『음청사(陰晴史)』에 기록되어 있다. 이 서적들은 『목록』의 「서학류」에 기록되어 있거나 규장각한국학연구원, 서울대학교 중앙도서관, 숭실대학교 기독교박물관, 이화여자대학교, 고려대학교에 소장되어 있다.[10] 현존하는 서적들은 수집·기록 흔적이 있는 서적들의 약 70%에 해당한다. 이 서적들에는 1880년 이전 강남제조총국 번역관에서 한역하여 발간했던 과학기술서 90여 종 가운데 48종 이상, 중국에서 활동했던 선교회 소속의 익지서회(益智書會)나 묵해서관(墨海書館) 등이 번역·발간한 과학기술 관련서적 60종 가운데 30종 등이 포함되어 있다.[11] 이 책들의 중국

---

10) 규장각한국학연구소(이하 규장각으로 줄임)에 가장 많은 한역 서양 과학기술서 가 소장되어 있다. 고려대학교 중앙도서관(이하 고려대학교로 줄임)에는 『地學須知』, 『重學須知』 같은 須知류의 책이 8종이 소장되어 있다. 그 가운데에는 『畵器須知』, 『全體須知』처럼 규장각에 보관하고 있지 않은 서적도 있었다. 이화여자대학교 도서관에는 『格物入門』이 보관되어 있다. 숭실대학교 기독교박물관(이하 숭실대학교박물관으로 줄임)은 『光學須知』, 『地理須知』와 같이 규장각에서 찾을 수 없는 서적을 포함해 47종의 관련서적을 보관하고 있다.

11) 傅蘭雅, 『譯書事略』(奎中 5406, 上海 : 格致彙編館, 1880), 9~11쪽. 『역서사략』에는 1870년대 강남제조총국, 격치서원, 미화서관 등의 출판사에서 발간한 책을 모두 98종으로 나열하고 있으나 『器象顯眞』을 『器象顯眞圖』로 나누어 두 종으로 하고 있거나, 『克虜伯礮彈』 관련서적을 모두 다섯 종으로 구분하고 있기도 하다. 따라서 이런 상황을 「내하서목」을 기준으로 정리하면 『역서사략』의 98종은 90종이 된다.

출판 연대는 대부분 1870년대였다. 이때는 강남제조국 번역관을 중심으로 프라이어나 와일리(偉烈亞力, Alexander Wylie, 1815~1887), 크레이어(金楷理, Carl Kreyer, ?~?), 맥고완(瑪高溫, John MacGowan, ?~1922)과 같은 서양 선교사들이 이선란(李善蘭, 1810~1882), 화형방(華蘅芳, 1833~1902), 왕덕균(王德均, ?~?) 등의 중국인들과 함께 외국 서적의 번역작업을 활발하게 전개했던 시기였다.[12]

당시 수집된 책들 가운데에는 『구고의(句股義)』, 『수리정온보해(數理精蘊補解)』와 같이 양무운동 전에 간행된 역산서나 『속박물지(續博物志)』, 『지학(地學)』과 같은 동양 전통 서적도 20여 종 포함되어 있다. 하지만 이런 전통의 지식을 담은 서적들도 대부분 1870년대에 재출간되었음을 감안하면 조선 정부가 이들 서적 역시 의도적으로 수집했음을 알 수 있다.

이들 1880년대 수집된 서적들 가운데 특히 "내하서목"에서 찾을 수 있는 책들이 지니는 의미는 매우 크다. 이는 고종과 조선 정부가 이 서적들을 수집했고, 고종의 서재에 이들 서적이 보관되었음을 뜻하기 때문이다. 그리고 "내하서목"에 『만국공보군기초(萬國公報軍器抄)』, 『중서문견록초(中西聞見錄抄)』 등처럼 『만국공보(萬國公報)』, 『중서문견록(中西聞見錄)』 같은 잡지를 정리해 엮은 책들도 기재되어 있음은 이 책들이 단순히 장서용으로 수집되지 않았음을 의미한다. 이들 서적들은 이 서재에 접근할 수 있는 사람들에게 공개되었고, 이들에게 초록의 형태로도 제공되었음을 뜻하기 때문이다. 고종의 서재에 접근 가능했다면, 그들은 조선 정부의 권력 핵심에 있던 사람들이고, 이들 서적이 그들을 통해 국정 운영에 영향력을 행사했을 가능성도 추론할 수 있다.

---

12) Benjamin A. Elman, *ibid.*, p.326.

무엇보다 이 서적들은 왕실의 서재에만 머무르지 않았다는 점이다. 그 가운데에는 『한성순보』 등의 신문 편집작업에 활용된 책들도 있었다.[13] 이는 도입된 서적들이 조선 지식 사회에도 영향을 미쳤을 것임을 시사한다.

2) 수집 경로

영선사행 군계학조단이 많은 서적을 수집했음을 볼 수 있다. 1882년에 돌아온 군계학조단이 가지고 온 과학기술서적 가운데 34종이 "내하서목"에서 발견된다. 이는 군계학조단의 수집 서적 가운데 반에 해당하는 양으로 이는 서적 수집에 고종이 적지 않은 관심을 가졌음을 암시한다. 이 서적들의 목록을 정리한 것이 <표 1>이다.

〈표 1〉 영선사행 군계학조단이 입수한 과학기술 관련 도서목록 중 "내하서목" 기록 34종

서목	발간 연도	입수 연도	비고
開煤要法	1871	1882. 4, 1882. 10	내하서목
開方表	1874	1882. 4	
格致啓蒙	1880	1882. 4	내하서목
句股六術	1874	1882. 4	
九數外錄	1887	1882. 4	
克虜伯礮 관련 6종	1872	1882. 4, 1882. 10	내하서목(4월 操法 2本, 造法 3本, 10월 合法 5本 입수), 克虜伯礮說, 克虜伯礮準心法, 克虜伯礮表, 克虜伯礮彈造法, 克虜伯礮彈附圖, 餠藥造法
金石識別	1871	1882. 4	내하서목
汽機發軔	1871	1882. 4	내하서목
汽機新制	1873	1882. 4, 1882. 10	내하서목
汽機必以	1872	1882. 4, 1882. 10	내하서목
器象顯眞·圖	1872, 1879(도)	1882. 4, 1882. 10	내하서목

---

13) 이에 대해서는 김연희, "『漢城旬報』 및 『漢城周報』의 과학 기술 기사", 13~24쪽.

서목	발간 연도	입수 연도	비고
談天	1859	1882. 4	
代數術	1872	1882. 4.	
對數表	1873	1882. 4	내하서목
董方立算書		1882. 4	
煤藥記		1882. 10	
防海新論	1871	1882. 4, 1882. 10	내하서목
算法統宗	1876	1882. 4	
算學啓蒙	1874	1882. 4	내하서목
三角數理	1879	1882. 4	
三才紀要	1871	1882. 4	
西國近事巢彙		1882. 4	내하서목
西藝知新續刻		1882. 4, 1882. 10	내하서목
聲學	1874	1882. 4, 1882. 10	내하서목
水師章程		1882. 4, 1882. 10	내하서목
水師操練	1872	1882. 4, 1882. 10	내하서목
數學理	1879	1882. 4	
冶金錄	1873	1882. 4	내하서목
御風要述	1871	1882. 4, 1882. 10	내하서목
營壘圖說	1872	1882. 4	내하서목
營城揭要		1882. 4.	내하서목
運規約指	1871	1882. 4	내하서목
輪船布陣·圖	1873	1882. 4, 1882. 10	내하서목
電學	1879	1882. 4	
井礦工程	1879	1882. 4	내하서목
製火藥法	1871	1882. 4, 1882. 10	내하서목(10월, 造火藥法)
地學淺釋	1871(序, 1873)	1882. 4	내하서목
測候叢談	1877	1882. 4	내하서목
八線簡表	1877	1882. 4	
八線對數簡表	1877	1882. 4	
平圓地球全圖	1876	1882. 4	내하서목
爆藥紀要·圖	1880(序, 1875)	1882. 4	내하서목
恒星圖表	1874	1882. 4	
航海簡法	1871	1882. 4, 1882. 10	내하서목
海塘輯要	1873	1882. 4	내하서목
海道圖說		1882. 4	내하서목
弦切對數表	1873	1882. 4	
化學鑑原	1871	1882. 4, 1882. 10	내하서목

서목	발간 연도	입수 연도	비고
化學鑑原續編	1875	1882. 10	
化學分原	1871	1882. 4, 1882. 10	내하서목
繪地法原	1875	1882. 10	내하서목

*참조 : 『내각장서휘편』, 『음청사』, 『역서사략(譯書事略)』. 비고란은 "내하서목"에도 집록
되어 있는 책임을 의미.

   <표 1>에서 보는 것처럼 군계학조단은 두 차례에 걸쳐 각각 49종과
19종을 수집했다. 그 가운데 임오군란 등으로 분실된 서적이나 기기창(機
器廠) 설립을 목적으로 부족한 서적을 보충하기 위해 중복 수집된 서적들
을 빼면 모두 52종이 조선에 들어왔다.[14] 첫 수집 서적들은 사신단
파견에 따른 청의 예단 형식을 빌린 것이었고, 두 번째 모은 서적들은
김윤식이 귀국할 때 천진 기기창 남국(南局)에서 조선의 기기창 설치에
필요한 기기 목록을 작성하면서 함께 구매한 책들이었다. 이 서적들
가운데에는 명대(明代) 정대위(程大位)가 지은『산법통종(算法統宗)』이나
원대(元代) 주세걸(周世傑)이 지은『산학계몽(算學啓蒙)』처럼 전통적 산학
서적도 있지만 이 책들을 제외하면 모두 근대 과학기술 관련책들이었다.
특히 두 차례에 걸쳐 모두 수집한 책 16종 대부분이 증기 기관과 화학
관련서적들이었음은 이들 서적의 수집 목적을 분명하게 드러낸 일이라
할 수 있다.[15]

   군계학조단 이래 조선 정부가 대규모로 혹은 드러내 놓고 서양 과학기
술서를 수집하지는 않았던 것으로 보인다. 그렇다고 수집을 중단한
것은 아니었다. 서적들의 출판 연도를 미루어 보면 관련서적 수집은

---

14) 김윤식, 『陰晴史』, 1882. 4. 26 ; 1882. 10. 14.
15) 4월과 10월 두 차례에 걸쳐 수집된 책은『開煤要法』, 『器象顯眞』, 『汽機新制』,
   『汽機必以』, 『防海新論』, 『西藝知新』, 『聲學』, 『水師章程』, 『水師操練』, 『御風要述』,
   『輪船布陣』, 『製火藥法』, 『航海簡法』, 『化學鑑原』, 『化學分原』 및 크루프 포 관련서적
   들이다.

꾸준히 이루어지고 있었다. 그러나 1880년대 중반을 거치며 수준과 규모는 현격하게 축소되었다. 프라이어의 『역서사략(譯書事略)』에 나타난 "이미 번역을 완성했으나 간행되지 않은 책" 54권과 "부분적으로 번역이 진행된 책" 20권 정도는 거의 입수되지 않았으며, 묵해서관, 미화서관(美華書館) 등 서양 선교회에서 펴낸 책들 역시 찾을 수 없다.16) 심지어 1880년대 중반 이후부터 발행된 서적 가운데 조선 정부가 수집한 것은 40종 정도에 불과했다. 이는 1870대 발행된 서적 70여 종(재발행 포함)의 절반이 1880년대 초반에 대부분 수집되었던 것에 비하면 매우 규모가 작아진 것이었다. 그렇다고 중국에서 서적 번역, 발행 작업이 주춤했던 것은 아니다. 오히려 1880년대는 1870년대보다 더 활발하게 더 많은 서적들이 출판되었다.17) 이를 감안하면 1880년 전후에 조선 정부의 태도에 변화가 생겼음을 알 수 있다.

이런 변화의 배경으로 군계학조단이 들여온 서적이 크게 쓸모가 없다는 평가가 제기되었을 가능성도 배제할 수 없다. 1882년에 수입된 서적들은 대부분 세분화되고 전문적이며 방대한 내용을 담고 있어 서양 과학에 대한 기초 없이 이해하기란 쉽지 않았다. 조선에서 이 서적들을 학습시키고 이해시킬 교육 기관은커녕 전문적인 교육을 받은 사람조차 거의 없는 실정에서는 이 서적들이 큰 소용이 없었기 때문이다. 즉 이들

---

16) 傅蘭雅(英), 『譯書事略』, 9~11쪽. 이 글은 1880년 9월에 나온 것이므로 이에 수록된 목록은 그 이전에 정리되었다고 볼 수 있다.

17) 1886년 프라이어가 작성한 格致書室(The Chinese Scientific Book Depot) 출판 목록에 의하면 371종의 서양 관련서적들이 출판되었고 그 가운데에는 59종의 서양 과학 관련서적과 35종의 수학 서적, 그리고 49종의 중국인 연구서 등 143종이 포함되어 있다. 또 1888년의 목록에는 650종(220종의 중국인 연구서 포함)이 수록되었다. 불과 2년 사이에 두 배 정도로 출판물이 증가했고 중국인이 저술한 연구서는 네 배 수준으로 증가했다. 이에 대해서는 Elman, *On Their Own Terms*, p.333.

서적을 통해 근대 과학기술을 이해하고 습득하기란 쉽지 않았다. 이런 문제 제기로 더 이상 열성적으로 책을 수집하지 않았을 수 있다. 그렇지만 당시 신문 기사를 보면 1886년 이후에도 비슷한 수준의 책들을 다시 수집하고 있었다. 이는 서적 수집 활동의 위축에 책 내용에 대한 평가 이외의 다른 배경이 자리하고 있음을 보여준다. 그 배경으로 제시할 수 있는 것은 1884년 말 갑신정변으로 조선 정부가 직면한 정치, 외교적 위기이다. 청의 간섭 배제를 주장했던 1884년 갑신정변이 실패해 청의 내정 간섭이 오히려 강화되었다. 그 과정에서 『한성순보』가 폐간되었고, 우정총국이 혁파되는 등 조선 정부가 추진했던 여러 개화 정책이 지연되었으며, 심지어 폐지되기까지 했다. 이런 개화 정책의 지연 등이 서적 수집에 부정적 영향을 미쳤고 그 결과 조선 정부가 서적 수집에 적극적으로 나서지 못했으리라는 추측이 가능하다.

비록 1880년대 초반의 서적 수집 상황과는 비교도 안 되지만 1886년 이래 한역 과학기술서적은 다시 수집되기 시작했다. 『한성주보』의 복간이 이런 움직임과 깊게 관련되어 있었다. 하지만 정부가 주도적으로 서목을 작성해 책을 수집하지는 못했다. 서양과의 외교 및 통상 경로를 이용하는 간접적 방식으로 이루어졌음을 볼 수 있다. 독일을 통한 수집이 그 예이다. 독일 총영사 부들러(Hermann Budler, 卜德樂, ?~?)는 1886년 중국 상해를 방문했을 때 새로 번역된 200여 권의 책을 구입해 조선 정부에 기증했고, 조선 정부는 이를 박문국에 보내 신문 발간에 참고하게 했다. 이때 그가 들여온 책의 제목이 남아 있지는 않지만 『한성주보』는 그가 "천문, 지리, 의약, 산수(算數), 만국 사기, 각방 화약(各邦和約)서부터 금수(禽獸), 전광(電礦), 매야(煤冶), 창포, 기기, 수륙 병정, 항해, 측후, 화학, 동물 및 열국 세계(歲計) 증감과 오주(五洲)의 시국 추이"에 이르는 광범위한 서양 한역서적을 기증했다고 전했다.[18] 그것도 "스스로 자신의 돈을 덜어 중국 상해에서 새롭게 번역된 서양서를 사 외아(外衙)에 전하여 본국(本局)에 이른 것이 모두 200여 권"에 이를 정도로 많은 책을 보내왔다는 것이다. 하지만 200여 권에 이르는 한역 서학서의 당시 가격은 기사에서처럼 한 개인이 "스스로 자신의 돈을 덜어" 마련하기에는 만만치 않았다. 서학서의 번역과 출판을 총괄했던 중국 강남제조국이 발행하는 책값은 대략 한 권당 200문 정도로, 그가 기증했다는 책의 총액은 대략 4만 문, 즉 은 400냥에 이르렀다.[19] 이는 천진에 간 군계학조단 30여 명의 한 달 생활비보다 많았다.[20] 이 책값은 독일 정부가 문화 교류를 빙자하여 추진한 비서구권 나라에 대한 계몽 정책의 차원에서 지원되었거나,[21] 혹은 조선 정부에 대한 선물의 일환으로 조선 정부와의 무역에 공을 들이고 있던 독일계 무역 회사인 세창양행(世昌洋行)에 의해 지불되었거나, 아니면 조선 정부가 독일 측에 서적 수입을 대행하게 했을 수도 있다.[22] 특히 서적 수집에 세창양행은 매우 적극적이었다. 이는 이 회사가 당시 처한 특수한 상황 때문이었다. 조선 정부에 독일계 무역 회사를 알선한 묄렌도르프(P. G von Möllendorff, 穆仁德, 1848~1901)가 조·러 밀약 추진으로 청에 의해 소환당해 초래된 불리한 상황에서 세창양행은 조선 정부와 거래를 지속하기 위해 대응책을 마련

---

18) 『한성주보』, 1886. 1. 12.
19) 傅蘭雅(英), 『譯書事略』, 9~10쪽.
20) 김연희, '영선사행 군계학조단 재평가' 『韓國史硏究』 vol. 137(2007), 252~256쪽.
21) 구미 제국의 문명화 사명에 대해서는 권태억, 『일제의 한국 식민지화와 문명화(1904~1919)』(서울대학교 출판문화원, 2014), 9~13쪽. 한편 이 책을 당시 김윤식 외교 독판이 『한성주보』 복간 작업의 일환으로 1885년 마이어 상사에 주문했다는 설도 있다. 하지만 이 설의 근거는 제시되지 않았다. 이에 대해서는 최종고, "구한말의 한독 관계", 『한독 수교 100년사』(한국사 연구협의회, 1984), 100쪽.
22) 독일 세창양행의 대조선 이권 개입에 관해서는 김봉철, "구한말 '세창양행' 광고의 경제 문화사적 의미", 『광고학 연구』 13 : 5(2002), 117~135쪽, 특히 121~126쪽.

했는데, 그 가운데에는 독일 주재 조선 총영사관 설치와 세창양행의 소유주인 독일인 마이어(Heinrich C. E Meyer, 1841~1926)의 총영사 추대와 같은 방안도 포함되었다. 이를 확정하기 위해 세창양행은 조선 정부에 책을 포함한 다양한 선물들을 제공했던 것으로 보인다.[23] 부들러가 책을 선물한 후 얼마 지나지 않아 세창양행 사장인 볼터(Carl Wolter)가 박문국을 직접 방문해 책을 기증하기도 했다.[24] 이처럼 1880년대 중반 이후 수집된 한역 과학기술서적은 대부분 조선 정부가 직접 나서기보다는 통상 경로를 이용해 간접적으로 이루어진 것으로 보인다.[25]

3. 한역 서양과학기술서 분류와 내용

1) 분류의 기준

이들 한역 과학기술서적들의 전모를 파악하기 위해 이 절에서는 이들 서적들의 내용을 살펴 분류했다. 이 작업을 위한 서적의 분류 방식은 다음과 같다.

먼저 상위-중위-하위의 3단계로 나누고 각 범주의 이름은 당대의

---

23) 독일 세창양행과 조선 정부의 관계에 대해서는 趙興胤, "世昌洋行, 마이어, 함부르크 民族博物館", 『東方學志』 46·47·48(1985), 735~767쪽, 특히 742~745쪽 ; 마이어는 1886년 3월 말 독일 주재 조선 총영사로 임명되었다. 이에 대해서는 아세아 문제 연구소, "德案 1", 『구한국 외교 문서』(아세아문제연구소, 1968), 문서번호 411.

24) 같은 책, 문서번호 447.

25) 그럼에도 불구하고 발행 연도가 1887년 이후인 15종의 서적 도입 경위는 알려지지 않았다. 하지만 이 시기에 이르면 민간에서 청나라와 무역이 활발해졌고, 이를 감안하면 민간에서 수집되었을 것으로 추론할 수 있다.

의미를 내포하는 것으로 정한다는 원칙을 세웠다. 범주명은 기본적으로 당시 통용되던 이름을 그대로 쓰고, 혼용되는 경우에는 용례를 참고했다. 그리고 책 분류는 일차적으로 제목보다는 내용을 기준으로 했으며, 현재가 아니라 그에 대한 당대의 인식을 토대로 했다. 이는 서양의 과학기술이 중국에 도입되는 과정에서 중국의 지적 전통과 충돌하면서 변용, 수용의 과정을 겪었고, 부분적으로 그 때문에 당시 사용된 용어들의 의미가 현재와 달랐기 때문이다. 그에 따라 양무운동기에 수입된 서양 과학기술은 중국의 전통적 지식의 체제에 따라 이해되고 분류되었다.[26] 당시의 인식을 반영하기 위해 이 연구에 사용될 범주명은 당시 편찬된『서학과정휘편(西學課程彙編)』과『서국학교(西國學校)』를 참고했다.[27] 이 글들에는 당시 서양의 여러 대학교 및 공업전문학교 등의 학습 편람과 더불어 한역 서양학술 관련서적들을 분류해 소개한 글(편의상 "서목략"으로 부름)도 포함되어 있다.[28] 이 "서목략"은 양계초(梁啓超, 1873~1929)가 작성한 것으로 그는 근대 과학기술서적을 산학(算學), 수학(數學), 지여(地輿), 격치(格致), 예기(藝器), 해방(海防), 무비(武備), 의학(醫學)으로 구분했다. 하지만 이 연구에서 이와 같은 양계초의 구분을 모두 그대로 차용하지는 않았다. 산학, 수학, 해방, 무비를 하나씩 대범주로 분류하지 않고 둘씩 엮어 산학과 수학, 해방과 무비 이렇게 범수화했

---

26) 이에 대해서는 1부 2장을 참조할 것.

27) 『西學課程彙編』(奎中 5615) ;『西國學校』(서울대학교 고문헌실 소장) 참조. 표제는 "西國學校"이나 서울대학교 중앙도서관에는 梁啓超 輯,『德國學校論略』(1897, 光緒 23, 고문헌실 화한서 분류 0230 62)로 찾을 수 있다. 이 글과 비슷한 제목인 "덕국학교론 약서"가 잡지인『중서문견록』21호에 실리기도 했다. 『서국학교』에는『서학과정휘편』이 필사본으로 첨부되어 있다.

28) 『西國學校』, 19~23쪽. "서목류"에는 과학기술류 뿐만 아니라 기독교 신학 및 서양 윤리 등의 서적도 포함되어 있다.『서학과정휘편』에는 格林書院, 涇土學堂, 法國沙浦製造官學堂, 法國汕苔佃礦務學堂, 白海土登監工上等學堂, 白海土登監工學堂, 賽隆匠首學堂 등 학교의 편람이 소개되어 있다.

다. '지여'는 이미 전통적으로 사용하던 '지리'로 바꾸고 '격치'의 중위 범주로 설정했다. 즉 격치, 수학, 예기, 무비, 의학을 상위 단계인 대범주로 둔 것이다.

중위 단계의 분야 설정은 양계초의 구분을 참고하면서 동시에 중국과 조선의 용례를 반영했다. 특히 앞에서 언급한 것처럼 대범주 '격치' 밑의 중위 범주에 '격치'를 다시 두었다. 이 범주에는 뉴턴 역학에 해당하는 책들을 포함시켰다. 이는 알렌(Young J. Allen, 林樂知, 1836~1907)이 1권은 화학, 2권은 격물학, 3권은 천문, 4권은 지리로 나누어 『격치계몽(格致啓蒙)』을 번역·편찬했고, 윌리암슨(Alexander Williamson, 韋廉臣, 1829~1890)의 『격물탐원(格物探原)』 역시 1권 화학, 2권 격물학, 3권 천문 지리, 4권 자연 지리로 나누어 구성했으며, 애드킨스(Joseph Edkins, 艾約瑟, 1823~1905)가 『서학약술(西學略述)』에 『격치질학계몽(格致質學啓蒙)』을 한 책으로 따로 두어 고전 역학 분야를 소개한 것 등을 참고했다. 즉 그들은 서양 과학서적을 편집하고 번역하는 과정에서 격치를 화학과 지리와는 별개 분야로 설정했던 것이다. 이런 용례를 참고로 대분류 '격치' 아래 중위 단계에 격치, 지리, 화학, 동식물학, 총론 등을 두었다. 그리고 중위 범주 '격치'의 하위 단계에는 다시 중학(重學), 성학(聲學), 전기학, 광학을 포함시켰다.[29]

중위 범주 '격치'의 설정에서 천문학은 다른 용례를 참고했다. 앞에 열거한 한역 서학서들이 '천문'을 '격치'에 속하는 범주로 두었음에도 불구하고 동양의 전통 천문학에는 다양한 함의가 내포되어 있기 때문이다. 양계초는 천문학을 산학(算學)으로 분류하기도 했다.[30] 그의 분류에

---

29) 『西學課程彙編』 1. '격치'의 하위 단계인 소분류에는 '格林書院'의 용례를 참고로 했다. 이 학교에서는 고학년 과목으로 '數學致用'의 과목을 수강하게 했는데 여기에는 "動學·力學·鏡學·聲學·光學·熱學·電學·吸鐵學" 등이 포함되었다.

의하면 산학은 마테오 리치(Matteo Ricci, 利瑪竇, 1552~1610) 등 서양
예수교 선교사와 중국인 동역자 이지조(李之藻, 1565~1630), 서광계(徐光
啓, 1562~1633) 등이 쓴『동문산지(同文算指)』나『구고의(句股義)』같은
산학 분야 서적과 더불어 사이츠(Nathan Sites, 薛承恩, 1830~1895)의
『천문천설(天文淺說)』, 와일리의『담천(談天)』과 같은 근대 천문학 서적을
포함했다. 이는 전통적으로 중국의 역산이 천문학과 긴밀하게 관련되었
던 특징을 반영한 것이며, 조선 역시 이런 전통적 특징을 공유했다.
그럼에도 조선에서는 천문을 '지리'의 한 분야로 여기기도 했다. 당시
간행된 신문에서 천문 지리, 자연 지리, 방제(邦制) 지리를 '지리'로 엮고
있음을 발견할 수 있다.[31] 이런 용례들을 감안해 역산법을 제외한 천문학
을 대분류 '격치'의 중위 단계인 '지리'의 하위 범주에 배속했다.

대분류 '수학'에는 전통 수학에 해당하는 역산학을 '산학'으로, 미적분
과 함수 등 근대 서양에 지적 전통을 두고 있는 양산(洋算) 방법들을
'수학'으로 설정했다. 하지만 산학에서 역산과 산법을 구분하는 일은
쉽지 않아 산학의 하위 범주는 설정하지 않았으며, 근대 수학 역시
하위 범주를 두지 않았다.

조선에서 주목했던 서양 기술과 관련 분야는 '예기(藝器) 및 기술'로
엮어 대분류로 설정했다. 이는 "서목략"이 증기 및 기기 관련서적들을
'예기'로 분류했음을 참고로 한 것이다. 더불어 기술을 대분류 범주명에
함께 두었는데 이는 증기기관과 관련 기기를 다룬 책뿐 아니라 서양의
기술과 관련한 다양한 서책이 수집되었기 때문이다. 이 분야의 중위
단계에는 기관 및 기기, 제도, 광학(鑛學), 총론, 기타 기술 등을 두었다.
"서목략"에서 거론하지 않은 분야인 광학(鑛學)도 중위 범주로 설정했다.

---

30)『西國學校』, 19~23쪽.
31)『한성주보』, 1886. 8. 23.

그리고 광학의 하위 분야로 지질학, 채광, 분석 및 에너지원인 탄(炭)과 관련한 분야를 포함시켰다. 특히 지질학의 경우는 땅의 연대기와 지층구조, 특성과 같이 현재 과학의 분야에서 다루는 내용도 적지 않지만, 관련서적 대부분이 당시 최대 관심사였던 석탄층 설명을 제시하고 있음을 감안해 예기 및 기술로 분류했다.

무기 및 국방과 관련한 서적들은 무비(武備)로 포괄했다. 중위 범주로는 오늘날의 육군과 해군의 구분과 비슷하게 병술(兵術)과 해방(海防)으로 나누었다. 병술에는 조포(造砲), 축성(築城), 포격 및 관리, 화약을 하위 범주로 두었다. 해방은 총론(훈련 포함), 항해술, 축성 및 해방, 조선으로 구분했다. 마지막으로, 의술, 위생, 제약을 의학 분야로 분류했으며 이 구분의 기준 역시 "서목략"을 참고했다.

이렇게 설정한 범주명과 서적들을 분류에 따라 정리하면 <표 2>와 같다. 보존된 서적이 가장 많은 분야는 격치 분야로 모두 56종에 이르며 다음이 수학 39종, 무비가 30종, 예기 및 기술이 20종, 의학 분야가 17종이다.

〈표 2〉 보존된 한역 과학기술서적의 분류(2부 1장을 이용해 작성함)

대분류	중분류	소분류	서명
格致	格致	重學	重學, 重學須知, 重學圖說
		氣學	氣學須知
		電氣學	電學圖說, 電氣鍍金略法, 電氣鍍金, 電學須知, 電學, 電氣鍍鎳, 電氣圖說, 電學綱目
		電氣通信	電碼, 電報節略
		光學	光學須知, 光學(부록 : 視學諸器圖說)
		聲學	聲學須知, 聲學
	地理	自然地理	地理須知, 地理志略, 測候叢談
		邦制地理	西國近事彙編, 地球說略, 地志須知
		天文地理	談天, 天文須知
		繪圖	繪地法原

대분류	중분류	소분류	서명
		總論	測地繪圖
	化學		化學衛生論, 化學考質, 化學求數, 化學初階, 化學易知, 化學闡原, 化學須知, 化學鑑原, 化學分原, 化學鑑原續編, 化學鑑原補編
	動植物學	動物	
		植物	植物學
格致	叢論	叢書	聞見彙撰, 智環啓蒙塾課, 格致啓蒙, 發蒙益慧錄, 格致小引, 格物入門, 格物探原, 益智新錄, 博物新編, 西學略述
		叢論	譯書事略, 西學課程彙編
		雜誌	中西聞見錄, 格致彙編
		富國論	易言, 富國策
藝器技術	機關汽機	汽罐·汽機	汽機發軔, 汽機新制, 汽機必以, 蒸氣器械書
		機器	機器火輪船源流考, 機器論理
		製圖	畫器須知, 器象顯眞·器象顯眞圖
	鑛學	採鑛	開煤要法, 礦石圖說, 井礦工程
		地質	地學須知, 地學指略, 地學淺釋
		分析	金石識別, 冶金錄
	技術	叢論	西藝知新
		기타	百工應用化學編, 擴智新編, 歷覽記略
數學	數學		三角數理, 曲線須知, 形學備旨, 圓錐曲線說, 幾何原本, 三角須知, 筆算數學, 代數術, 數學理, 心算初學, 微積溯源, 微積須知, 代微積拾級, 數學啓蒙, 量法須知
	算法		對數表說, 行素軒算稿, <新編>算學啓蒙, 算學發蒙, 算法統宗大全, 算學開方表, 學算筆談, 量法代算, 對數表, 算式輯要, 算學會元, 句股義(中西算學四種), 八線簡表, 算學遺珍, 算學叢書, 九數外錄, 推算錄, 御製數理精蘊, 翠薇山房數學, 弦切對數表, 八線對數簡表, 恆河沙館算草, 九數通考, 董方立算書
醫學	醫術		裏紮新法, 西醫略論, 全體新論, 內科新說, 全體通考, 內科闡微, 眼科指蒙, 全體須知, 婦嬰新說, 重訂解體新書, 醫範提綱圖, 知識五門, 皮膚新編
	劑藥		西藥略釋
	衛生		儒門醫學, 衛生要訣, 衛生要旨
武備	兵術海防	造砲·砲術	火器眞訣, 克虜伯礮表, 克虜伯礮說, 克虜卜礮說彙編, 克虜伯礮彈造法, 克虜伯礮準心法, 演礮圖說輯要, 攻守礮法, 克虜伯礮彈附圖, 洋外砲具全圖, 火器新式
		築城	營壘圖說, 營城揭要
		火藥	爆藥紀要, 餠藥造法, 製火藥法
		航海	輪船布陣·輪船布陣圖, 運規約指, 御風要述, 海道圖說, 萬國航海圖, 航海簡法

대 분류	중 분류	소 분류	서명
		築城	海塘輯要
		叢論	防海新論, 海國圖志續集, 防海紀略, 瀛環志略
		訓練	水師操練, 水師章程
		造砲·砲術	兵船礮法

2) 한역 과학기술 관련서적의 분류 및 내용

(1) 격치 관련서적

가. 격치

격치로 구분되는 서적들은 <표 2>에서 볼 수 있듯이 수집된 양이나 보존된 양이 가장 많다. 또 그 중에서도 가장 많은 서적이 배속된 분야는 중분위인 격치이다. 수집된 서적은 모두 19종이다. 그 가운데 『도금약법 (淘金略法)』만이 없어지고 나머지 18종이 모두 보존되었다.[32] 여기에는 중학(重學) 3종, 전기학 8종, 전기통신 2종, 성학(聲學) 2종, 광학(光學) 2종, 기학 1종이 포함된다.

소분류의 중학은 현재 고전 물리학이라 불리는 분야와 근사하다. 이 범주에 속하는 서적들의 모본(母本)이라고 할 수 있는 책은 1866년 간행된 『중학(重學)』이다.[33] 이 책의 필술(筆述)을 담당한 이선란(李善蘭)은 서(序)에서 중학을 "도량(度量)의 학문이며 권형(權衡)의 학문"이라고 정의 하면서 하늘을 관찰하고 규격을 만드는 일의 근간이라고 소개했다.[34]

---

32) "내하서목"에 기록된 『淘金略法』이라는 제목의 책은 『電氣鍍金略法』의 약칭으로 보인다.

33) 艾約瑟(英) 口譯, 李善蘭 筆述, 『重學』(1866, 奎中 2815-1-5).

34) 艾約瑟 口譯, 이선란 필술, 위의 책, '서'.

이 책은 물체를 운동에 필요한 힘 혹은 에너지를 계산하기 위한 토대인 뉴턴(Isaac Newton, 1642~1727)의 만유인력, 중력을 중점적으로 설명했다. 이를 위해 운동을 위한 질점의 설정, 다양한 운동, 운동 법칙, 힘, 중력, 일과 에너지 사이의 관계를 소개했고, 더 나아가 에너지 전달을 위해 필요한 기계의 설계에 필요한 물리 이론을 제공했다. 그런 만큼 『중학』이 포괄하는 내용은 방대했다. 역학(力學) 개론서 수준의 이 책을 보조하기 위해 마련된『중학도설(重學圖說)』은 다양한 힘, 에너지 전달 도구 및 부품들을 지레와 바퀴, 굴대, 사면(斜面), 벽(劈), 나선(螺旋) 등으로 분류하고 이를 중심으로 그림과 더불어 중요한 요소들을 모두 46개조의 항목으로 나누었다.[35]『중학』을 공부하기 전 초보자들이 역학(力學)에 쉽게 접근할 수 있도록 단순하고 간단하게 정리한 입문서가『중학수지(重學須知)』다.[36]

광학과 성학 관련서적은 각각 2종씩 보존되었다.[37] 각 분야의 이론을 집대성해 설명하는『광학(光學)』과『성학(聲學)』, 그리고 두 분야의 입문서라 할 수 있는『광학수지(光學須知)』,『성학수지(聲學須知)』가 함께 전해졌다.『광학』은 분해되는 빛의 속성을 토대로 발전한 근대 광학이 중심을 이루었다.[38] 이 책은 빛의 속도와 반사, 회절과 굴절 같은 기본적인 빛의 성격과 반사광 실험을 다루었다. 더불어 다양한 렌즈에 따른 반사경도 소개했는데, 반사경을 평면, 오목, 볼록 반사경으로 나누어 관련한 특징을 설명했다. 광학의 초보적 지식을 다룬『광학수지』도 1890년에

---

35) 傅蘭雅(英),『重學圖說』(奎中 5089).

36) 傅蘭雅(英),『重學須知』(奎中 5821-1).

37) 田大里(英), 西里門(英),『光學 부록 : 視學諸器圖說』(奎中 3580-v.1-2) ; 傅蘭雅역, 『光學須知』(1890, 숭실대박물관 0698) ; 田大里(英) 傅蘭雅 공역,『聲學』(1874, 奎中 3424-v.1-2) ; 傅蘭雅,『聲學須知』(1887, 奎中 5813-1)

38) 田大里(英), 西里門(英),『光學(부록 : 視學諸器圖說)』(奎中 3580-v.1-2).

발행되었고 조선 정부는 이를 수집했다.[39] 『성학』은 소리의 특성과 현상과 관련한 물리적 특징 등을 다룬 근대 음향학 이론서이다. 이 책에는 음향학 관련 실험 도구도 실려있다. 『성학수지』는 이 분야의 입문서이다.[40] 소리 전달에 관여하는 여러 성상(性狀)의 매질에 따른 특성을 다루기도 했는데, 예를 들면 진공에서는 소리의 전달이 불가능함을 설명했다. 또 공기 중이나 액체 내에서의 소리 전달 및 속도도 다루었으며, 소리의 크기, 진폭, 진동수처럼 소리의 요소뿐만 아니라 간섭, 회절, 소리의 에너지 등에 관한 설명도 이 책의 일부분을 구성했다. 또 현(弦), 관(管)과 소리와의 관련성도 설명했다.

『기학수지(氣學須知)』는 유체(流體)로서의 기체의 특성을 설명한 책이다.[41] 공기의 정성적 특성, 공기의 압력, 공기 움직임의 특징 등과 더불어 관련한 U자관, 한서표(寒暑表, 온도계), 조습표(燥濕表, 습도계), 측풍기(側風器), 기압기, 측후기 등 측정 및 실험 기구들을 소개했다. 기학은 광학이나 성학과는 달리 수지본만이 수집되었다.

격치학 가운데 가장 많은 종수는 전자기학과 관련이 있었다. 전기학과 관련해 많은 책을 번역하고 직접 쓰기도 한 프라이어는 'electronics'라는 분야를 전기(電氣)라고 번역한 이유를 "자연의 많은 물질들에 숨어 있고 학자가 연구하여 이를 끌어낸 것으로 매우 희박하고 무게가 없는 기질(氣質)인 까닭"이라고 설명했다.[42] 이 전기에 대해 조선에서도 기대가 컸다. 특히 대원군 시절 수뢰포 뇌관 제작 실패가 전기학이라는 생소한 분야에 의한 것이었고, 전기는 "서양 격치학의 공효"를 대표하는 분야로 알려져

---

39) 傅蘭雅(英) 譯, 『光學須知』(1890, 숭실대박물관 0698).

40) 田大里(英), 傅蘭雅(英) 譯, 『聲學』(1874, 奎中 3424-v.1-2) ; 傅蘭雅, 『聲學須知』(1887, 奎中 5813-1).

41) 傅蘭雅, 『氣學須知』(1886, 奎中 5812-1).

42) 傅蘭雅, 『電學須知』(1889. 奎中 5820), 13쪽.

있기도 했다.[43] 보존된 전자기학 관련서적 가운데 『전학(電學)』은 전기학의 개론서라 할 수 있을 정도로 발전(發電)의 원리, 화학 전지 등을 포함한 광범위한 주제에 대해 개괄했다.[44] 전기와 관련한 다양한 질문들을 분류해 함께 다룬 『전학강목(電學綱目)』, 『전학도설(電學圖說)』, 그리고 입문자들을 위한 초보적 내용을 담은 『전학수지(電學須知)』 등이 있다.[45] 전기학 관련 책들은 대부분 전기와 관련한 이론과 설명뿐만 아니라 납득되지 않은 전기 작용을 독자들이 수월하게 이해할 수 있도록 내용을 구성했다. 하지만 이미 음과 양이라는 단어로 자연현상과 체계를 해석하던 동양에서 '음과 양의 성질을 띤다'거나 '전류가 양에서 음으로 흐른다'는 식의 설명을 전개하고 있어 내용을 이해하는 것은 쉽지 않았다. 전기로 동력을 발생하는 전동기에 이르면 내용뿐만 아니라 낯선 기계와 마주해야 했기에 전기는 요령부득의 분야가 되었다. 이런 점이 고려된 『전학도설』, 『전학수지』와 같이 1886년 이후에 간행된 책들은 『전학』과 같은 전기학의 전문 서적과 많은 차이를 보였다.[46] 이 책들은 전기학에 대해 초보적이고 입문적인 내용으로 구성되어 있으며 분량도 적었고 그림으로 전기 및 자기 현상을 설명해 이 분야에 쉽게 접근할 수 있도록 구성했다.

전기학을 활용하는 예로 주목을 끈 것은 도금(鍍金)이었다. 도금은 녹이 잘 스는 금속이나 값이 싼 금속을 금과 은, 혹은 니켈 등으로 막을 입혀 표면의 성질을 전환시켜 녹을 방지하고 "그릇을 아름답게 하는" 서양에서 발명한 새로운 방법으로 소개되었다. 이 3종은 이 주제에 관해 중국에서

---

43) 수뢰포 제작과 뇌관에 대해서는 김연희, "영선사행 군계학조단의 재평가", 229~230쪽 ; 『한성순보』, 1883. 11. 30.

44) 瑙挨德(英), 傳蘭雅(英), 『電學』(1879, 奎中 2994).

45) 위의 책 ; 田大里(英)輯, 傳蘭雅(英)口譯, 『電學綱目』(奎中 3050).

46) 傳蘭雅 譯, 『電學圖說』(奎中 5328) ; 『電學須知』(奎中 5789, 5820).

발행한 서적의 전부였으며, 실제로 앞의 두 책은『전기도금약법』을 기본으로 한 중복 간행이었다.『전기도금약법』을 번역한 프라이어는 이 책을 잡지『격치휘편(格致彙編)』에 연재한 후 이를 다시『전기도금』으로 묶어 출판했고,『전기도금약법』의 부록 중 니켈 도금과 관련한 부분만을 떼어 묶어『전기도얼』로 별도로 간행했던 것이다.[47] 세 가지 책의 근간인『전기도금약법』은 서(序)를 제외하고 모두 7편의 본문과 3편의 부록으로 구성되었다. 총론인 제1편에서 프라이어는 도금의 역사를 간단하게 설명하고 전기도금의 화학적 원리와 더불어 산 염기 등 전해질 용액 등을 전반적으로 해설했다. 또 도금 작업과 관련한 전기학 이론, 발전기를 포함한 전기발생장치들도 설명했다. 그리고 모두 7편에 걸쳐 은과 금, 그리고 황동, 백금, 아연, 동, 주석, 안티몬 등 금속 도금방법도 제시했다. 또 부록으로 도금할 때 전해질로 사용되는 강산성 용액 설명과 높은 순도의 금속을 얻는 방법 그리고 도금할 때 필수적으로 구비해야 할 도구 및 약품, 그리고 주의사항을 실었다. 또 다른 하나의 부록을 다시 두어 니켈 도금만을 따로 설명했다. 이것만을 묶은 것이 앞에서 언급한『전기도얼』이었다.

또 전기를 이용한 분야는 전기통신이었다. 군계학조단을 통해 전신 기술을 익히게 했을 정도로 조선 정부의 전신에 관한 관심은 적지 않았다. 전기통신 운영체계와 관련한『전마(電碼)』와『전보절략(電報節略)』도 수집되었다.『전마』는 수많은 한자를 숫자로 변환해 신호를 만든 한문 모스부호집이고,『전보절략』은 전기통신의 원리와 이론을 쉽고 간단하게 설명한 후 제기되는 여러 질문들과 이에 관한 해답을 제공한 책으로 전기통신과 관련한 핸드북이라 할 수 있다.

---

47) 傅蘭雅(英) 譯,『電氣鍍鎳』(1889, 奎中 5425).

나. 지리

지리 분야는 격치로 구분되는 서적들 가운데 가장 많은 종이 보존되어 있다. 58종에 이른다. 전통적 분류인 지리 분야는 16종이 수집한 흔적이 있으며 남겨진 것은 10종이다. 의기 1종과 지도 2종 등을 포함해 6종이 없어졌다. 보존된 지리 분야 서적을 방제지리, 자연지리, 천문지리로 나누면 각각 3종, 3종, 2종으로 분류가능하며, 그밖에 지도제작 관련서적 1종, 총론에 해당하는 1종이 있다.[48] 총론으로 구분한 『회지법원(繪地法原)』은 제목만으로는 지도 그리는 법과 관련한 것으로 보이지만, 마지막 12장만이 여러 지도들과 더불어 구체적인 지도를 제작하는 법을 설명했을 뿐이며 대부분의 내용은 자연지리와 천문지리에 해당하는 내용으로 구성되었다.[49] 본격적으로 지도 제작을 설명한 서적은 『측지회도(測地繪圖)』이다. 이 책은 지도 기호, 측량, 군사지도, 수평선과 지평선, 표고(標高), 표고 측정 기구, 구형지도 제작 방법과 더불어 천문관측기구등을 소개했다.[50] 현대 인문지리와 유사한 『지구설략(地球說略)』, 『지지수지(地志須知)』와 『서국근사휘편(西國近事彙編)』도 방제지리로 분류했다.[51] 『서국근사휘편』은 서양 각국의 사정과 상황, 정치, 경제, 문화 등을 다루어

---

48) 『地球鏡』 의기 1종, 『新刊地球全圖』과 『平圓地球全圖』 등 지도 2종은 「내하서목」에만 명시되어 있고 전해지지 않는다. 『平圓地球全圖』는 李鳳苞가 1876년에 편찬한 것으로 보이며 『新刊地球全圖』는 金楷理(美) 口譯 姚棻(淸)에 의해 정리된 것으로 보인다.

49) 傅蘭雅(英)著, 金楷理(美)口譯, 王德均(淸) 筆述, 『繪地法原』(1875, 奎中 3095).

50) 傅蘭雅(英)著, 富路瑪(영) 選, 傅蘭雅 口譯, 『測地繪圖』(1876, 奎中 2776-v.1-4, 奎中 3444-v.1-4, 숭실대박물관).

51) 蔡錫齡(淸) 筆述, 『西國近事彙編』(奎中 3924-v.1-20 ; 禕理哲(美) 편, 『地球說略』(1878, 奎中 5329, 숭실대박물관) ; 傅蘭雅(英) 著, 『지지수지(地志須知)』(1882, 奎中 5809, 숭실대박물관) ; 『西國近事彙編』류의 외국에서 활동하던 외국인들이 발행한 각종 잡지와 『扈報』, 『上海新報』와 같은 신문이 주 자료원이었고 이를 바탕으로 적지 않은 양이 『한성순보』 및 『한성주보』에 소개되었다.

그들의 사회상 및 생활상을 소개했다.『지구설략』은 세계지도와 더불어 각 대륙의 지도, 대륙에 편재한 국가들을 소개하는 내용으로 구성되어 있다.

근대 과학기술서적들을 전통적 구분인 방제지리와 자연지리로 명확하게 구분하기는 쉽지 않다. 이 두 분야는 흔히 혼용되어 있는데, 앞에서 방제지리서로 분류한『지구설략』도 먼저 지구론을 소개하고 지구, 자전, 공전에서 생기는 자연현상을 담고 있어 자연지리에 해당하는 내용도 포함했다. 그럼에도 불구하고『지리지략(地理誌略)』,『지리수지(地理須知)』등은 대부분 지구의 운동과 기후와 자연에 관한 설명을 제기해『지구설략』류의 방제지리와는 중심적 내용을 달리하고 있다.[52] 땅이 네모지다는 전통적 관념이 잘못되었음을 밝히고 '지구구체(地球圓體)'임을 제기했으며 그 이유로 바다에서 다가오는 배의 움직임이나 달에 비친 땅의 그림자 모양 등을 들었다. 지형(地形)만 제시한 것이 아니었다. 지구윤전(地球輪轉)도 주장했다. 둥그런 땅이 자전과 공전을 하고 이런 지구의 운동으로 밤낮의 변화가 발생한다는 내용이었다. 사람이 지구 공전을 느끼지 못하는 이유를 운동의 상대성으로 설명했을 뿐만 아니라 둥근 땅덩어리의 매우 빠른 회전운동에도 불구하고 인간이 우주에 팽개쳐지지 않은 이유를 만유인력으로 설명하기도 했다. 더불어 6대주의 나라들을 소개했다. 이 설명에 앞서 동반구도와 서반구를 펼쳐 배지한 그림을 제시했으며 각국의 위치를 대략적으로 파악하게 했으며 각국의 풍속, 역사도 설명하면서 더불어 서식 동식물 관련 정보도 제공했다.

지구의 형태 및 운동, 기후, 자연, 환경과 식생 등을 중점적으로 설명한 책들은 자연 지리로 분류했다.『지리지략(地理誌略)』,『지리수지(地理須

---

52) 戴德江(美) 編,『地理志略』(1882, 奎中 5600) ; 傅蘭雅,『地理須知』(숭실대박물관).

知)』,『측후총담(測候叢談)』 등이 여기에 속한다.53) 특히『측후총담(測候叢談)』은 지구의 공전과 자전은 지구의 기후와 밀접하게 연결되었음을 밝히고 기후만을 중점적으로 설명하기도 했으며 더 나아가 각종 기후 측정기와 더불어 비와 바람과 안개 등 기상의 변화, 지구의 자전에 의한 계절풍 같은 기단의 형성과정, 바다에서 형성되는 태풍 같은 기류의 움직임 등을 설명했다. 또 17, 18세기에 출판된 전통적 지리관과 자연관을 담은 심호(沈鎬, fl. 1712)의『지학(地學)』도 1868년에 다시 간행된 것이 수집되었다.54)

　'지구가 둥글다'라는 땅모양[地形]과 더불어 지구가 태양을 중심으로 공전한다는 태양중심설을 중심으로 다룬 천문지리 관련서적들 역시 조선에 소개되었다. 대표적인 책으로 허셜(候失勒(英), John Hershel)이 지은『담천(談天)』을 들 수 있다.55) 이 책은 개항 전에 도입되었으며 흔적을 최한기(崔漢綺)의 1830년대 저술에서 찾아볼 수 있다.56) 표준적인 교과서로 유명한『담천』은 대형 망원경으로 발견한 먼 우주의 항성, 성운 등, 만유인력을 기반으로 우주를 다룬 근대 천문학 서적이다. 매우 개론적이고 일반적 내용임에도 불구하고 이해하기가 쉬운 책은 아니었다. 시기는 명확하지 않지만『항성도표(恒星圖表)』나『천문도설(天文圖說)』이 새로운 우주를 설명하기 위한 보조수단으로 도입된 것으로 보이지만, 전해지지 않아 내용은 알 수 없다.57) 천문학을 소개하고 있는『박물신편

53) 戴德江(美) 編,『地理志略』(1882, 奎中 5600) ; 傳蘭雅(英),『地理須知』(숭실대박물관 0693) ; 金楷理(美) 口譯, 華蘅芳 筆述,『測候叢談』(1877, 奎中 2823-v.1-2, 奎中 3092-v.1-2).

54) 沈鎬,『地學』(1712 序 ; 1868, 古 133-Si41j-v.1-2.).

55) 候失勒(英) 著,『談天』(1859, 奎中 3094-v.1-4, 奎中 3337-v.1-4). 이 책의 원제는 *Outline of Astronomy*이다.

56) 이에 대해서는 전용훈,「전통적 역산천문학의 단절과 근대천문학의 유입」,『한국문화』vol. 59(2012), 51~52쪽을 참조할 것.

(博物新編)』은 지석영뿐만 아니라 김기수, 이항로 등이 언급할 정도로 유명했다.

　개항 이후 천문학 관련서적은『천문수지(天文須知)』와 같은 수지류뿐 안 아니라『격치계몽(格致啓蒙)』혹은『격치입문(格致入門)』과 같은 총론 류에도 포함되어 출판되었고, 이 역시 수집되었다. 이런 서적에는 근대천 문학의 기초적인 내용이 실렸다. 태양계, 지구를 포함한 태양계의 행성 크기와 특징, 그리고 지구로부터의 각각의 거리를 다룬 '행성론', 미국 워싱턴에 설치된 천문망원경의 규모와 성능, 다루는 법을 설명한 '측천 원경(測天遠鏡)'과 이를 이용한 제6 행성 발견, 항성의 등급과 행성과의 차이, 움직임을 다룬 '항성동론(恒星動論)' 등이 소개되었고, 적지 않은 내용이 1884년 5월과 6월 사이『한성순보』신문에 그대로 기사화되었 다.58)

다. 화학

　화학은 서양 격치학 중에서도 매우 유용한 분야로 알려졌고 조선 정부 역시 주목했다.59) 당시 알려진 서양 화학의 장점은 제철 및 제강뿐 만 아니라 전통적 연단의 핵심 물질인 승(昇)과 홍(汞)을 제조할 수 있고 더 나아가 닭이나 오리의 '알'도 제작할 수도 있는 분야로 소개되었다.60) 무엇보다 화학으로 화약을 손쉽게 제조할 수 있다고 알려져 조선 정부는

57)　賈步緯(淸),『恒星圖表』(1874) ; 柯雅各(英) 撰, 摩嘉立(美)·薛承恩(美) 同譯,『天文圖 說』; 傅蘭雅(英) 著,『天文須知』(奎中 5807-1, 2, 숭실대박물관).

58)　候失勒(英) 著,『談天』(奎中 3084) ; "행성론", "測天遠鏡", "허셸의 遠鏡에 대한 논",『한성순보』, 1884. 5. 5 ; "恒星動論",『한성순보』, 1884. 6. 4 ; 그밖에 천문학 관련 기사는『한성순보』, 1883. 10. 30 ; 11. 10 ; 1884. 1. 30. 등을 참조할 것.

59)『한성순보』, 1884. 2. 20.

60)『한성순보』, 1884. 4. 21.

화학서적을 열심히 수집했다. 화학 분야의 책은 모두 11종이 남아 있다. 이 책들은 종수도 적지 않았을 뿐만 아니라 권수 및 부피도 매우 방대했다. 한 종이 6~10책에 이르러 조선 정부가 수집한 화학서는 거의 100권에 달할 정도였다.

이 가운데『화학감원(化學鑑原)』은 화학서 번역의 지침 역할을 담당한 중요한 책이었다. 이 책을 번역한 프라이어는 권1에서 스스로 명명법에 심혈을 기울였다고 밝혔을 정도로 화학 물질들의 중국식 명명의 기초가 이 책을 통해 갖추어졌다.[61] 그는 이미 중국에서 알고 있는 철, 동, 금, 은, 유황, 초석 등의 이름은 그대로 썼지만 알려져 있지 않은 물질의 이름은 새롭게 만들었다. 칼슘은 개(鈣), 티타늄은 태(鈦), 리튬은 리(鋰)하는 식의 조어(造語) 작업을 수행했던 것이다. 그 결과 서양에서 발견된 원소들을 포함해 당시 알려졌던 64종의 원질에 중국식 이름을 붙여『화학감원』에 실렸다. 그는 명명법뿐만 아니라 원소 즉 원질, 분자 혹은 화합물, 즉 잡질을 규정하고, 원질이 잡질(雜質)을 이루는 화학반응의 가장 기본적인 이론인 질량보존의 법칙, 일정성분비의 법칙, 배수비례의 법칙을 설명했다. 또 당시 화합물을 이루는 원리로 알려졌던 애섭력(愛攝力, affinity) 등 화학 분야를 이해하는 데에 필요한 기본 지식들을 정리해 제시했다.[62]

1871년『화학감원』이 출판된 이래로 근대 화학은 동양에서 수용될 수 있는 형태로 가공되었고, 조선에도 소개되었다. 화학 책들은 대부분

---

61) 韋而司(英) 撰, 傅蘭雅(英) 口譯,『化學鑑原』(奎中 2713) 卷1.
62) 요즘 화학에서도 이 affinity를 친화력이라고 번역하여 사용하는데 요즘 쓰이는 말은 전자의 움직임을 기본으로 '전자를 더 잘 받아들이는'이라는 의미를 가진다. 따라서 화학반응이 전자의 이동에 의한 현상이라는 설명 방식은 20세기 이후 등장한 것으로 1870, 1880년대 사용한 '친화력'은 요즘 개념인 친화력과는 기본적으로 다른 의미이다.

당시 발견된 원질을 중심으로 원질의 정성적 성질과 중요한 잡질의 특성, 잡질 제법과 잡질을 이루는 각 원질들의 양을 구하는 방식과 서양에서 새롭게 합성하거나 특별하게 다루는 물질들 예를 들면 유기화합물과 관련한 내용으로 채워졌다. 한 원질에 따른 잡질(화합물)이 많았던 만큼 화학 서적의 부피는 늘어날 수밖에 없어 당시 화학책들은 마치 화학 사전과 다를 바 없었다. 특히 원질을 금속류와 비철류 등 무기물질과 탄(탄소), 양(산소), 경(수소), 담(질소)으로 이루어지는 유기물질로 분류해 『화학감원 속편』에는 유기물질을, 『화학감원 보편』에는 무기물질을 집중적으로 다루기도 했다. 이 두 권의 책은 제목으로 짐작해보면 마치 『화학감원』을 중심으로 내용이 구성된 책으로 보이지만 원본 자체가 크게 상관 없었다. 특히 『화학감원 속편』은 생화학을 중심으로 내용이 구성되어 있으며 영국 화학자 블록섬(蒲陸山, Chas. Bloxam, ?~?)의 『화학』을 두 부분으로 나누어 한역한 것이다.[63]

수집된 서적 가운데 가장 많은 양의 책은 『화학구수(化學求數)』이다. 이 책은 모두 14권 15책, 276장에 이르며 부록으로 "구수편용표(求數便用表)"와 화학 물질의 중국식 명명법 표까지 포괄해 실려 있다.[64] 또 『화학고질(化學考質)』은 그 8권 6책 253장으로 구성되었는데 이 책의 필술(筆述)에 참여한 서수(徐壽, 1818~1884)는 "'고질(考質)'은 물질들을 실험하고 고찰하여 어떤 원질(원소)로 이루어졌는가를 정하는 것이고, 구수(求數)는 고질로 얻은 단서들을 정밀하게 하는 일에 속한다. 이를 대강 둘로 나누는데 하나는 무게를 구하는 것이고 또 하나는 부피를 구하는 것"이라고 두 용어를 정의했다.[65] 즉 이 두 종은 분석 화학을 전문적으로

63) 蒲陸山 撰, 傅蘭雅 口譯, 『化學鑑原補編』(1871, 奎中 2969) ; 蒲陸山 撰, 傅蘭雅 口譯, 『化學鑑原續編』(1875, 奎中 3000).

64) 富里西尼烏司(獨), 傅蘭雅(英) 口譯, 『化學求數』(奎中 3089).

다룬 책이었다. 『화학분원(化學分原)』 역시 방대한 분량의 책으로 모두 335절에 이르렀다. 각 절마다 필요한 실험 기구와 그 설치 방법에 대한 그림이 제시되어 있어 필요한 실험을 직접 할 수 있도록 돕고 있다.[66] 산성 및 염기성의 용매와 관련한 다양한 실험과 설명도 소개되어 있다. 그리고 『화학초계(化學初階)』는 약을 만드는 여러 가지 방법을 상세하게 풀이하고 배합 물질의 비율을 설명하는 데 초점을 맞춘 책이다.[67]

이런 방대한 분량의 책들과 달리 『화학수지(化學須知)』, 『화학이지(化學易知)』는 화학을 처음 배우는 사람을 위한 입문서로 매우 기본적인 원질과 잡질(雜質)만을 다루었다.[68] 북경 동문관의 빌레퀸(Anatole Billequin, 畢利幹, 1837~1894)이 번역한 『화학천원(化學闡原)』은 강남제조국과는 번역의 방침을 달리 했다. 다른 화학책들이 1870년대 초반에 번역되었음에 반해 『화학천원』은 그보다 늦은 1882년에 발행되었고,[69] 주기율표를 제시하며 이를 바탕으로 하는 화학적 특성과 제법들을 제시했음이 다른 화학책과의 차이이다. 이 책은 프라이어가 제시한 원질명명법의 체계를 완전히 따르지 않았고, 프랑스 도량형을 환산해 사용했다.

또 다른 특징을 보이는 책은 『화학위생론(化學衛生論)』으로 오늘날 생화학이라 불리는 분야와 유사하다.[70] 이 책은 기본적으로 전통적 양생을 다룬 책들과 유사하게 구성되었지만 동양 전통의 양생(養生)과는 접근 방법이나 건강한 몸에 대한 기본 시각이 달랐다. 공기의 구성,

---

65) 富里西尼烏司(獨), 傅蘭雅(英) 口譯, 『化學考質』(奎中 2863).

66) 蒲陸山(英) 撰, 傅蘭雅(英) 口譯, 『化學分原』(1871, 奎中 3078).

67) 嘉約翰(美) 口譯, 『化學初階』(1871, 奎中3040-v.1-2).

68) 傅蘭雅(英), 『化學須知』(1886, 奎中 5811-1) ; 傅蘭雅(英), 『化學易知』(1881, 奎中 3168).

69) 畢利幹(佛) 구역, 『化學闡原』(1882, 奎中 4159).

70) 眞司騰(英) 撰, 傅蘭雅(英) 譯, 『化學衛生論』(1881, 奎中 4577).

공기를 이루는 원질의 특성, 호흡 과정과 함께 소화 과정, 음식물의 물리적 화학적 변환 등등 현대 생화학이라고 불리는 분야와 유사하다. 거기에 더해 건강, 운동, 환기, 섭생 등에 관한 위생학적 설명이 더해져 있다.

라. 총론류

격치 분야 가운데 총론류는 모두 20종으로 그 가운데 현재 『백과사전』 등 3종을 제외하고 모두 남아 있다.[71] 그 가운데 압도적으로 많은 권수의 책은 잡지였던 『격치휘편(格致彙編)』과 『중서문견록(中西聞見錄)』이다. 『격치휘편』은 『중서문견록』의 발행을 프라이어가 담당하게 되면서 1876년 상해 제조국(上海 製造局)에서 출간하기 시작한 잡지였고, 이 잡지의 전신(前身)인 『중서문견록』은 1872년부터 1874년까지 발행되었다. 이 잡지들은 서양의 다양한 과학기술을 중국에 소개한 것으로 유명하며 조선 정부도 『중서문견록』을 30여 권, 『격치휘편』을 46권 수집했다. 이 두 잡지들의 기사들은 후에 책으로 엮어져 다시 출판되었으며 이 책들 역시 조선 정부가 모았다. 대표적인 책이 『기기화륜선원류고(機器火輪船源流考)』이다.[72] 『격치휘편』에 실렸던 기사들을 엮은 책으로는 『전기도금약법』, 『화학위생론(化學衛生論)』, 『역람기략(歷覽記略)』, 『강남제조국 역서사략(譯書事略)』을 꼽을 수 있다. 『중서문견록』은 한 호에 7, 8개의 서양 과학기술과 관련한 기사를 다루었다.

『격치휘편』은 『중서문견록』의 속간을 표방했음에도 내용을 살펴보면

---

71) 이 『백과사전』은 「내하서목」에만 명시되어 있다. 정확히는 알 수 없지만 일본 문부성에서 1870년대 간행했던 것으로 보인다. 또 『문견휘찬(聞見彙撰)』(奎 15606)은 『중서문견록』만은 아니지만 1870년대 이 책이 만들어질 당시 중국에서 발행된 다양한 잡지류에서 기사를 발췌해 정리한 책이었다.

72) 艾約瑟(英) 撰, 『機器火輪船源流考』(古 8000-1).

많이 달랐다.73) 『격치휘편』은 1879년 정간(停刊)을 중심으로 특징을 달리해 1876년 1월 창간호부터 24호, 즉 1877년 12월까지 『중서문견록』처럼 다양한 과학 관련 기사를 7, 8개 실었음에도 글의 주제를 다루는 방식은 깊어지고 양도 많아졌다. 「입수의략론(入水衣略論)」이나 『아국지략(俄國誌略)』, 「과륜포탐신주기략(科倫布探新州記略)」과 같은 내용의 기사가 게재되었다.74) 이런 『격치휘편』의 체제는 1880년 다시 편찬되기 시작하면서 체제와 내용이 달라졌다. 일반적이고 다양한 서양 문물과 관련한 내용을 다루는 대중 잡지에서 전문 과학 잡지로 체제를 전환한 것이다. 「호상문답(互相問答)」, 「산학기제(算學奇題)」, 「격물잡설(格物雜說)」 같은 고정기사도 있었지만, 나머지는 연재기사로 채워졌다. 물론 『지구양민관계(地球養民關係)』(1881, vol. 4. no. 4)처럼 한 호에서 마무리 된 기사도 있었지만, 대부분 짧게는 5회 정도에서 길게는 20회에 이르는 장편의 기사들이 연재되었다. 이 연재기사들은 단행본으로 편찬되었는데, 심지어 『격치휘편』의 쪽수 일련번호와 연재기사 자체의 쪽수가 함께 인쇄되기도 했다.75) 『격치약론』(11회), 『격치이론』(5회), 『조상약법(照像略法)』(5회) 등이 연재되었고, 과학실험도구에 대한 설명을 기상, 화학 등으로 구분하고 실험장치 설치 및 구성을 설명한 『격치석기(格致釋器)』는 모두 20회에 걸쳐 연재되기도 했다.

총론류 가운데 당시 가장 많이 거론된 책은 『박물신편』일 것이다.

---

73) 이 두 매체에 실린 기사들의 제목과 분류는 2부 3장에 제공했다.

74) 『한성순보』, 1884. 1. 11. 신문에 『중서문견록』 「入水新法 幷圖」 제9 4월(1873)이 실렸다. 『격치휘편』에도 유사한 제목인 「入水衣略論」이 게재되었는데 이 기사는 매우 전문적인 내용으로 잠수복의 원리, 잠수방법, 잠수 가능 깊이, 활용방법들이 상세히 설명되었다. 『격치휘편』 vol. 2. no. 5(광서3년 5월(1877. 7). 『한성순보』, 1884. 1. 11 ; 1884(윤). 5. 11 ; 6. 1 ; 1884. 4. 1 ; 1884. 7. 11 ; 8. 21 ; 9. 21.

75) 「歷覽英國鐵廠記略」, 『한성순보』, 1884. 8. 1 ; 9. 19 ; 9. 29 ; 10. 9.

『박물신편』은 중국에서 활동하던 영국인 의사인 홉슨(合信, Benjamin Hobson, 1816~1873)이 1855년 쓴 것으로, 자연지리 및 천문학, 물리학, 동물학, 의학 등 서양 근대 과학 전반을 섭렵해 실었다.[76] 초집(初集)의 「지기론(地氣論)」에서는 열(熱), 수(水), 광(光), 전기 같은 격치학을, 2집에서 천문약론, 지구론, 행성론 등의 천문지리를, 3집에서 조수약론(鳥獸略論), 후론(猴論), 상론(象論)같은 동물학을 다루는 등 매우 포괄적으로 서양 과학기술 관련 지식을 소개했다. 하지만 내용은 매우 상식적 수준에 머물렀다. 모스전신에 대해 "점과 선 두 신호로 이루어진다"는 수준에서 설명했을 만큼 간략하기도 했다.

모든 총론류의 책들이 『박물신편』과 같이 꾸며진 것은 아니었다. 13개의 분야를 다룬 『서학약술(西學略述)』은 『박물신편』처럼 광범위하게 서양 과학기술을 다루었지만 개개 분야를 모두 한 권의 책으로 구성해 엮었고 내용도 대중적이거나 일반적인 수준을 넘어섰다. 『서학약술』은 「변학계몽(辨學啓蒙)」만을 제외하고 모두 근대과학과 관련이 있으며, 각권은 150장 안팎의 분량으로 꾸며졌다. 다루는 범주나 내용도 매우 전문적이거나 분석적이지는 않았지만, 그렇다고 입문자를 위한 초보적 수준에 머무른 것도 아니었다. 지리의 경우는 방대한 내용을 섭렵해 포괄했다. 지리 분야를 지지, 지리질학(地理質學), 지학으로 나누고 지지는 「희랍지략(希臘志略)」, 「라마지략(羅馬志略)」, 「구주사략(歐洲史略)」 등으로 구분해 총괄했다. 다른 총론류에서는 별로 다루지 않은 「식물학계몽(植物學啓蒙)」, 「동물학계몽(動物學啓蒙)」을 각권으로 두어 설명했다.[77]

---

76) 合信, 『博物新編』(1855, 奎中 4922).

77) 艾約瑟(英) 譯, 『西學略述』(1886, 奎中 3763-v.1-15, 格致總學啓蒙, 地志啓蒙, 地理質學啓蒙, 地學啓蒙, 植物學啓蒙, 身理啓蒙, 動物學啓蒙, 化學啓蒙, 格致質學啓蒙, 富國養民策, 辨學啓蒙, 希臘志略, 羅馬志略, 歐洲史略 등 11개 항목, 3개 방제지리).

식물학 분야와 동물학처럼 조선 정부가 수집에 크게 노력을 기울이지 않았던 분야도 포함되었다는 점에서도 이 책의 의의를 찾을 수 있다. 또 사람의 몸을 다룬 「신리계몽(身理啓蒙)」을 식물학과 동물학과 함께 둔 점도 다른 총론류에서 보이지 않는 특징이라 할 수 있다. 또 화학 분야의 책은 다른 화학서들이 화학의 기본법칙과 금속류와 비금속류, 원질과 잡질 등 물질들을 분해하고 합성하는 과정을 중심으로 다루었음에 비해 총 16장에 걸쳐 불과 물, 바람과 땅 등 고대 및 중세의 근본물질인 불, 물, 공기, 흙 등 4원소를 재해석했다. 비록 이 장들을 제외하고는 다른 화학책에서 물질을 다루는 방법과 유사하게 내용을 전개했지만 이런 중세의 4원소를 재해석한 것은 한역 근대화학서 구성에서 보기 드문 일이었다. 그리고 『서학약술』에는 중학(重學)을 다루는 분야로 「격치질학계몽(格致質學啓蒙)」도 포함되어 있었다. 현대의 역학에 해당하는 이 「격치질학계몽」은 다른 서학서들이 대부분 중학이라고 번역한 'Dynamics'를 '질학'이란 용어를 사용함으로써 강남제조국과는 다른 번역 방식을 취하고 있음을 드러냈다. 「격치질학계몽(格致質學啓蒙)」은 "동(動)", "역(力)"의 개념 설명부터 시작해 정(定), 액(液), 기(氣)의 물질 삼대의 물리적 특성과 관련한 역학적 특징을 정리했고 열과 전기까지 포괄해 설명했다.

격치 분야의 총론류에는 초심자, 혹은 아동 학습을 위한 책도 포함되었다. 초보 학습단계의 서적으로 『발몽익혜록(發蒙益慧錄)』, 『격물입문(格物入門)』, 『격물탐원(格物探原)』, 『지환계몽숙과(智環啓蒙熟課)』, 『격치소인(格致小引)』, 『격치계몽』, 『익지신록(益智新錄)』 등을 들 수 있다.[78] 『격

---

78) 合巴禮理(美), 『發蒙益慧錄』(1881, 奎中 4742-v.1-3) ; 丁韙良, 『格物入門』(1866, 이화여대 도서관) ; 赫施賓(英) 著, 羅亨利(英)·瞿昂來(英) 同譯, 『格致小引』(奎中 2968) ; 艾約瑟(英) 譯, 『益智新錄』(1877, 奎中 5394-v.1-3) ; 韋廉臣(英), 『格物探原』(1875, 奎中

치소인(格致小引)』과 『격치계몽』은 각기 다른 저자들이 화학, 격물학, 천문지리, 자연지리, 또는 생물 등을 다룬 입문서였다.[79] 이 책들은 독자층을 문외한 혹은 입문자로 설정해 초보적인 내용을 다루었다. 총론류 가운데에는 자연을 기독교적으로 설명하는 책들도 있었다. 예로 『지환계몽숙과』를 들 수 있다.[80] 이 책에는 창조주의 섭리로 자연 만물을 해석하는 등 기독교적 자연관이 강하게 투영되어 있다. 제1편 서론에서 세상의 모든 것이 신의 창조물임을 주장하며, 지구와 자연, 지구과학과 천문학 등등의 내용을 소개한 다음 마지막 장에서 다시 영원성, 불변성, 전능성 등 신의 속성을 설명하며 신을 찬미하고 신의 뜻에 따라 살아야 한다고 주장했던 것이다. 『격물탐원』 역시 이와 궤를 같이했다. 책 전반에 걸쳐 천문, 지리 및 지질의 기초지식, 인간과 각 동물들의 신체를 다루고, 광물학과 지질학의 이론들을 설명하면서 이를 기독교 교리와도 연결했고 더 나아가 기독교 교리 및 중국 전통사상과의 차이를 비교하기도 했다.[81]

또 총론류에는 부국의 방책을 다룬 서적도 포함시켰다.[82] 더 나아가 서양의 과학기술을 부국과 관련해 다룬 책도 이 분야에 포함했다. 조선에도 널리 알려졌던 정관응(鄭觀應, 1842~1922)의 『이언(易言)』이 그 대표적인 사례이다. 마틴(丁韙良, William A. P. Martin, 1827~1916)의 『부국책』은 정치 경제서로 분류되기도 하는데, 책의 내용이 서양 과학기술을 수용,

2971-v.1-3).

79) 赫施賓(英) 著, 羅亨利(英)·瞿昻來(英) 同譯, 『格致小引』(奎中 2968) ; 羅斯古(英) 撰, 『格致啓蒙』(1880, 奎中 2970-v.1-4, 奎中 2974-v.1-4).

80) James, Legge(英), 『智環啓蒙熟課』(1883, 奎中 5294).

81) 韋廉臣(英), 『格物探原』(1875, 奎中 2971-v.1-3).

82) 艾約瑟(英) 譯, 『西學略述』(1886, 奎中 3763-v.1-15, 格致總學啓蒙, 地志啓蒙, 地理質學啓蒙, 地學啓蒙, 植物學啓蒙, 身理啓蒙, 動物學啓蒙, 化學啓蒙, 格致質學啓蒙, 富國養民策, 辨學啓蒙, 希臘志略, 羅馬志略, 歐洲史略 등 11개 항목, 3개 방제지리)

학습하고 철도, 전신 등과 같은 서양 기기문명을 설치해 부국강병을 도모할 것을 권한 책이기에 총론류에 포함시켰다.[83] 그리고 총론류에 1880년까지 강남제조국의 조직 배경과 활동, 번역 출판 서적 목록, 외국 선교 집단의 발행 서적을 정리한『역서사략』과 서구의 대학 및 전문 기술학교에서 다루어지는 여러 과학 기술 관련 편람을 정리, 소개한 『서학과정휘편』도 배속했다.

(2) 수학

수집한 흔적이 있는 수학 관련서적은 54종이며 그 가운데 39종이 보존되어 있다. 그 가운데 근대 수학은 14종, 산법은 24종이다. 그 가운데 에는 제목만으로 정확하게 하위분야를 설정할 수 없는 책도 13종에 달했다. 이 가운데에는 규장각에서 중국본으로 잘못 분류해놓은『추산록(推算錄)』도 포함되어 있다.[84] 이 책은 조선후기 산음에 기거하던 사람이 소옹(邵雍, 1011~1077)의 기수법을 중심으로 저술한 조선 술수서이다.

수희의 중위 분야인 사학 관련서적은 24종으로 보존된 전체 수학서적의 반 이상을 차지할 정도로 종수가 많다. 특히 "내하서목"에 병시된 서적도 9종에 이른다. 여기에는 명말, 청대에 편찬된 서양 수학서뿐 아니라 그 이전의 전통 중국 수학서도 포함되어 있다. 예로『어제수리정온(御製數理精蘊)』과, 구고법 및 위도 계산을 다룬『산학유진(算學遺珍)』, 역산 관련 방법을 망라해 정리한『산학총서(算學叢書)』, 산학 입문서로

---

83) 丁韙良(美) 撰,『富國策』(1882, 奎中 3962-v.1-3). 정치 경제서로의 배속은『역서사략』에서 볼 수 있다.

84)『推算錄』(奎中 2327).

원대(元代)에 저술된 『산학계몽(算學啓蒙)』 등을 들 수 있다.[85] 서광계의 『구고의』와 『측량이동(測量異同)』이 포함된 『중서산학사종(中西算學四種)』과 굴증발(屈曾發, fl. 1759~1772)의 『구수통고(九數通考)』도 이에 해당한다.[86] 이 책들은 대부분 1870년 전후로 다시 출판되었다. 이 책들은 전통 중국 사회에서 이루어진 수학적 업적을 망라해 총서로 재출간된 것들로 이는 중국의 수학적 자부심이 투영되어 있다. 그 가운데에는 『매씨총서(梅氏叢書)』처럼 중국 수학사에서 중요한 업적으로 다루어지는 서적도 포함되어 있다.

근대 수학 분야의 책들은 계산법과 기하를 포괄했다. 가장 많은 책은 양산(洋算)이라고도 부른 대수 분야의 입문서들이다. 사칙 연산의 암산 훈련을 위한 『심산초학(心算初學)』, 계산 훈련을 위한 『필산수학(筆算數學)』을 들 수 있다.[87] 사칙연산과 같은 초보수준에서 출발해 수와 식의 계산, 분수, 도량형, 약수와 배수, 소수(素數) 등과 더불어 다양한 방정식과 해법, 거듭제곱, 부정방정식, 수열, 급수 등 계산방법을 다루었고, 관련 연습문제 또한 제시되었다. 특히 『대수술(代數術)』은 허수(虛數)와 해석기하(解釋幾何)와 같이 심화 단계의 수학까지 망라했다.[88] 많지는 않지만

85) 聖祖, 梅瑴成·何國宗 等 奉勅 纂, 『御製數理精蘊』(1882, 古510.2-Eo42, v.1-7) ; 梅瑴成, 『算學遺珍』(奎中 5361) ; 丁取忠 編, 『白芙堂算學叢書』(奎中 5058-v.1-32) ; 朱世傑, 『(新編)算學啓蒙』(1874, 奎中 3313-v.1-3). 특히 『算學遺珍』은 청대 최고의 수학자로 평가되는 梅文鼎(1633~1721)의 저서 『梅氏叢書』를 그의 손자 梅瑴成 (1681~1763)이 수학·曆學에 관한 80종 가운데 29종 76권을 모아 62권으로 재편집, 간행한 책이다. 중국인이 삼각법을 비롯하여 서양의 수학을 이해하고 소화한 결과를 중국의 전통 수학 용어를 이용해 설명했다. 이에 대해서는 김용운, 김용국, 『중국수학사』(민음사, 2006), 333쪽.

86) 徐光啓 撰, 李善蘭 校正, 『句股義(中西算學四種)』(奎中 5471) ; 屈曾發 輯, 『九數通考』(1887, 奎中 6431-v.1-5).

87) 哈邦氏(美) 編輯, 鄒立文 筆述, 『心算初學』(奎中 5285) ; 狄考文(美) 輯譯, 『筆算數學』(1875, 奎中 5287-v.1-3).

88) 華里司(英, Wallace)輯, 『代數術』(1872, 奎中6547-v.1-6).

『미적소원(微積遡源)』, 『미적수지(微積須知)』처럼 미분적분과 같은 서적도 수집되었다.[89] 『심산초학』은 주판이나 산가지와 같은 도구를 사용하지 않고 사칙연산을 중심으로 계산하는 방법과 암산 훈련을 위한 책이며 『필산수학(筆算數學)』은 수학의 기본인 산법 훈련을 위한 책이다.[90] 그리고 이들 책 가운데 『수지(須知)』라는 제목이 붙은 양법, 곡선, 대수, 미적, 산법, 삼각 등 6종의 책은 대표적인 입문서로 대부분 프라이어의 저술서이며 1880년대 이후에 간행되었다. 각 부문별 중요 핵심을 간결하고 쉽게 적시하고 관련 문제들을 제시하는 한편 풀이법도 함께 담았다.

기하 관련서적에는 삼각함수를 다룬 책 2종과 기하의 원전인 『기하원본(幾何原本)』 등 3종이 있다. 특히 유클리드(Euclid)의 『기하원본』을 번역한 와일리와 이선란의 『기하원본』은 명말 마테오 리치와 서광계가 채 번역하지 못하고 남겨놓은 클라비우스(Christopher Clavius, 1538~1612)의 15권본 『유클리드 원론(Euclidis Elementorum Libri XV)』의 후반부 9권을 완역해서 출판한 것이다.[91] 이 책은 점 선 면, 평면과 삼차원 즉 입체의 여러 도형과 관련한 공리 및 증명, 닮음, 합동과 같은 기하와 관련한 다양한 문제들을 다루었다. 역시 기하학 관련서적인 『형학비지(形學備旨)』는 선과 삼각형, 원의 면적, 다면체와 관련한 기하 문제와 더불어 각 도형의 성질 면적뿐만 아니라 작도(作圖)를 다루기도 했다.[92]

중국에서 서양 수학을 번역하는 방식은 다른 분야와 마찬가지로 전통적으로 사용했거나 전통에서 찾을 수 있는 방식은 그대로 사용하는

---

89) 華里士(英, Wallace), 傅蘭雅, 華蘅芳, 『微積遡源』(1875, 奎中 3314-v.1-6) ; 傅蘭雅, 『微積須知』(1888, 奎中 5818의 1, 2).

90) 哈邦氏(美) 編輯, 鄒立文 筆述, 『心算初學』(奎中 5285) ; 狄考文(美) 輯譯, 『筆算數學』(1875, 奎中 5287-v.1-3).

91) 偉烈亞力(英) 口譯, 李善蘭 筆述, 『幾何原本』(奎中 3430-v.1-8).

92) 狄考文(美) 撰, 『形學備旨』(1885, 奎中 5354).

것이었다. 예를 들면 미지수의 경우는 예를 들면 미지수의 경우는 천·지·인(天·地·人)으로, 기지수는 갑·을·병·정(甲·乙·丙·丁)으로 표기하고, 숫자는 아라비아 숫자나 로마자가 아닌 한자를 썼으며, 사칙 연산은 '가감승제'로 불렀다. 수학 기호를 사용하지 않았으며 한문으로 표시할 수 없는 근(根) 정도를 루트를 사용해 표현했다. 또한 삼각 함수는 사인이나 코사인, 혹은 탄젠트 같은 영어식 표현이 아니라 정현(正弦, sin), 여현(餘弦, cos), 정절(正切, tan) 등 종래의 팔선(八線) 명칭을 활용했다.

(3) 무비 관련서적

무기 및 무비 관련서적도 상당히 수집되었다. 도입 흔적이 있는 책을 포함하면 44종에 이르며 현재 30종의 책이 남아 있다. 현재 군사학과 유사한 분야를 병술(兵術)로 묶었는데, 관련서적은 조포 및 포술 11종, 축성 2종, 화약 제법 3종 등 모두 16종이다. 현대 해군학과 유사한 해방(海防) 분야는 항해 7종, 총론 4종, 축성과 조포 및 포술이 각각 1종, 군사 훈련 관련서적 1종 등 14종이 남아 있다.

무비 가운데 조포 및 포술에 속한 책들은 대부분 크루프(Krupp) 포와 관련되어 있다.[93] 조선 정부 역시 크루프 포를 주목했으며 관련서적을 수집했다.[94] 조선 정부는 한 종을 한 권 씩만 모은 것이 아니라 여러

---

93) 軍政局(布) 편 金楷理(美) 口譯,『克虜伯礮說』(1872, 奎中 2795, 奎中 2796, 奎中 3090) ; 軍政局(布) 편 金楷理(美) 口譯,『克虜伯礮表』(1872, 奎中 2799, 奎中 2800, 奎中 3098) ; 軍政局(布) 편, 金楷理(美) 口譯,『克虜伯礮準心法』(奎中 2801, 奎中 3112, 奎中 3113, 奎中 3114) ; 軍政局(布) 편, 金楷理(美)口譯, 1872『克虜伯礮彈附圖』(1872, 奎中 2806, 奎中 2807) ; 軍政局(布)편, 金楷理(美) 口譯,『克虜伯礮彈造法』(1872, 奎中 2804-v.1-2, 奎中 2805-v.1-2, 奎中 3574-v.1-2) ; 布國, 金楷理(美),『攻守礮法』(克虜伯腰箍砲說 克虜伯砲架說 克虜伯船砲操法, 克虜伯螺砲架說 등을 엮음)(1875, 奎中 2797, 奎中 3001, 奎中 3002, 奎中 3003, 奎中 3004).

권을 사들였다.

독일의 군정국(軍政局)에서 펴낸 크루프 포 관련서적은 크루프의 중국어 음차 표기인 '克虜伯(kelubo)'를 앞세우고 프러시아 군정국(軍政局)을 편자로 해 1872년 다수 발행되었다.[95] 『극로백포설(克虜伯礮說)』, 『극로백포준심법(克虜伯礮準心法)』, 『극로백포탄부도(克虜伯礮彈附圖)』, 『극로백포탄조법(克虜伯礮彈造法)』이 그것이다. 이 책들을 한 권으로 엮어 1875년 재출간한 것이 『공수포법(攻守礮法)』이다. 이 책들은 크루프 포의 제작법, 포 조준과 관리 등을 포함한 운용방식 설명을 포괄했다. 이 책들 가운데 『극로백포설』은 크루프 포의 운영을 중심으로 다루었다. 포 한 기(基)를 맡는 포병(砲兵) 6명이 담당하는 역할과 사용되는 탄약(彈藥)을 소개했다. 겉은 납으로 만들고 속은 철로 만든 유산탄(榴散彈) 등을 포함한 크루프 포탄의 장전, 조준 및 발사, 고도를 측정하는 각도기의 사용 방법, 발사 후 처리를 비롯해, 크루프 포문(砲門)과 포탄 관리방식 설명 등이 책에 포함되었다. 또 1866년 11월 25일부터 12월 2일까지 크루프 공장의 4 파운드 탄의 발사시험을 근거로 만든 표와 1861년 프로이센 군정국에서 여러 차례 실시한 발사 시험 결과를 토대로 작성한 사정거리와 조준에 관한 1표 등을 제시하면서 발사 오차에 따른 수정방식을 설명했다. 이 책에는 대포의 조종에 관한 『극로백포조법』이 합철(合綴)되어 있다. 이 『극로백포조법』은 말에 탄 포병이 포를 조종하는 방법, 각 포병의 위치, 포의 이동, 이동시 포의 연결 등을 설명한

---

94) 크루프 포는 독일 무기상 크루프(Alfred Krupp, 1812~1887)가 그의 철강 품질을 증명하기 위해 만들기 시작한 것으로 강철 대포였다. 1870~71년 프랑스-프로이센 전쟁 중에 크루프 포가 사용되었고, 위용을 떨친 계기가 되었고 이후 크루프 사의 대포는 전 세계 40개국으로 수출되었다.

95) 각각의 책에는 프러시아 군정국에서 펴낸 것으로 되어 있지만 Bennet의 책에는 Firm of Krupp로 나타나 있다. 이에 대해서는 Bennet, *Ibid*, pp.103~104.

것이다. 『극로백포준심법』은 조준의 정확성에 영향을 미치는 요소들과 대포의 파괴력 등을 소개한 소책자이다. 또 『극록복연포휘역(克鹿卜演礮彙譯)』은 『더 타임즈(The Times, 泰晤士新報)』의 기사를 18장의 작은 책자로 정리해 펴낸 크루프 포 소개서이다.96) 『화기진결(火器眞訣)』은 이선란이 크루프 포와 관련한 책들을 포괄, 정리해 펴낸 것이다.97)

크루프 포뿐만 아니라 서양의 대포와 개인용 화기에도 조선 정부는 적지 않은 관심을 가지고 있었다. 『화기신식』은 미국산 레밍턴 총, 칠자양창(七子洋槍) 등과 더불어 포르투갈에서 만든 침쟁(針鎗)과 같은 개인 화기들의 특징과 위력, 제조회사 등을 설명한 책으로 또 『만국공보(萬國公報)』와 『초사태서기(初使泰西記)』에 실린 글들을 모아 정리한 책이다. 비록 중국본으로 분류되어 있지 않지만 서양 근대 과학기술서이며, 「내하서목」에 기재된 것을 미루어 조선 정부 차원에서 엮은 것으로 보인다. 그리고 『연포도설집요(演礮圖說輯要)』는 1842년에 편찬된 서양식 대포와 관련한 책으로 중국본으로 분류되었지만, 조선에서 재출간한 것으로 보인다.98)

화약과 관련한 서적은 4종 수집되었고 그 가운데 3종이 남아 있다. 19세기 초석과 유황, 그리고 탄소가 필요하고, 그 가운데 초석은 가장 다루기 어렵고 구하기 쉽지 않은 원료였다. 초석은 광산을 가지고 있지 않는 생산과정이 쉽지 않았다. 전통적으로 원료 생산은 마루, 담장 밑의 흙을 모으는 일부터 시작되었으며 정제에 많은 시간과 노력이 투입되었다. 프랑스나 독일 같은 서양 제국에서는 부패하는 유기물질을 알칼리와 함께 대기 중에 노출시키는 방식으로 초석을 생산해 시간과 노력을

---

96) 泰晤士新報(英) 編, 『克鹿卜演礮彙譯』(奎中 5076).
97) 李善蘭 學, 孫文川 等校, 『火器眞訣』(奎中 3567) ; 『火器新式』(奎 7865).
98) 『演礮圖說輯要』(奎中 2294-v.1-2, 古 9960-2-1-2).

절대적으로 줄이는 데에 성공했다.[99] 또 다른 중요 원료인 유황의 제조에
도 큰 영향을 미쳤다. 자연 상태에 황산염이나 황화물로 존재하는 황을
정련해 추출하는 과정에 근대 화학의 이론과 실험적 방법이 적용되었던
것이다. 조선에서 수집한 화약 제조와 관련한 서적은 『제화약법(製火藥
法)』, 『조화약법(造火藥法)』, 『병약조법(餠藥造法)』, 『폭약기요도(爆藥紀要
圖)』이다.[100] 이 책들은 군계학조단에 의해 수집되었고, 현재 『제화약법』
과 『병약조법』, 『폭약기요(爆藥紀要)』가 남아 있다. 『폭약기요』는 미국
수뢰국(水雷局)에서 발행한 화약 및 포탄 제조 방법을 설명한 책이며
『병약조법』은 크루프 포탄용 화약제조법을 소개한 책이다.[101] 『조화약
법』은 『제화약법』과 같은 책으로 보인다.

강력하고 원거리 포격이 가능한 크루프 포로 무장한 적의 공격을
막아내는 방어 전략도 병학(兵學)에서 매우 중요했다. 강하고 정확한
포화를 이겨내고 적들의 전진을 막기 위해서는 진지 및 참호 구축 및
역공의 교두보 확보가 우선되었다. 근대 서양 무기와 관련한 기본적인
지침을 그림과 함께 설명한 책이 『영루도설(營壘圖說)』이다. 또 유사한
책으로 『영성게요(營城揭要)』도 수집되어 보존되었다.[102]

강력한 대포는 단지 육상전투를 위한 병술과 관련한 것만은 아니었다.
특히 삼면이 바다인 조선을 서양의 해군들이 새로운 군함과 힘포로
무장하고 공격했을 때 큰 타격을 입었고, 대안을 마련하기 위해 부심한

---

99) 암모니아를 인공적으로 합성해 화약의 원료를 생산하는 일은 1930년대에야
   비로소 가능했다.
100) 利稼孫(영), 傅蘭雅 口譯, 『製火藥法』(1871, 奎中 3054) ; 軍政局(布) 編, 『餠藥造法』
    (1872). (奎中 3309) ; 水雷局(美) 偏, 舒高第(?) 口譯, 『爆藥紀要』[1880(序 1875)](奎中
    3057, 奎中 3058, 奎中 3310).
101) 軍政局(布)編, 『餠藥造法』(1872, 奎中 3309).
102) 伯利牙芒(比里時國), 金楷理, 『營壘圖說』(奎中 2835, 奎中 2836, 奎中 3110) ; 儲意比
    (英) 撰 ; 傅蘭雅(英) 口譯, 『營城揭要』(奎中 2834-v.1-2, 奎中 3326-v.1-2).

바 있다. 서양인들이 사용하는 대포나 증기기관, 그리고 병선(兵船), 혹은 군함을 구축하는 방법은 조선의 전통적 방식과 달랐다. 조선 정부는 서양식 군함과 대포 및 이런 화력을 견딜 방어선 구축과 적을 물리칠 수 있는 수군의 강화를 중요한 정책으로 설정했다. 이런 해방 강화를 위해 관련한 서적도 21종이나 수집했다.

해방 관련서적도 21종이나 수집했으며 현재 14종이 남아있다. 해방의 총론으로『영환지략』,『방해신론(防海新論)』,『해국도지속집(海國圖志續集)』,『방해기략(防海紀略)』등 4종을 들 수 있다.[103]『해국도지속집(海國圖志續集)』은 고서로 분류되어 있지만 미국인 영 알렌(林樂知, Young Allen, 1836~1907)이 영국의 서적을 1875년 번역 편집한 책이다. 서양지지 및 군사상황을 서술한 위원(魏源, 1794~1857)의『해국도지(海國圖志)』의 속편 형식으로 편찬되었다.[104] 서계여(徐繼畬, 1795~1873)의『영환지략(瀛環之略)』은 이미 대원군 시절에 수집되어 대원군의 해방강화책에 적지 않게 이용된 것으로 알려져 있다.[105]『방해신론』은 1869년에 프라이어가 번역했다고 알려졌지만, 미국 전쟁에 참여한 포르투갈 사람이 해군 전법을 정리한 책이다.『방해신론』을 조선에서 재정리해 같은 제목으로 엮기도 했다. 중국에서 발행된『방해신론』은 20권으로 구성된 것으로 알려져 있지만, 규장각에 남아 있는『방해신론』은 권1-18까지는 제목만 있고 권19, 20은 빠져 있다. 또 이 책 서문에는 프라이어의『방해신론』의 내용이 정리되어 있기도 하다. 서문에서 이 책의 편자는 성능이 향상된

---

103) 希理哈(布), 傅蘭雅 譯,『防海新論』(1871, 奎中 2829-v.1-6, 奎中 2830-v.1-6, 숭실대 박물관) ; 麥高爾(英) 輯著, 林樂知(美)·瞿昴來 譯, 『海國圖志續集』(1895, 古 551.46-M129h-v. 1-2) ; 王之春(淸) 編,『防海紀略』(奎中 4350).

104) 魏源,『海國圖志』(奎中 3348-v.1-24).

105) 徐繼畬,『瀛環之略』(서울대 중도 470047 1, 4700 47 2, 4700 47 3, 4700 47 4, 4700 47 5, 4700 47 6).

함선과 함포로 인해 새로운 방해(防海) 전술이 필요하다는 점을 강조했다. 이런 의도로 발간된 이 책은 함선의 진행을 막아 진입을 저지하는 방법과 그 일환으로 수뢰(水雷)제작법과 야간 방어 방식을 설명하는 것으로 구성되었다.

새로운 무기로 대체하는 것은 무기만을 바꾸는 것이 아니라 제식 훈련과 더불어 진법을 포함한 각종 군사 체제 전체를 전환하는 일을 의미했다. 전통과는 전혀 다른 군사 훈련을 받아야 했고 새로운 군함의 진법과 관련한 배치 및 전투도 수행해야 했다. 이와 관련된 서적도 수집되었다. 해상에서 원거리 사격을 포함해 공격 방어, 그리고 병사의 배치 등 해군 전투 훈련에 관한 서적인『윤선포진(輪船布陣)』,『윤선포진도(輪船布陣圖)』,『수사조련(水師操練)』이 수집되었는데 그 가운데『수사조련(水師操練)』이 남아있다.[106]『수사조련』은 영국 해군의 전선부(戰船部)에서 편찬한 훈련지침서로, 포의 배치, 포수의 정원, 각 포대의 임무, 주·야간 전투시의 준비사항, 각종 무기류의 수량, 전선 조련, 함포 사격 및 교습의 유의할 핵심 사항, 각종 해군의 무기의 사용 방법, 실전에서의 배치 등 전투 훈련을 전반적으로 포괄했다. 또 군함에서 사용하는 무기와 포격술과 관련해서는『해상포구전도(海上砲口全圖)』,『해전용포설(海戰用砲說)』이 수집된 흔적이 있고,『병선포법(兵船礮法)』이 보존되어 있다.[107]

무엇보다 선박을 위한 증기기관은 육상에서 기계를 가동하는 것과는 수준이 달랐고 증기기관에 관한 서적들 역시 이를 강조했다.[108] 선박의

---

106) 裹路(英) 著, 傅蘭雅(英) 口譯,『輪船布陣』,『輪船布陣圖』(奎中 2791, 奎中 2792, 奎中 3101, 1873) ; 戰船部(英) 編,傅蘭雅(英)『水師操練』(1872, 奎中 2379-v.1-3, 숭실대 박물관).

107) 水師書院(美), 金楷理(美) 譯,『兵船礮法』(1876, 奎中 2793-v.1-3, 奎中 2794-v.1-3, 숭실대박물관).

증기 기관은 거대한 프로펠러를 추동해야 하기 때문에 체제나 규모가 육상용과 달랐다. 따라서 대강의 정보만 가지고서는 증기선을 만들 수 없었다. 군함 혹은 병선의 증기기관을 소개한 『해군증기계도완(海軍蒸氣械圖完)』가 수집되었다. 이 책은 일본책으로 그림 8장짜리의 서책으로 정밀 제도 기법으로 그려졌다.

보일러와 엔진, 프로펠러를 장착한 서양 증기선은 자유롭게 원양으로 뻗어나갔고 새로운 항로를 개척했다. 더불어 새로운 항해술도 구성했다. 이와 관련한 『해도도설(海道圖說)』, 『만국항해도(萬國航海圖)』, 『어풍요술(御風要述)』, 『항해간법(航海簡法)』, 『운규약지(運規約指)』 등 근대 항해술과 관련된 서적을 수집했다. 그 가운데 『만국항해도(萬國航海圖)』는 일본에서 펴낸 책이다.[109] 『해도도설(海道圖說)』은 중국을 중심으로 중국의 남해와 동해, 남해, 주강, 향항, 복건성, 백견(白犬)열도, 대만, 절강성(浙江省)의 상산항, 양자강 하구, 주산열도 등 중국의 연근해의 항로를 소개했으며 항해중인 선박의 위치를 파악을 위한 측량법도 제시했다. 『어풍요술』은 증기기관으로 운전할 힘을 얻는다고 할지라도 피할 수 없는 바닷바람을 다룬 책이다. 바람을 이용하는 방법과 더불어 태풍의 조짐을 알아내거나 중국 동남해, 인도양 등의 태풍으로부터 빠져나오는 방법 등 연근해 혹은 원양 항해에 필수적인 항해술을 담았다. 또 32방위로 구분된 서양의 나침반인 '나경방향지도(羅經方向之圖)'를 포함해 적지

---

108) 白爾格(英) 選, 傅蘭雅 역, 『汽機新制』(1873, 奎中3059) ; 증기기관과 관련해서는 예기(藝器)에서 다룰 것이다.

109) 金約翰(英) 輯, 傅蘭雅(英) 口譯, 『海道圖說』(1874, 奎中 3374-v.1-10, 奎中 3375-v.1-10, 奎中 3376-v.1-10, 숭실대박물관), Takeda, Kango(英), 庸普爾地(イヨン・ビュルヂ-) 著 ; (蘭)Schnell. E. 校 ; 武田簡吾 編, 『萬國航海圖』(1858, 고문헌자료실 4709 14), 白爾特 (英)撰 金桂理 口譯, 『御風要述』(1873, 奎中 3027) ; 那 麗(美), 金楷理, 王德均, 『航海簡法』(1871, 奎中 2710-v.1-2, 奎中 2711-v.1-2, 奎中 2712-v.1-2, 숭실대박물관) ; 『運規約指』(1871, 奎中 2826, 奎中 2827).

않은 도표들이 제시되어 있다. 새로운 군함과 강력한 함포로 공격해오는 적을 방어하기 위한 축성 등과 관련한『해당집요(海塘輯要)』와 유사한 『해당(海塘)』이나『방해(防海)』가 조선에 유입된 것으로 보이지만 현재 전해지고 있지 않다.110)

(4) 예기(藝器) 및 기술

서양 근대기술과 관련한 분야의 책은 모두 36종이 수집되었으며, 그 가운데 20종만이 전해진다. 또 수집된 책 가운데「내하서목」에 기록된 『서양백공신서(西洋百工新書)』,『백공제작신서(百工製作新書)』,『서양백공신서 외편(西洋百工新書 外篇)』『장가추형(匠家雛形)』,『염공전서(染工全書)』,『공학필휴(工學必攜)』,『공업신서(工業新書)』,『직연공술(織衍工術)』,『백공응용화학편(百工應用化學編)』등 9종은 일본에서 수집된 것으로 보이며, 그 가운데『백공응용화학편』만 남겨져 있다.111)

인력과 축력, 드물게 풍력과 수력만을 이용했던 전통 사회에서 증기력은 놀라운 힘이었다. 증기의 힘으로 기계를 움직여 빠르게 상품을 생산해내고 거대한 군함과 철도를 운행시켰다는 소식과 함께 해안에 출몰했던 이양선으로 조선 정부는 증기기관에 관한 관심이 고조되었다. 이를 도입하기 위한 노력도 적지 않게 기울였다. 대동강에 침몰한 미국 기선에서 증기기관을 분리해 증기선 제작을 시도했을 정도로 열심이었던 대원군뿐만 아니라 고종 역시 친정(親政) 이래로 해외 시찰의 기회가 있을 때마다 증기기관을 자세히 탐문하고 돌아올 것이 요구했고 서양의 기선

---

110) 韋更琪(英)撰, 傅蘭雅(英)口譯, 1873『海塘輯要』(奎中 2718-v.1-2, 奎中 2719-v.1-2, 奎中 2861-v.1-2).

111)『百工應用化學編』(서울대학교 중앙도서관 661 H993h v.1).

과 기계를 배우는 일과 관련해 특별 교서를 내리기도 했을 정도였다.

기관 및 기기와 관련한 책은 10종이다. 『기기신제(汽機新制)』, 『기기발인(汽機發軔)』, 『기기필이(汽機必以)』 등은 군계학조단이 들여왔고, 『증기기관문답(蒸氣器關問答)』, 『기기(汽器)』도 들여왔지만 "내하서목"에만 흔적을 남기고 전해지지 않는다.112) 증기기관과 관련한 책들은 대부분 증기와 물, 그리고 석탄 등 에너지원에 대한 설명과 더불어 보일러, 열을 운동으로 전환시키는 기관, 연결 실린더, 동력 전달 장치, 응축기 등 기관과 관련한 다양한 기구들과 활용 기기들을 다루었다. 이 서적들 가운데 『증기기계서』는 배의 증기기관만을 다룬 국한문 혼용의 책으로 "내하서목"에도 기록되어 있다. 이 책은 증기기관을 이해하고 관련 지식을 익히기 위해 조선에서 적지 않은 노력을 기울였음을 보여주는 서적이었다.113) 증기의 힘으로 움직이는 배의 세 장치를 증기관(蒸氣罐), 기계, 그리고 나선(螺旋)으로 구분해 설명하는 이 책은 필사본으로 비록 서학류로 분류되어 있지 않으나 근대 증기기관을 해설하는 근대 과학기술 관련서이다.

증기기관에 관한 본격적 기술서 가운데 하나는 『기기필이』이다. 이 책은 증기기관의 핵심인 과로(鍋爐), 즉 보일러에 대한 설명, 뉴커먼 (Thomas Newcomen)의 증기기관과 와트(James Watt)가 개량한 증기기관의 근본 차이, 증기기관의 열효율계산 방법 등을 제시했다.114) 또 기기(汽機)를 단행육기(單行陸機), 전행육기(轉行陸機), 전행선기(轉行船機), 전행차기(轉行車機)의 4가지를 수륙용 등으로 구분해 각각의 특징들을 설명했

112) 美以納(英) 等撰, 『汽機發軔』(1871, 奎中 2864-v.1-4, 奎中 2865-v.1-4, 奎中 2866-v.1-4) ; 蒲而捒, 傅蘭雅 譯, 『汽機必以』(1872, 奎中 2983, 2985, 奎中 2724) ; 『西藝之新』(奎中 2824).

113) 『蒸氣器械書』(奎 7688).

114) 蒲而捒(英), 傅蘭雅(英) 口譯, 徐建寅 筆述 『汽機必以』(奎中2724).

으며, 증기기관의 일 단위인 마력(馬力)의 정의, 실마력(實馬力) 계산법, 호마력(號馬力) 정하는 방법등과 더불어 배와 차, 그리고 육지에서 사용하는 과로 제작법도 제공했다. 『기기발인』역시 『기기필이』와 유사한 내용을 다루고 있지만, 증기기관을 작동시키는 증기, 물, 열의 특징, 온도와 압력 등에 관한 기초이론과 더불어 증기기관을 구성하는 요소들인 보일러, 실린더, 응축기 등을 각 부분의 쓰임새를 더 구체적으로 설명했다는 차이를 찾을 수 있다. 또 증기기관을 획기적으로 발전시킨 와트의 기관 특징을 설명하는 한 편 바다와 육지에서 사용하는 증기기관과의 차이를 비교하며 소개했다. 또 『기기신제』가 다른 증기기관서와 다른 점은 권8 「기기성식(汽機成式)」에서 20호마력부터 200마력에 이르기까지의 다양한 크기와 형태의 기기와 육과로(陸鍋爐), 선과로(船鍋爐) 등을 소개했음을 들 수 있다.[115] 이처럼 증기를 동력으로 하는 기기들에 관한 책은 설명 방식이 거의 유사했다.

『기상현진(器象顯眞)』, 『기상현진도(器象顯眞圖)』, 『화기수지(畵器須知)』 등은 증기기관의 제도와 관련된 책이었다.[116] 제도는 증기기관과 기계 설계 및 제작의 가장 기초 작업이다. 『기상현진』, 『기상현진도』는 제도의 가장 기본인 선긋기부터 평면, 입체, 그리고 음영 넣기 등 제도와 관련한 사항 등을 망라하면서 증기기관과 증기를 동력으로 이용하는 기차를 포함한 각종 기기들의 제도법을 설명하고 연습할 수 있게 구성되었다. 이 방법을 이용해 그려진 증기기관과 증기기관을 장착한 각종 기계들이 『격치휘편』의 광고로 적지 않게 게재되었다.

이런 기기 관련의 전문서적들과는 달리 『기기논리(機器論理)』나 앞에

---

115) 白爾格(英) 選, 傅蘭雅 역, 『汽機新制』(1873, 奎中3059).
116) 『器象顯眞』(1872, 奎中2975) ; 『器象顯眞圖』(1879, 奎中 2981의 1, 奎中 2981의 2) ; 『畵器須知』(고려대학교 소장).

서 언급한『기기 화륜선원유고(機器 火輪船源流考)』는 대중적인 책들로
잡지나 신문에 게재된 서양인들의 글들을 편집해 묶은 책들이었다.[117]
『기기논리』는 중국인이 편집했고,『기기 화륜선원류고』는 중국에서
활동하던 선교사 애드킨스가 편찬했다. 이 두 책은『중서문견록』의
기사들을 주로 모아 만든 책이었다.[118] 두 책의 글들은 동양에서는
보기 어려운 서양의 새로운 기계나 교통수단, 혹은 서양 문명과 관련된
여러 기술들을 다루어 관련 기술의 전문적 정보, 작동 기제 및 적용
이론 등의 제공을 목표로 하지 않았다. 이 기사들은 대부분 동양에서
보기 어려운 서양의 새로운 기계나 교통수단, 혹은 서양 문명과 관련된
여러 기술들을 소개했다.『서예지신(西藝知新)』은 서양의 증기기관과
관련한 기기뿐만 아니라『기기논리』등에 소개된 다양한 기계들과 더불
어 철강, 황동 등을 활용한 파이프 제작, 각종 도구들을 만드는 선반과
더불어 공작(工作)에 필요한 화공약품도 다룬 서양 기술과 관련한 백과사
전이라고 할 수 있다.[119]

예기 및 기술의 중분류인 광학(礦學)에는 모두 10종의 책이 속하며,

---

117) William Alexander Parsons Martin(丁韙良) 등 저, 毛祥獜(淸) 輯,『機器論理』(奎中
2443) ; 艾約瑟 撰,『機器火輪船源流考』(古 8000-1, 古 8000-1).

118) 『기기논리』에는 「土路火車論」[『중서문견록』vol. 1, 7월(1872)], 애드킨스의 「水災
海河防」,「江河行船理」,「論地形」, 정위량(丁韙良, William Alexander Parsons, 1827
~1916)의 「論玻璃」,「星學源流」[『중서문견록』vol. 2, 8월(1872)], 덕정(德貞, John
Hepburn, 1837~1901 영)의 「鏡影燈說」[『중서문견록』vol. 9, 3월(1873) ; vol.
12(6월 1873)], 이선란(淸)의 「星命論」[『중서문견록』vol. 12, 6월(1873)] 등이
실려 있다. 또『기기화륜선원류고』에는 「기기화륜선원류고」,「蒸氣論」,「印書
新機」,「車輪軌道說」[『중서문견록』vol. 5, 11월(1872)],「鐵路有益說」[『중서문견
록』vol. 10, 4월(1873)],「論土路火車」·「飛車過海」[『중서문견록』vol. 15, 9월
(1873)],「權量新法」[『중서문견록』vol. 17, 11월(1873)],「태서제철지법(太西製鐵
之法)」[『중서문견록』vol. 5, 11월(1872)] 등이 실렸다.「논토로화차」나「비거과
해」는 두 책에 중복해서 실린 글이다.

119) 諾格德(英) 譔 ; 傅蘭雅(英) 口譯.『西藝知新』(奎中 2824-v.1-14, 숭실대박물관).

그 가운데 전해지지 않는 책은 2종이다. 광업의 활성화를 위한 제안이
개항 이래 적지 않게 제기되었고, 조선 정부 역시 개혁사업을 추진하고
재정을 강화하기 위해 대량 채굴을 가능하게 하는 근대식 광학기술을
도입하려 했다.[120] 서구에서 개발된 광업기술은 땅의 특성 파악에서
시작했다. 지층 구조와 변형 특성의 이해에서 시작했다. 그리고 원광석으
로부터 원하는 광물을 얻어내는 방식도 달랐다. 표피층의 원광석을
채취해 비중 차이를 이용해 잡석을 분리하는 전통적인 물리적 방법과는
달리 파낸 원광석을 파쇄하고, 원하는 금속을 화학적 방식으로 적극적으
로 분리, 추출해냈다. 물리적 화학적 방법을 모두 활용했던 것이다.

지층구조와 관련한 기본 서적은 『지학천석(地學淺釋)』으로 라이엘(雷
俠兒, Charles Lyell, 1797~1875)의 『지질학의 원리(Principles of Geology)』를
맥고완이 번역해 발간했다.[121] 8책 38권의 방대한 양으로 서양에서
대학 교재로 이용된 이 책은 근대지질학의 기반으로 유명하다. 『지리지
략(地理志略)』, 『지학지략(地學指略)』은 『지학천석』을 토대로 한 책이다.
지질시대의 연대기적 구분, 지층의 형성, 화석 및 암석의 특징 등 다루는
주제나 내용이 『지학천석』과 크게 다르지 않으며 차이라면 단지 깊이와
분량 정도에 불과했다.[122] 『지학지략(地學指略)』은 지학이라는 분야가
지각을 다루는 분야로 전통 지리와는 전혀 다른 분야임을 명확하게

---

120) 이배용, 『韓國近代 鑛業侵奪史硏究』(일조각, 1996), 24~25쪽. 그는 외국으로부터
    의 광산기기 구입과 광산기술자 초빙은 재래식의 경영조직과 근본적인 광무개
    혁의 여건이 마련되지 않아 기술적 혜택을 입지 못했고, 이들 광무기사들은
    조선의 지질 탐사와 매장량 조사에만 진력하는 등 조선 정부의 광무사업에
    별로 도움이 되지 못했다고 평가했다.

121) 雷俠兒(英) 撰, 瑪高溫(美)口譯, 1871(서 : 1873) 『地學淺釋』(奎中 3476, 숭실대박물
    관).

122) 戴德江(美) 編, 『地理志略』(1882, 奎中 5600) ; 傅蘭雅(英) 著, 『地學須知』(奎中
    5808-v.1-3, 숭실대박물관) ; 傅蘭雅(英), 『地志須知』(1882, 奎中 5809 숭실대박물
    관).

밝혔다.[123)

지질학은 『개매요법(開煤要法)』, 『정광공정(井礦工程)』, 『광석도설(礦石圖說)』 등 채광과 관련한 기술서적의 이론을 제공했다.[124)] 『개매요법』과 『정광공정』은 석탄을 중심으로 광업 기술을 다룬 책이다. 『광석도설』은 광산 개발 탐사 및 사전 조사 작업에 도움이 되도록 광맥에서 발견되는 여러 광석들을 해설하고 있다. 또 중요한 에너지원으로 알려진 석탄층의 형성과정, 석탄층의 특징, 탐사, 매장량 예측, 탄도개발과 채굴, 석탄의 추출 및 가공과 같은 내용도 담고 있다.

광석을 분리하는 방법과 관련한 책 가운데 『금석식별(金石識別)』은 미국의 다나(J. D Dana, 1813-1395)의 저술이 번역된 것이다. 이 책은 광물질들의 비중, 경도, 성상(性狀) 등의 물리적 특징과 분별 방법, 함량 원질 등 암석 내에 존재하는 여러 광물들을 분석해내는 기술과 관련한 기초 이론을 담고 있다.[125)] 또 이 책이 암석 종류, 분포, 형성 방식등도 함께 설명했다는 점에서 지질학 서적의 특징을 가지기도 했다.

(5) 의학(醫學)

조선 정부가 수집한 근대 서양 의학 관련서적도 적지 않아 18종에 이른다. 그 가운데 1종이 전하지 않으며 남겨진 책은 의술 13종, 위생

---

123) 文敎治(英) 著, 『地學指略』(1881, 奎中 3934).
124) 土密德(영), 『開煤要法』(1871, 奎中 2749-v.1-2, 奎中 3045-v.1-2, 奎中 3046-v.1-2) ; 白爾捺(英) 輯 ; 傅蘭雅(英) 口譯, 『井礦工程』(1879, 奎中 3575-v.1-2, 奎中 3576-v.1-2) ; 傅蘭雅, 『礦石圖說』(1884, 奎中 5090) ; 阿發滿(美) 選. 傅蘭雅(英)口譯, 『冶金錄』(1873).
125) 代邪(美) 瑪高溫,구역 華蘅芳 필술, 『金石識別』(1871, 奎中 2940-v.1-6, 奎中 2966-v.1-6, 奎中 2967-v.1-6 숭실대박물관(제5권만)).

3종, 제약 1종으로 분류된다.[126]

 개항 이전에도 서양 의학에 관한 호기심이 있어 홉슨의『전체신론(全體新論)』과 같은 서양 의학서적이 유입되었지만,[127] 근골격계를 중심으로 한 초보적 해부학 서적에 지나지 않았다. 홉슨은『전체신론』이 지니는 미진함을 보완하기 위해『서의약론(西醫略論)』을 썼고 이 책 역시 조선 정부가 수집했다.[128]『서의약론』은 동서양 의학의 비교로부터 증상에 따른 진단과 처방, 염증, 자상, 타박상, 화상과 같은 외과적 증세를 중점적으로 다루는 한편, 학질과 같은 전염병도 소개했다.[129]『서의약론』은 동서양의 의학 차이에 대한 논의로부터 증상에 따른 진단과 처방, 염증, 자상, 타박상, 화상과 같은 외과적 증세를 중점적으로 다루었으며 학질과 같은 전염병도 다루었다. 또 뼈 관련 증상으로 골절, 탈골, 뼈의 염증 등을 다루는 한편 뇌, 척수 눈과 관련한 증세 등을 신체 각 부분 별로 나누어 설명했다. 홉슨은 이 책에 '서의약론'이라는 책 제목과 같은 제목의 장을 두어 서양의학과 동양의학의 차이를 설명했다. 그는 서양의학이 해부학을 토대로 하고 있음을 강조했고 그에 따라 처방약 역시 전통의학의 모호한 음양오행과는 다른 차원에서 제시된다고 주장했다. 즉 각 병증을 직접 치료하기 위해 약을 처방한다는 것이었다. 이런 주장에 부합되는 의학서적은『안과지몽(眼科指蒙)』이다.[130] 이 책은 눈의 구조와 눈병의 증세 및 치료 방법을 설명했다. 그리고 여성과 어린이의 신체를 다룬『부영신설(婦嬰新說)』은 여성과 남성 신체의 다름을 전제하

---

126) 『重訂解體新書』,『醫範提綱圖』는 일본 난학 전통의 해부학 도서이며 그중『重訂解 體新書』는 국립중앙도서관에 소장되어 있다.

127) 合信(英),『全體新論』(1851, 奎中 5372, 숭실대박물관).

128) 合信(英), 管茂材 撰,『西醫略論』(1857, 奎中 4704, 숭실대박물관).

129) 合信, 管茂材(淸) 撰,『西醫略論』(1857, 奎中 4704, 숭실대박물관).

130) 稻椎德(英)口譯,『眼科指蒙』(奎中 3530).

고, 또 한편으로 아동의 치료를 어른과는 다른 방식으로 접근해야 함을 강조한 의서였다.[131] 광범하고 전문적인 서양 의학서인『전체통고(全體通考)』도 수집되었다. 이 책은 해부학을 중심으로 신체를 분석적으로 상세하게 다루었다.[132] 의료 선교 활동을 하던 커(John Glasgow Kerr, 嘉約翰, 1824~1901)가 구역해 1875년 발행한『과찰신법(裹紮新法)』은 외상 치료 후 붕대를 감는 방법을 신체 부위에 따라 설명했다.[133] 그가 간행한『피부신편(皮膚新編)』역시 신체의 중요 부위를 나누어 분석적으로 접근한 전문 의학서적이다.[134] 의학서적뿐만 아니라 서양의학의 진단에 따른 처방을 위해『서약약석(西藥略釋)』이 수집되었다.[135]

그리고『유문의학(儒門醫學)』이 수집되었다. 이『유문의학』은 입문서와는 달리 적지 않은 의학전문서의 내용을 담았지만, 이 책의 원제 자체가 '가난한 지역을 방문하는 목사를 위한 의학핸드북'이었던 만큼 책 발행 목적이 선교사를 포함한 목회자들의 선교활동에 필요한 수준 정도의 의학 내용 제공에 있었다. 따라서 이 책은 선교사들이 찾아보기 쉽도록 증상별, 신체부위별로 정리되어 있고 처방도 제시되어 있다.[136] 이 책은 청결과 섭생의 중요성을 강조했고 골절이나 그 밖의 간단한 외상에 대한 대응 및 치료 방법, 다양한 가벼운 질병의 증세에 따른 처방 방법들도 담고 있다. 이와 유사한 책으로『위생요지(衛生要旨)』,『위생요결(衛生要訣)』을 들 수 있다.[137] 이 책들은 전염, 빈곤 구황, 잡증

---

131) 合信(英) 著, 『內科新說』(奎中 4649) ; 合信(英), 『婦嬰新說』(1858, 奎中 4832).

132) 德貞(英), 『全體通考』(1886, 奎中 2886).

133) 嘉約翰(미) 구역(口譯), 『裹紮新法』(1876, 奎中 5276).

134) 慕維廉(英), 『知識五門』(1887, 奎中 5369) ; 嘉約翰(美) 口譯, 『皮膚新編』(1874, 奎中 5346).

135) 嘉約翰, 孔繼良(淸) 譯撰, 『西藥略釋』(1876/1886, 奎中 5122).

136) 海得蘭(英) 撰, 傅蘭雅(英) 口譯, 『儒門醫學』(1876, 奎中 2895-v.1-4).

137) 嘉約翰(美) 口譯, 『衛生要旨』(奎中 5353) ; 海得蘭(英), 傅蘭雅(英) 口譯, 『衛生要訣』(奎

등과 같이 나누어 병이 걸리는 이유를 설명하는 한편 음식 및 주거환경과 관련해 병을 미리 막을 방법과 관련한 방안들을 제시한 책이다. 나쁜 기운이 방으로 들어오지 못하도록 높은 곳에 방을 잡으라는 등의 논리를 전개했다. 이 책들은 질병의 원인으로 독기론(毒氣論)을 수용하고 있음을 알 수 있다. 그럼에도 불구하고 깨끗한 물의 중요성을 강조한 점은 눈에 띈다.

사람의 다섯 감각 기관에 대한 설명을 담은 소책자인 머헤드(William Muirhead, 慕維廉, 1819~1884)의 『지식오문(知識五門)』과 의료 선교 활동을 하던 커의 『피부신편(皮膚新編)』 역시 분석적 신체 접근에 의한 의학서적이다.[138] 『내과천미(內科闡微)』,『전체수지(全體須知)』같이 서양 의학 입문서적도 수집되었다.[139] 이 책들은 매우 짧은 소책자로 관련 분야의 입문자용 개론서 역할을 담당한 책이라 할 수 있다.

(6) 각종 수지류

한역 근대 과학기술서적 가운데 『수지(須知)』라는 제목이 붙여진 책들도 적지 않다. 조선에 수집, 보관된 수지류의 책들은 모두 18종이다.[140]

중국에서 1882년부터 1898년까지 수지류 서석들이 모두 24권이 출판되었다. 그 가운데 두 권의 서양 예절 관련서적을 제외하고 모두 과학기술 관련서적이며 조선에는 18종이 수집되었다.[141]

中 6361).

138) 慕維廉(英), 『知識五門』(1887, 奎中 5369) ; 嘉約翰(美) 口譯, 『皮膚新編』(1874, 奎中 5346).

139) John Glasgow Kerr, 『內科闡微』(1873, 奎中 5279) ; 傅蘭雅, 『全體須知』(1894, 고려 대학교).

140) 수지류에 관한 논의는 이면우, 앞의 책, 216~225쪽을 참조할 것.

〈표 3〉 조선에 수집된 수지류와 보존 현황

서목		저자/편자	역자	발간연도	소장처	분량
光學須知	격치	傅蘭雅(英)		1895	규장각, 숭실대박물관	1책 39장
氣學須知	격치	傅蘭雅(英)		1886	규장각	1책 27장
聲學須知	격치	傅蘭雅(英)		1887	규장각	1책 26장
電學須知	격치	傅蘭雅(英)		1887	숭실대박물관	1책 33장(圖)
重學須知	격치	傅蘭雅(英)			규장각	1책 33장
地理須知	격치	傅蘭雅(英)		1883	규장각, 숭실대박물관	
地志須知	격치	傅蘭雅(英)		1882	규장각, 숭실대박물관	2책
天文須知	격치	傅蘭雅(英)		1887	규장각, 숭실대박물관	1책 27장
化學須知	격치	傅蘭雅(英)		1886	규장각	1책27장
算法須知	수학	華蘅芳(淸)		1887	고려대학교	1책 37장
三角須知	수학	傅蘭雅(英)		1888	규장각	2책
曲線須知	수학	傅蘭雅(英)		1888	규장각	1책 25장(圖)
代數須知	수학	傅蘭雅(英)		1887	고려대학교	2책
微積須知	수학	傅蘭雅(英)		1888	규장각	1책 26장
量法須指	수학	傅蘭雅(英)		1887	규장각	1책 28장
畫器須知	예기	傅蘭雅(英)		1888	고려대학교	1책 36장
地學須知	예기	傅蘭雅(英)		1883	규장각, 숭실대박물관	3책
全體須知	의학	傅蘭雅(英)		1894	고려대학교	1책 40장

*참조 :『內閣藏書彙編』,『陰晴史』,『역서사략』,『奎章閣圖書中國本綜合目錄』, 고려대학교
중앙도서관 웹사이트 및 숭실대학교 한국기독교박물관,『한국기독교박물관 소장
과학기술 자료 해제』(2009)

이 수지류 서적들의 영어제목에는 'Outline Series'가 붙어 있다. 즉
초보 수준의 개요서임을 제목에서 밝혔던 것이다. 과학기술의 이해와
기술 훈련을 위해 입문으로부터 전공 과정으로의 단계적 학습 체계나
교육제도를 채 갖추지 못했던 조선 정부는 이들 수지류를 수집함으로써
해당 분야의 전반적 이해를 도모한 것으로 보인다. 조선 정부가 수집한
책 가운데에는 1886년 이후 발행한 책뿐만 아니라 청일전쟁 이후인
1896년 발행된 『광학수지』도 수입된 것은 보면 조선 정부가 수지류
수집에 특별한 의미를 부여해 큰 관심을 기울였다고 할 수 있다.[142]

141) Elman, 2005 *Ibid,*. p. 426.

『수지』가 붙은 책들의 가장 큰 특징은 근대 과학기술의 기초입문서라는 점과 더불어 분량도 39장의 『광학수지』, 3책의 『지학수지』와 2책의 『대수수지』 정도를 제외하고 대개 30장 안팎정도의 소책자임을 들 수 있다. 학습 부담을 대폭 줄여 편집한 것이다. 이 책들의 대표적 특징을 『광학수지(光學須知)』를 예로 들어보면 빛, 그림자, 분광기, 빛의 반사와 굴절, 빛과 렌즈 및 거울과의 관계, 망원경, 현미경 등 다양한 광학기기를 소개했는데 이는 『광학』의 핵심을 정리한 것이었다. 또 조선에서 수집된 수지류의 서적은 화형방(華蘅芳)이 1887년에 간행한 『산법수지』 등 몇몇을 제외하고는 대부분 프라이어가 저술했다. 다양한 분야의 근대 과학기술서 번역을 기획하고 직접 번역 작업에 참여한 이래 귀국하기 전까지 약 130권의 책을 번역하거나 저술했고 이 핸드북 시리즈는 분야별 번역 작업에 따른 결산이라고 할 수 있다.[143] 핵심적인 내용을 간결하게 적시함으로써 해당 분야에 어렵지 않게 접근할 수 있게 구성했다.

이 기초입문서는 다양한 분야에 걸쳐 출판되었다. 조선 정부가 수집한 서적 가운데 격치학 관련서적이 가장 많았다. 기학, 성학, 전학, 중학, 화학, 천문, 지리, 지지 등 9종이 입수되어 수지류의 반을 차지했다. 또 수학 관련 수지류도 많았다. 양법, 곡선, 대수, 미적, 산법, 삼각 등 6종으로 18종 가운데 30%를 차지했다. 산법을 제외하고는 모두 근대 수학과 관련되어 있다. 그밖에 제도 관련서적과 광학(鑛學) 관련서가 1종, 의학이 1종이 수집되었다.

---

142) Elman에 의하면 1882년부터 1898년까지 "수지" 서적들이 모두 24권이 출간되었는데 그 가운데 두권의 서양 예절 관련서적과 한 권의 부국론 관련서를 뺀 19권이 모두 과학기술 관련서적이다. Elman, 2005 Ibid,. p.426.

143) Bennet, Ibid., pp.33~45.

4. 맺음말

조선 정부가 서양 과학기술을 부국강병의 도구로 인식했음은 알려진 사실이다. 서양의 과학기술을 도입해 국가 행정 및 통치 기구들을 개혁해 국가의 기틀을 굳건히 하고 외국의 침략을 방어하려 했던 것이다. 개혁 정책의 수립 및 추진을 위해 여러 조사사업이 추진되었고, 그 일환으로 중국에서 번역된 한역 근대 과학기술서적도 수집되었다. 정부의 주도로 1880년 전후 중국에서 발간된 한역 과학기술서적 대부분이 수집되었다고 해도 과언이 아닐 정도로 많이 수입되었다. 하지만 이런 추세는 갑신정변을 계기로 변화를 겪었고, 이후부터는 서적 수집이 현저하게 위축되었다.

이런 과정을 거쳐 수집된 흔적이 있는 책들은 모두 220여 종이며, 그 가운데 현존하는 한역 서양 과학기술서적은 160여 종이 넘는다. 이를 대분류를 중심으로 구분해보면 격치 분야가 68종(보존 서적 57종), 수학 54종(보존 서적 38종), 무비는 46종(보존 서적 30종), 예기 및 기술이 36종(보존 서적 20종), 의학 분야가 18종(보존 서적 17종) 등이다. 가장 많이 남아 있는 분야는 격치 분야이며, 예기 및 기술 분야는 수집된 서적에 비해 가장 많이 소실된 분야이다. 중분류의 범주만을 비교해보면 '기타 기술' 분야에 수집된 16종 가운데 4종만이 보존되어 있다.

이 글에서 이 서적들을 분류하고 내용을 검토함으로써 고종 시대 수집된 한역 근대 과학기술서적들의 대강을 살피며 이 서적들을 분류하고 특징을 정리했다. 수집된 서적 가운데에는 지적 호기심과 장서 목적의 도서도 없지 않았겠지만, 대부분 정부의 개화 정책을 위한 책들이라 할 수 있다. 1880년대에 수입된 이 한역 과학기술 서적의 전모를 밝힌 이 연구를 통해 1880년대 한역 과학기술서적들이 조선 정부의 개혁 정책 수립 및 추진에 미친 영향, 조선의 전통 지적 체계의 변화, 근대 과학 기술 도입에의 기여, 수용 과정에서의 조선 지식 체계와의 관계 등에 이르는 조선 사회의 근대 과학 기술 수용에 관한 본격적인 연구가 수행될 것으로 기대한다.

제2장 한역 근대 과학기술서의 도입과 활용 1
─『한성순보』와『한성주보』를 중심으로─*

1. 머리말

이 글은 고종 시대 도입된 한역 근대 과학기술서의 활용 방식을 1883년
대 발행하기 시작해 조선의 지성 사회에 큰 영향을 미친『한성순보(漢城旬
報)』와『한성주보(漢城周報)』를 중심으로 살펴본 것이다.

『한성순보』는 1883년 10월 31일(음력 10월 1일) 관보로 창간되었고,
『한성주보』는『한성순보』가 갑신정변으로 폐간된 지 13개월 만인 1886
년 1월에 발행 기간을 10일(순보)에서 7일(주보)로 바꾸어 발행되었다.[1]
24면(주보는 20면)으로 구성된 이 신문을 10일(주보는 7일)마다 발행하
기 위해서는 대량 인쇄가 가능한 서양식 인쇄 시스템이 요구되었다.
조선 정부는 일본에서 수동 원압식 납연인쇄기와 활자 같은 관련 기기를

---

* 이 글은 2011년 한국과학사학회지(33권 제1호, 2011. 4)에 실린 논문을 정리해서
  다시 실은 것임을 밝혀둔다. 김연희, "『한성순보』및『한성주보』의 과학기술
  기사로 본 고종시대 서구문물수용 노력",『한국과학사학회』33-1(2011).
1) 이 글에서의 年期는 양력이다. 또 이 글에서는 관훈클럽 영인,『漢城旬報』,
   『漢城周報』(1983)를 이용했다.

수입했다. 신문 발행은 개화 정책을 수행하던 통리교섭통상사무아문 동문학 소속 박문국이 담당했다.[2] 이 신문은 약 3천 부가 발행되어 전국 곳곳에 배포된 것으로 추정된다.[3]

『한성순보』와『한성주보』는 개항 직후인 1880년대 조선 정부의 움직임을 살피는 데에 중요한 사료로 주목받아 왔으며 관련 연구 역시 활발하게 진행되어 적지 않은 결과가 축적되었다. 그 가운데에는 발간의 역사적 의의와 배경과 관련한 연구를 포함해『한성순보』및『한성주보』에 드러난 개화사상과 부강론의 성격 분석, 정보 수집 노력, 국제질서 인식 등을 다룬 연구들이 있다.[4] 그리고『한성순보』와『한성주보』에서 출처

---

2) 이때 사용된 활자는 일본의 스키지(築地)활판소에서 수입된 한자 활자였다. 크기는 현재의 활자 크기 단위로 보면 약 10포인트 정도여서 활자 단위를 따서 '4호 활자' 또는 한성체라고 불렀다.

3) 정진석, "『한성순보』, 『한성주보』에 관한 연구", 『신문연구』 36(1983), 111~118 쪽 ; 당시 柳重敎는 "傳示京中諸坊里, 以及外三百六十州"로『한성순보』의 배포 범위를 밝혔다. 柳重敎, 『省齋文集』 卷之. 한편『한성순보』는 구독을 원하는 사람에게는 전국에 무료로 배부되었으나『한성주보』는 한성에 사는 사람은 박문국에 와서 가져가면 되었고, 지방에 사는 사람은 우송비 50문을 부담하는 조건으로 받아볼 수 있었다. 이에 대해서는『한성순보』, 1883. 10. 31., 표지 4 ; "本局公告",『한성주보』, 1886. 1. 25. 참조할 것. 이 공고는 매 호 마지막에 게재되어 있다.

4) 『한성순보』와『한성주보』에 대한 연구는 1983년 관훈클럽에서『한성순보』 발행 100주년을 기념해 진행한 사업을 통해 많은 진전을 이루었다. 이때 발표된 것으로는 최준, "『한성순보』의 사적 의의", 『신문연구』 36(1983), 23~32쪽 ; 정진석, 같은 논문, 74~142쪽 ; 박성래, "漢城旬報와 漢城周報의 근대과학의 수용 노력", 『신문연구』 36(1983), 39~73쪽 ; 趙璣濬, "漢城旬報와 漢城周報의 社會經濟 的 意義", 『신문연구』 36(1983), 6~21쪽 등이 있다. 그밖에 연구로는 李光麟, "漢城旬報와 漢城周報에 대한 一考察", 『韓國開化史研究』(一潮閣, 1974), 62~102 쪽 ; 김봉진, "『漢城周報』의 발행과 조선의 만국공법 수용", 『한국 전통사회의 구조와 변동』(문학과 지성사, 1986), 149~208쪽 ; 이수룡, "『한성주보』에 나타 난 정치, 경제 및 사회론의 성격", 『동양공업전문학교 논문집』 제8호(1986), 35~15쪽 ; 최준, "『漢城周報』의 뉴스원에 대하여", 『신문학보』 2(1969), 12~20 쪽 ; 문성규, "『한성순보』와 개화사상에 관한 연구"(중앙대학교 박사학위논문, 1990) ; 한보람, "1880년대 조선 정부의 개화정책을 위한 국제정보수집"(서울

를 밝힌 기사들을 중심으로 정보원을 추적한 연구도 있다.5) 또 국내 관보 기사만을 집중적으로 분석해 이 기사들의 소통 방식이 전통적인 조보(朝報) 양식을 계승하고 있어 전통성을 배제한 간행물이 아님을 지적한 연구도 있다.6) 기사 내용에 대한 점검과 분석 연구도 잇달았다. 집록이나 국내 사보, 논설 등에서 다룬 기사의 외교, 정치, 산업과 같이 특정 주제를 중심 의제로 삼은 연구들이 진행되었다.

이 연구들 대부분은 이 신문에 서구의 과학과 기술 관련 기사가 많이 실렸음을 지적했다. 그럼에도 과학기술 관련 분야는『한성순보』와『한성주보』의 연구에서 본격적으로 취급되지 않았다.7) 박성래가 과학기술 분야의 기사들을 분류하고 정리해 발표한 개괄적 연구 이래로 하나의 기사만을 선택해 중점적으로 분석하는 연구들 정도만 발표되었을 뿐이다.8) 이 연구들은『한성순보』와『한성주보』의 과학기술 기사들이 당시 사회에서 담당한 역할에 주목하지 않았다. 이 연구는 바로『한성순보』와『한성주보』의 과학기술 기사들에 부여된 사회적 역할을 추적해보려는 것이다.

　대학교 석사학위논문, 2005) 등이 있다.

5) 최준, 같은 논문, 16~18쪽 ; 정진석, 같은 논문, 105~110쪽.

6) 이석호, "한국 근대언론에 이어진 전통적 언론현상에 관한 연구―『한성순보』와 『한성주보』를 중심으로"(연세대학교 석사학위논문, 1993) ; 조보의 기원과 폐간에 대해서는 김영주, "조보(朝報)에 대한 몇 가지 쟁점",『한국언론정보학보』43호(2008), 247~281쪽을 참조할 것.

7) 국제 관련 정보를 꼼꼼히 분석한 한보람조차 과학기술 관련 기사에 대해서는 매우 적게 다루었다. 한보람, 앞의 논문, 56~62 ; 64~65쪽.

8) 박성래, 앞의 논문, 39~73쪽 ;『한성순보』와『한성주보』의 기사를 분석한 연구들이 진행되기는 했다 ; 이경언, 신현용, "한성순보와 한성주보의 과학, 수학 관련 기사에 관한 고찰",『A-수학교육』vol. 48, no. 3(2009), 265~285쪽 ; 이동인, 곽혜영, "論電氣(漢成旬報 4號 1883. 11. 1 發行)",『전기의 세계』제37권 제7호(1988), 59~63쪽 ; 김찬기, "『한성순보』소재『아리사다득리전』에 관한 연구", 『현대문학이론연구』vol. 21, no. 0(2004), 47~62쪽.

1876년 개항을 전후해 조선 정부, 특히 고종과 개화 관료들은 서양의 문물, 특히 조선의 것과는 전혀 다른 체계를 가지고 다른 사회적 역할을 담당하는 과학과 기술에 주목했고, 이를 도입하기 위해 국가 통치 기구들을 신설하거나 재조직했다.[9] 이 신문이 관보였기에 이 매체를 통해 정부의 시책을 홍보한 것은 당연한 일이다. 하지만 이 매체에 게재된 관련한 과학기술 기사들이 매우 방대하게 다양한 주제를 다루고 있음은 주목할 만하다. 이런 보도 태도는 정책 홍보 이외의 다른 의도가 내포되어 있기 때문이라고 생각된다.

이런 문제의식을 바탕으로 『한성순보』 및 『한성주보』의 과학기술 관련 기사들을 정리하고 당시 도입된 한역 근대 과학기술서적들의 활용 상황을 검토해 보려 한다. 이를 위해 『한성순보』 및 『한성주보』의 서양 문물 관련 기사 가운데 서양 과학기술에 관한 기사들의 출처, 기사 내용에 내재된 조선 정부 개화 관료들의 서양 과학기술에 대한 태도 등을 자세히 살펴볼 것이다. 그리고 당시 신설된 정부조직, 시행된 정부 정책 등과 『한성순보』 및 『한성주보』의 과학기술 기사들과의 관계를 점검해 게재 의도를 검토해 보고자 한다. 더불어 이런 정책들과 관련 없어 보이는 과학기술 기사들도 살펴보려 한다. 이 기사들은 주로 한문으로 쓰였지만 국문, 혹은 국한문의 기사도 눈에 띈다. 관보에 이런 기사들이 게재되었음은 매우 특기할 만하다. 비록 이런 기사들이 28회(『한성주보』는 모두 99호까지 남아있다)까지에만 보이지만, 중앙정부가 발행하는 매체에서 국문으로 서양 과학기술 관련 기사를 보도했다는 점은 획기적인 일이며, 따라서 이 기사들에서 이 매체에 부여한 역할을 살필

---

9) 이 글에서 개화 관료라 지칭하는 부류는 급진, 온건을 막론하고 국정 운영에 서양의 문물을 도입해 개혁하고, 이를 통해 부국강병을 이루려 했던 관료들을 의미한다.

수 있으리라 생각했기 때문이다. 이처럼 『한성순보』 및 『한성주보』의 과학기술 기사들을 검토하는 작업을 통해 고종 시대 서구 문물 수용을 위한 노력들이 다양하게 전개되었음을 보이는 한편 수집된 한역 근대 과학기술서적들이 활발하게 활용되었고, 이를 통해 전통 사회의 지적 지형이 변하기 시작했음을 보이려 한다.

2. 『한성순보』 및 『한성주보』에 나타난 서구 문물 인식

1) 『한성순보』 및 『한성주보』의 발행 목적

『한성순보』는 1880년대에 조선 정부가 발행한 신문이다. 신진개화세력의 핵심 인물이었던 박영효(朴泳孝, 1861~1939)가 일본에서 수신사 업무를 마치고 귀국한 후 고종에게 결과를 보고하던 중 신문 발간의 필요성을 제기하면서 발행 준비가 시작되었다. 고종은 박영효가 판윤으로 있던 한성부에서 신문 발행을 주관, 추진하게 했지만, 박영효가 광주부 유수로 옮기게 됨에 따라 관련 업무를 통리교섭통상사무아문에 설치된 동문학 산하 박문국으로 이관시켜 발간 작업이 차질없이 이루어지도록 조치했다.

『한성순보』는 기본적으로 조선 정부가 전통적으로 발행해온 조보(朝報)를 계승하는 형식을 띠고 있다고 평가된다.[10] 하지만 이 신문은 개화 관료의 중심에서 발간이 발의되고 개화주무 부서에서 발행을 주관했기에 개화 관료의 의도가 그대로 관통되어 있어 조보와 뚜렷하게 차이가

---

10) 이석호, 앞의 논문, 95쪽.

난다. 이 차이는 무엇보다『한성순보』의 '순보서(旬報序)'에서 잘 찾아볼 수 있다.[11] 그들은 신문에 외국 지리, 역사, 문화, 인물 등의 서양 학문과 공법 등의 새로운 국제 질서와 관련한 지식을 광범위하게 게재해 독자들의 견문을 넓히겠다고 밝혔다.[12] 서양의 경제개혁, 산업개발, 서양 근대 과학기술, 교통통신 발전상 등을 보도해 독자들에게 서양의 발전상을 알려, 그들을 계몽하고 개화에의 참여를 촉구해 동조 및 지지 세력화하겠다는 의도였다. 이 생각은 창간호에 실렸던 "지구론"에 좀 더 분명하게 드러나 있다. 개화 관료들은 "지구론" 끝부분에서 이런 류의 기사들을 "신중히 골라 동지들에게 한 달에 세 번씩 인쇄하여 고하겠다"고 하면서, 선비들이 이를 연구해 백성을 편하게 하고 국가 보존을 가능하게 해줄 것을 촉구했다.[13] 이는 왕명 출납과 상훈을 포함한 인사이동 상황 정도를 중심 내용으로 삼았던 조보와는 판이한 편집 태도였다.

더 나아가 신문 편찬을 주도한 개화 관료들은 자신들이 펴내는 신문이 더 많은 역할을 할 것으로 기대했다. 이를 잘 드러낸 기사가『한성주보』의 "신문의 이익에 대해 논함"이다.[14] 그들은 신문을 상의하달과 하의상달의 소통 도구로 여겼고, 이런 소통으로 국내 정치 현안뿐만 아니라 이제 막 진입한 국제 사회에서 국의 안위를 보장받을 수 있다고 생각했다.

---

11) "旬報序",『한성순보』, 1883. 10. 31.
12)『한성순보』와『한성주보』에서 독자를 지칭하는 말로 "同志"를 사용한 것은 매우 흥미로운 일이라 할 수 있다. 독자를 지칭하는 의미로『한성순보』에서 '社告'를 포함, 6번 사용했는데, 그 가운데 과학기술 관련 기사에서 반을 찾을 수 있을 정도였다. 그들은 외직 관리, 지방의 유학자를 동지로 지칭하며 그들과 동질감을 드러내 그들의 지지와 참여를 유도했다. "지구론",『한성순보』, 1883. 10. 31 ; "지구가 태양을 돌며 절후를 이루는 圖說",『한성순보』, 1884. 2. 17 ; "萬國衛生會",『한성순보』, 1884. 5. 5.
13) "지구론",『한성순보』, 1883. 10. 31.
14) "신문의 이익에 대해 논함",『한성주보』, 1886. 9. 27.

"사람의 지각을 늘리고 국가를 부강하게 할 수 있는 계책이면 모두 탐방(探訪)하여 상세하게 기록"하는 것이 신문 발행의 주요한 목적이고, 이를 통해 백성들의 교화를 도모하는 한편 국가 보전이 백성의 안위와 연결되어 있음을 자각할 수 있게 된다고 생각했던 것이다.

　　대개 천하 사람들은 어리석어 무지하면 남에게 뒤지는 것을 달게 여기지만, 지혜로워 어리석지 않으면 남만 못한 것을 부끄럽게 여겨 날마다 떨쳐 일어나 갈고 닦아 잠시도 쉬려 하지 않는다. 따라서 한결같 이 임금에게 충성하고 국가를 사랑하며, 이(利)를 일으키고 폐(弊)를 제거하는 것으로 마음을 삼는다. 이는 국가가 망하고 임금이 죽으면 자기의 가정이 홀로 다스려질 수 없고 자기의 일신(一身)이 홀로 보존될 수 없음을 알기 때문이다.[15]

이런 생각은 신문 편집에 그대로 투영되었다. 특히 신문 편집에 관여하 거나 이를 담당했던 개화 관료들은 천하 사람이 '지혜로워'지는 데에 필요한 기사들을 "안으로는 국방의 힘, 경제의 의의, 시장의 제도, 화폐 제도, 산택(山澤)의 이익, 조세의 사무, 권량(權量)의 신중성, 공작(工作)의 용도, 역참의 위치, 도로의 정비 등 모두 국가계획에 관련이 있는 모든 것"으로 설정했다. 또 "밖으로는 각 국의 정교(政敎)에 관한 융체(隆替), 풍속의 호오(好惡), 기후의 한난, 토지의 옥척(沃瘠), 국토면적의 광협, 산천의 험이(險夷), 인민의 중과, 군인의 용겁(勇怯) 등과 상무(商務)의 수지(收支), 기계의 교졸(巧拙), 격치(格致)의 단예(端倪)"를 포함하는 것으 로 보았다.[16] 이런 주제들 가운데 『한성순보』와 『한성주보』의 기사

---

15) 위의 글.
16) 위의 글.

가운데 특히 많은 분량을 차지하는 분야는 다른 국가 관련 지략(誌略), 그리고 기술과 격치 등이었다.

약 1년 동안 발행되어 전국의 외직 관리들과 유학자들에게 배포되었던 『한성순보』의 영향력은 적지 않았다. 위정척사를 주장했던 김평묵(金平默)이나 그의 제자로 설악산에 은거했다고 전해지는 유중교(柳重敎)마저도 『한성순보』를 언급했다. 특히 유중교는 김평묵에게 『한성순보』가 "크게 볼 만하다"고 평했다.[17] 외직에 근무했던 오횡묵(吳宖默)은 1894년 펴낸 『여재촬요(輿載撮要)』에 『한성순보』의 '지구전도(地球全圖)', '지구도해(地球圖解)', '지구자전성세도설(地球自轉成歲圖說)' 등의 기사를 그대로 옮겨 싣기도 했다.[18] 이 책은 꽤 많은 판본이 전해지는 것으로 보아 상당히 많이 유통된 것으로 보인다.[19]

갑신정변의 여파로 『한성순보』가 폐간되자 고종과 개화 관료, 그리고 이를 통해 다양한 정보를 접했던 사람들은 이를 매우 큰 손실로 여겼다.

… (漢城旬報를) 상하의 관민(官民)이 매우 편리하게 여겼더니 갑신정변(甲申政變)이 일어나 박문국(博文局)이 철폐되고 순보(旬報)가 간행되지 않게 되자 상하 관민(官民)이 모두 말하기를 "… 과거 순보가 간행되지

---

17) 金平默, 『重庵文集』 卷之二十, 1884. 5. 2 ; 柳重敎, 앞의 책, 上重庵先生.

18) 吳宖默은 『한성주보』가 발간되었던 1887년 3월 23일까지 박문국 주사로 근무한 것으로 보인다. 그는 이날 박문국 주사에서 정선군수로 발령되었던 것이다. 하지만 박문국에서 언제부터 근무했는지는 보이지 않는다. 이에 대해서는 『승정원일기』, 1887. 3. 23 기사를 참조할 것. 그의 『한성순보』에의 친화력은 그가 『한성주보』 편집에 관여했기 때문일 수도 있지만, 그가 사용한 글들은 1883년과 1884년에 나온 글들임을 미루어 창간 초기부터 이에 관심을 가졌다고 할 수 있다.

19) "地球全圖", "地球圖解", "地球論, 論洲洋", 吳宖默, 『輿載撮要』(奎6695) ; 『한성순보』, 1883. 10. 31 ; "地球園日圖", "地球園日圖解", 『한성순보』, 1884. 1. 30 ; "地球園日成歲書圖說", 『한성순보』, 1884. 2. 17.

않았을 적에는 불편한 것을 모르고 지냈더니, 순보(旬報)가 간행되다가 중단되니 겨우 틔었던 이목(耳目)이 다시 어두워지는 것 같다"고 하며 모든 사람들이 간행을 바라고 폐간을 바라지 않았다.[20]

이런 아쉬움 때문에 인쇄시설이 복구되지 않았음에도 7일 간격의 『한성주보』가 간행되었다. 갑신정변으로 폐간된 지 13개월 만에 조선 정부는 『한성순보』를 심지어 발행주기를 줄여 발간했던 것이다.

2) 『한성순보』와 『한성주보』를 통해 본 개화 관료들의 서양과학 기술 인식

『한성순보』나 『한성주보』에는 매우 많은 분량의 과학기술 관련 기사가 게재되었다. 이 신문에 나타난 서양 과학기술, 특히 과학에 대한 태도 형성에는 청의 양무운동의 영향이 컸다. 양무운동에서 서양 과학기술을 바라보는 태도는 기본적으로 서양 과학기술의 뿌리가 중국을 포함한 동양에 있다는 것이었다. 이는 신문기사 중 '태서문학원류고(泰西文學原流考)'에 그대로 나타나 있다. 이 기사는 『한성순보』뿐만 아니라 『한성주보』에도 반복 게재되어 있는데, 그것은 이 기사의 내용이 그만큼 개화 관료들에게 중요했기 때문이었다.[21] 이 기사는 서양 과학의 역사를

---

20) "周報序", 『한성주보』, 1886. 1. 25.

21) "泰西文學原流考", 『한성순보』, 1884. 3. 8 ; 이 기사는 『한성주보』에 "西學原流", "續錄西學原流"의 제목으로 다시 실렸다. "西學原流", 『한성주보』, 1887. 2. 28 ; "續錄西學原流", 『한성주보』, 1887. 3. 7 ; 이 기사는 1857년 선교사인 Alexander Wylie가 상해에서 발행한 『六合叢談(Shanghae Serial)』이라는 잡지 5호에 실렸던 기사로 보인다. Wylie와 Shanghae Serial에 대해서는 Benjamin Elman, On Their Own Terms : Science in China, 1550-1900, (Mass., Havard University, 2005), 297~302쪽을 참조할 것.

서술하면서, 그 기원을 중국을 포함한 동양의 지적 전통 속에서 찾아 연관성을 지적함과 동시에 서양 학문의 분류, 수학, 화학, 격치 등의 특징, 주요 내용, 발전에 기여한 인물을 소개하고 있다. 특히 'Science'의 번역어로 쓰였던 '격치'를 다양한 의미로 사용하고 있음을 볼 수 있다. 현재 물리에 해당하는 분야를 전통의 격치라 하면서도 또 한편으로는 "격치(格致)의 학문은 취지가 사물의 이치와 까닭을 연구하는 학문"으로 포괄적으로 설정하기도 했다. 또 '사물을 궁구한다'는 동양 전통적 의미 뿐만 아니라 "조물주의 이치를 연구"하는 것이라는 서양 선교사가 부여한 기독교적 의미도 포함했다.[22] 조선의 개화 관료들은 '격치'의 광의와

---

22) "泰西文學原流考", 『한성순보』, 1884. 3. 8 ; 중국에서 '격치'란 단어는 여러 의미를 내포하고 있음이 이 기사에 나타나 있다. 이 기사가 광의와 협의로 격치를 정의하면서 "조물주의 이치를 연구"하는 것이라고 하는 등 기독교적 영향을 굳이 피하지 않았고, 서학이 중국의 지적 전통에 뿌리를 두고 있음 역시 역설하고 있다. 이렇게 격치에 여러 의미기 내포된 일은 청일전쟁 이전 중국의 과학과 기술을 둘러싼 知的 조류를 반영한 것이다. 중국에서 양무운동이 전개되기 전까지 '격치'는 사물의 원리를 궁구하며 신의 자연 설계를 탐구하는 분야로 예수교 선교사들에 의해 차용되었다. 양무운동을 지원했던 영미 선교사들 역시 'science'를 "사물의 원리를 탐구하고 지식을 확장하는" 격치로 번역하면서, 동시에 이전의 예수교 선교사들이 사용했던 사물의 '신의 창조'와 더불어 '조물주의 이치 연구'를 포기하지 않았다. 하지만 중국의 유학자들은 선교사들의 의견을 공유하기보다는 과거 지적 전통을 계승하려 했다. 특히 과학 용어들을 번역하면서 전통 천문학, 수학, 화학, 의학 등에서 전용 및 변용이 가능한 용어를 찾아냈다. 그들은 이런 작업을 통해 서양 과학이 중국의 지적 전통에 연원을 두고 있음을 보이려 노력했다. 이처럼 서양 과학기술을 전달한 선교사들과 중국 유학자들은 '격치'의 의미에 합의하지 못했다. 따라서 '격치'라는 단어는 쓰임에 따라, 사용자에 따라 달라지는 변종이 존재하게 되었다. 이런 상황이 새로운 전환을 맞게 된 것은 1894년 청일전쟁에서 패전한 후였다. 패전 후 중국 지식인들은 서양 근대 자연과학의 흔적을 중국의 지적 전통에서 찾아내는 작업을 폐기했다. 따라서 이전의 변용은 사라졌으며, 동시에 다윈의 자연선택을 수용함에 따라 선교사에 의한 굴절 역시 폐기되었다. 이에 대해서는 Benjamin Elman, Ibid., 225~395쪽을 참조할 것 ; 청일전쟁 이후 'science'는 일본에서 사용하던 '과학'이라는 말로 번역되었다. 이에 대해서는 야부우치 기요시, 전상운 역, 『중국의 과학문명』(민음사, 1997), 198쪽을 참조 ; 1880년대

협의의 의미를 병용했지만, 기독교적 의미보다는 전통적 의미를 더 크게 강조했음을 『한성순보』와 『한성주보』 곳곳에서 찾아볼 수 있다. 더 나아가 조선의 개화 관료들은 양무운동에 참여한 중국학자들보다 오히려 격치의 실용성을 더 강조했다. 그것은 '사의(私議)' 등 개화 관료가 쓴 글들에서 중국학자들의 고증적 태도를 찾아볼 수 있는 기사들보다는 삶을 풍요롭게 하고 국가 경쟁력을 강화시켜 주는 도구임을 부각시키는 기사들이 많았기 때문이다. 그들에게 '격치'는 기술의 또 다른 이름이기도 했다.

> "격물치지(格物致知)는 치국평천하의 근본이기 때문에 치국평천하에
> 뜻을 둔 사람은 반드시 먼저 여기에 힘을 쏟아야 한다. 석공(石工)들이
> 조작하는 방법과 만물을 만들어내는 방법 가운데 다른 사람들이 깨닫기
> 어려운 것을 먼저 깨달아 알 수 있고 다른 사람들이 만들기 어려운
> 것을 먼저 만들어낼 수 있다면 이 또한 격물치지(格物致知)의 공효(功效)
> 인 것이다. … 격물하여 치지할 수 있으므로 생재(生財)에 대해 걱정할
> 것이 무엇이고 이용에 대해 어려워 할 것이 무엇이며, 내수외교(內修外
> 交)에 대해 두려워할 것이 무엇이겠는가"[23]

이처럼 조선의 개화 관료는 '격치'의 실용성을 수용했다. 이런 태도는 『한성순보』와 『한성주보』의 다양한 주제와 방대한 양의 서양 과학기술 관련 기사들에 그대로 관철되어 있다. 더 나아가 개화 관료들은 격치의

『한성순보』와 『한성주보』에서 이용되던 '격치'는 청일전쟁 이전 중국에서 여러 의미가 내포된 용어를 그대로 받아들인 것이었다.

23) "論開石鑛", 『한성주보』, 1886. 9. 13. 이 기사는 '私議'난에 실렸는데 "동쪽의 이 나라는 바닷가 조그만 땅덩이에다 건국했지만" 등의 어구 등으로 비추어 조선의 개화 관료가 쓴 글임을 알 수 있다.

신속한 수용을 촉구했다.

3) 부국강병을 위한 『한성순보』, 『한성주보』

조선 개화 관료들은 부국강병의 도구라고 판단한 서양의 과학기술을
받아들일 수 있도록 중앙 고급 관료는 물론 외직 관리와 여론 주도층인
전국의 유학자들을 설득하는 일에『한성순보』와『한성주보』를 이용했
다. 이를 위해 먼저 '부국강병'이 공자와 맹자 등 성현의 말씀과 배치되지
않음을 보임으로써 부국강병을 합리화하려 했다.[24]

하지만 이런 수사적 합리화만으로 부강을 이룰 수 있는 것은 아니었다.
개화 관료들 역시 이 점을 알고 있었다. 그들이 보기에 "우리나라는
성명(性命)과 의리(義理)의 학문에는 그 법이 완비되었"지만 "전곡·갑병
(錢穀·甲兵)의 기술과 농·공·상고(農·工·商賈)의 설(說)"과 기술은 부족했
다.[25] 서양이 부강해질 수 있었던 것은 바로 조선이 갖지 않은 과학과
기술 때문이라고 보고, 이를 신속히 받아들여야 한다고 판단했다. 이런
생각은『한성주보』의 기사 '논학정(論學政)'에 명확하게 드러나 있다.[26]
이 기사에는 의리지학이 발전한 조선에 필요한 것은 농·상(桑)·공·상업

---

24) 이에 대한 자세한 논의는 김연희,『전신으로 이어진 대한제국, 성공과 좌절의
   역사』(2018, 혜안), 74쪽 참조.

25) "論學政 第三",『한성주보』, 1886. 2. 15.

26) 3회 연재로 실린 이 "논학정"은 私議난에 실렸다. 이 기사 중간에 "箕子가
   동쪽으로 건너와 8조목을 설치하여 백성에게 교화를 실시함으로" 시작한 단군
   이래의 국가로 조선을 설명하고 있으며, 1886년 10월 11일자 "사의"난의 "광학
   교"에서는 이 기사가 호보에 실린 글을 옮겨 실었음을 밝히는 한편 "(이전의
   학교에 관한 글이) 논의가 유창하지 못하고 조규에 분명하지 못했으므로 항상
   식견이 좁았음을 한해 왔다. … 우리의 소견이 천박함을 깨닫게 되었다"고
   덧붙였다. 이런 점을 미루어 "논학정"은 창간 당시 국내 필진의 글임을 알
   수 있다.

과 배와 수레의 제조 및 광산업 등의 개발에 필요한 서양의 기술이라는
주장이 펼쳐져 있다.

> 농업(農業)·상업(桑業)·공업(工業)·상업(商業) … 주차(舟車)·전광(電鑛)
> ·화폐에 이르기까지 … 저들은 공교한데 우리는 졸렬하고 저들은 빠른
> 데 우리는 느리고 저들은 예리한데 우리는 무디니, 우리나라에서 지금
> 시급히 해야 할 일은 저들의 장점을 취해다가 우리의 단점을 보완하고
> 우리의 단점을 버리고 저들의 장점으로 나아가 그것으로 산업을 제정하
> 고 재화를 증식시켜 날로 부강해지도록 노력하는 것이 제일이다.[27]

개화 관료들은 이 도입이 지연되면 부국강병의 토대 자체가 부재한
조선이 뒤늦게 편입한 국제사회에서 경쟁은커녕 국가 보전도 어려울
것이라고 판단했다. 특히 조선의 백성들은 공업과 상업에 익숙하지
않아 다른 나라와의 경쟁에서 크게 뒤질 수밖에 없다고 분석했다. 서양의
정교하고 발전된 농상공업 기술을 도입해야 경쟁할 수 있고, 그러기
위해서는 무엇보다 백성에게 격치를 가르쳐 능력 개발에 힘써야 한다는
것이다.

> 우리나라는 이미 해외(海外) 각국(各國)과 조약을 체결하여 화친을
> 맺고 있다. 따라서 화친하면 서로 상리(商利)를 다투게 되고 전쟁이
> 나면 병리(兵利)를 다투게 되는 것인데, 우리나라는 이렇게 가르치지
> 않은 백성을 데리고 그들과 경쟁하여 승부(勝負)를 다투기는 참으로
> 곤란한 것이다. … 그렇다면 우리나라가 오늘날 해야 할 급무는 학정(學

---

27) "論學政 第二", 『한성주보』, 1886. 2. 1.

政)을 신장시키는 것보다 더 급한 것이 없다. 그러면 어떻게 신장시킬 것인가. 학교를 널리 설립하여 옛 사람이 교화하던 도리를 회복시키고 겸하여 농상병공의(醫) 등의 기술을 연구하게 하는데 달려 있을 뿐이다.28)

국제 경쟁에서 승리하고 이익을 쟁취하기 위해서는 반드시 민력 향상을 도모해야 했다. 이는 백성을 가르쳐야 함을 의미했고, 학교 설립은 이의 기초 사업이었다. 학교를 통해서만 "업(業)을 배워 현능(賢能)에 따라 분직(分職)하면, 준재들이 날로 창성하여 정치가 밝아지고 우리 도(道)가 광명해질 것은 날짜를 정해 놓고 기약"하는 것과 같은 일이 가능했다.29) 학교에서 백성을 교육시키는 일은 부국강병의 첩경으로 여겨졌다.30)

특히 주목받은 학교는 부국강병의 전제조건이라고 생각한 기술학교였고, 일본의 직공학교가 예로 거론되었다. 각 학년마다 이수해야 할 과목들은 화학, 물리, 수학, 기기, 설계 등이었다. 이 과목들을 1학년과 2학년이 8과목을 수학하고, 3학년부터는 화학공예와 기계공예 가운데 하나만을 선택해 2년간 각각 10과목, 13과목을 이수해야 했다.31)

조선에서 이런 기술학교 설립은 매우 시급했지만, 당시 사정으로는 전문기술을 전수하는 기술학교는커녕 서양식 교육의 초보 단계인 소학교 설립조차 어려웠다. 아직 서양식 학교의 체계에 대해서 정보를 수집하는 단계였고,32) 무엇보다 과학을 포함한 서양 학문을 교육시킬 수준의

---

28) "論學政 第一", 『한성주보』, 1886. 1. 25.
29) "학교", 『한성순보』, 1884. 3. 18.
30) "학교", 『한성순보』, 1884. 3. 18 ; "論學政 第三", 『한성주보』, 1886. 2. 15.
31) "論學政 第三", 『한성주보』, 1886. 2. 15.
32) 이들 학교 및 교육에 대한 정보 수집 기사로 "학교", 『한성순보』, 1884. 3.

사람들이 없었다. 관리와 양반 자제들에게 서양 학문을 제공할 목적으로 1886년 세워진 육영공원조차 3명의 미국인 교사가 입국한 후에야 운영할 수 있었던 일은 이런 상황을 잘 보여주었다. 조선 정부는 이런 상황을 타개하기 위해 외국 유학을 추진하기도 했지만, 이들이 학습을 마치고 귀국하기까지는 시간이 필요했다. 따라서 개화 관료들은 전문적인 기술 교육은 불가능하더라도, 서양 인쇄방식을 도입해 짧은 시간 안에 많은 부수를 인출하는『한성순보』나『한성주보』를 통해 기초적이고 초보적인 서양 과학기술의 내용과 서양 문물들을 자주 보도함으로써 서양 과학기술 지식 체계에 친숙한 여건이라도 만들려 했다. 나아가 "경륜과 재주와 지혜를 갖춘 선비들이 함께 일어나 이를 토론하고 날로 계발"할 것을 기대했다.[33]

4)『한성순보』와『한성주보』의 과학기술 기사 출처

(1) 청에서 발행된 잡지 및 신문

『한성순보』나『한성주보』에는 매우 많은 기사들이 게재되었다.『한성순보』는 크게 '국내관보(國內官報)', '국내사보(國內私報)', '각국근사(各國近事)', '논설', '집록' 등으로 기사의 범주를 나누었다. 이 기사들을 국내기사, 외국기사, 집록과 같이 더 큰 범주로 분류해보면 국내기사 407건, 외국기사 1019건, 집록 116건 등으로 집계된다.[34] 이를 중심으로『한성주보』와

18 ; "기예원", "박물원",『한성순보』, 1884. 4. 16 ; "영국서적박물원",『한성순보』, 1884. 4. 16 ; "덕국지략속고",『한성순보』, 1884. 4. 25 ; "태서각국소학교", 『한성순보』, 1884. 8. 31 ; "덕국의 학교",『한성주보』, 1886. 3. 14 ; "법국학정", 『한성주보』, 1886. 8. 16. 등을 들 수 있다.
33) "지구론",『한성순보』, 1883. 10. 31.

비교해보면, 『한성주보』에서 국내기사 비중이 크게 확대되었다. 하지만 여전히 『한성주보』 역시 외국 관련 기사가 반 이상을 차지했는데, 이는 『한성주보』도 국제 상황과 서양 과학기술 문물에 주목했고, 정보 수집에 열심이었기 때문이었다.[35] 『한성순보』와 『한성주보』에서 과학기술 관련 기사는 대부분 '각국근사'나 '집록'에서 취급되었다. 비록 기사 건수로는 7.5% 정도밖에 되지 않지만, 대체로 매우 긴 글들임을 감안하면 전체에서 차지하는 양은 다른 어느 분야보다 많았다.[36] 다룬 내용은 천문학, 기상학, 화학, 전기학뿐만 아니라 기기, 제철, 통신, 교통, 그리고 잠업, 농업과 관련한 것들이었다.[37]

이 기사들은 주로 외국 특히 청에서 1860, 1870년대, 심지어 1880년대 북경, 상해 등지에서 발간된 잡지 및 신문과 상해(上海) 강남제조국(江南製造局)에서 출간된 한역(漢譯) 서양 과학기술서들에서 가져왔다. 『동경일일신문(東京日日新聞)』, 『우편보지신문(郵便報知新聞)』, 『동경시사신보(東京時事新報)』, 『일본관보(日本官報)』와 같은 일본 매체를 기사원으로 한 경우도 없지 않았지만, 전체 24건(순보 11건, 주보 13건)에 불과해 중국의 약 300여 건과 비교해보면 10%에도 미치지 못했다. 기사 건수뿐만 아니라 분량도 많지 않았고, 내용도 간단한 통계정보 정도에 불과했다.

---

34) 정진석, 앞의 논문, 100쪽 ; 박성래, 앞의 논문, 40쪽.
35) 정진석, 앞의 논문, 101쪽.
36) 박성래, 앞의 논문, 41쪽.
37) 주제별로 기사를 분류하면, 천문학 포함 지구과학 관련 기사는 모두 51건(순보 28건, 주보 23건, 그 가운데 기상학 관련 기사 13건), 화학 관련 기사는 9건(순보 8건, 주보 1건), 무기 관련 기사는 24건(순보 18건, 주보 6건), 鑛學 및 광업 관련 기사는 10건(순보 4건, 주보 6건), 교통 통신 관련 기사는 67건(순보 48건, 주보, 19건), 도량형 관련 기사는 4건(순보 3건, 주보 1건), 의학 관련 기사는 7건(순보 6건, 주보 1건), 농업 및 잠상을 포함한 산업 분야 기사는 15건(순보 12건, 주보 3건) 등이다. 이 기사들은 분야별로 정리해서 2부 2장에 실었다.

예를 들면 미국, 독일, 러시아 같은 국가들의 철도 및 전신 가설 현황, 각급 학교 및 학생수에 관한 기사들이었다.

『한성순보』와 『한성주보』가 자주 인용하거나 전재한 중국의 잡지와 신문들은 주로 외국인 선교사들이 중심이 되어 발행한 매체들이었다. 신문들로는 『상해신보(上海申報)』와 『향항중외신보(香港中外新報)』, 『자림호보(字林滬報)』, 그리고 잡지로는 『격치휘편(格致彙編)』, 『중서문견록(中西聞見錄)』 등을 꼽을 수 있다. 『상해신보(上海申報)』에서 14건, 『향항보(香港報)』 등 홍콩 발행 신문에서 5건, 『자림호보(字林滬報)』에서 6건을 『한성순보』, 『한성주보』가 전재했다. 이들 기사들은 주로 수에즈 운하 공사, 대서양 해저선 가설 공사, 미국을 횡단하는 철도 공사와 같이 이른바 세계 3대 토목공사를 소개하거나, 사진전송과 같은 새로운 정보 송신방식 등 최신 기술과 관련한 내용들을 다룬 것이었다. 또 지진이나 화산 폭발과 같은 자연재해, 하늘을 뒤덮은 붉은 빛과 같은 기상 이변 등을 소개하기도 했다.

이들 중국 발행 신문에서 새로운 기술, 새로운 건설사업 등에 대한 소개 기사가 주로 전재되었다면 『격치휘편(格致彙編)』이나 『중서문견록(中西聞見錄)』, 『만국공보(萬國公報)』 같은 잡지에서는 과학기술과 관련한 장문의 해설기사들이 중점적으로 게재되었다.[38] 특히 『한성순보』, 『한성주보』의 편집진이 『중서문견록』에서 20건이나 기사를 가져왔음은 주목할 만하다. 『중서문견록』은 1872년부터 1874년까지 북경(北京)에서 "서양 각국의 신문에 실린 근래의 일들과 천문, 지리, 격물의 학을 공부해

---

38) 『格致彙編』은 1876년 上海 製造局에서 傅蘭雅(John Fryer)가 발행한 잡지였다. 『格致彙編』은 『中西聞見錄(The Peking Magazine)』을 다시 발행한 것이다. 『萬國公報』는 미 선교사 알렌(林樂知, Young J. Allen, 1836~1907)이 1868년 9월 上海에서 창간한 『敎會新聞(週刊)』을 1874년 이름을 바꾸어 발행한 잡지이다. 이 두 잡지에 실린 과학기술 관련 기사들의 목록을 정리해 2부 3장에 실었다.

〈표 1〉『中西聞見錄』 및 『機器火輪船源流考』를 출처로 한 『한성순보』, 『한성주보』 기사

기사 제목	게재 일자 (괄호안은 순보, 주보)	출처	『기기화륜선원류고』 게재여부
論土路火車	1884년 2월 7일	中西聞見錄 1호	○
飛車測天	1884년 2월 7일	中西聞見錄 23호	○
車輪軌道說	1884년 2월 7일	中西聞見錄 5호	○
懸空鐵路	1884년 2월 7일	中西聞見錄 26호	○
入水新法	1884년 2월 7일	中西聞見錄 9호	○
火輪船源流考	1884년 3월 8일	中西聞見錄 5호	○
占星辨謬	1884년 3월 8일	中西聞見錄 29호	
星學源流	1884년 3월 27일	中西聞見錄 2호	
權量新法	1884년 4월 6일	中西聞見錄 17호	
天時雨暘異常考略	1884년 4월 16일	中西聞見錄 18호	
顯微鏡 影燈	1884년 4월 25일	中西聞見錄 12호	
二氣燈之光	1884년 4월 25일	中西聞見錄 12호	
牛痘考	1884년 4월 25일	中西聞見錄 13호	
侯氏遠鏡論	1884년 5월 5일	中西聞見錄 25호	
泰西製鐵法	1884년 5월 15일	中西聞見錄 5호	○
續論泰西製鐵法	1884년 5월 15일	中西聞見錄 5호	○
泰西河防	1884년 5월 25일	中西聞見錄 8호	
英國水晶宮	1884년 6월 4일	中西聞見錄 13호	
法取火[39]	1884년 6월 4일	中西聞見錄 ?호	
亞里斯多得里傳[40]	1884년 6월 14일	中西聞見錄 ?호	

* 출처 가운데 '?' 표시는 『한성순보』, 『한성주보』의 기사에는 명시되어 있지만 출처를
  확인할 수 없는 기사임)

매월 한 번씩 출간"한 잡지로, 양무운동에 적극적으로 참여했던 중국인
이나 중국에서 활동하는 서양인들을 집필진으로 해 정위량(丁韙良,
William Martin)이 발행한 잡지였다.[41] 이 잡지는 기사의 절반 정도를
천문, 지질, 물리, 화학, 철도기술과 광업, 전신 등과 같은 서양 근대
과학과 기술에 관한 글들로 구성했다. 당시 북경대학이라고도 불렸던

---

39) 『中西聞見錄』에서 가져왔음을 기사 본문 말미에 명기.
40) 출처를 본문 서두에 "中西聞見錄중의 艾約瑟書"로 저자 명기.
41) 『중서문견록』(奎中 4590), 표지 2.

북경 동문관에서 이 잡지를 교재로 이용하기도 했다.42) 동문관 출신들이
양무운동의 주축을 이루었던 만큼 양무운동에 미친 이 잡지의 영향이
매우 컸음을 짐작할 수 있다.

『중서문견록』이 출처로 된 기사 가운데에는 점성술의 문제를 다룬
'점성변류(占星辨謬)'43), '천시우양이상고략(天時雨暘異常考略)'44)과 같
은 기사도 있으며, '현미경영등(顯微鏡影燈)'45), '이기등지광(二氣燈之光)'46)
처럼 현미경과 환등기 같이 신기한 기기의 원리를 소개한 기사도 있었다.
또 성냥발명 과정과 전기분해를 이용한 점화의 원리를 함께 설명해
서양에서 발명된 불을 붙이는 도구들의 편리함과 유용함을 전한 '법취화
(法取火)'47)도 있었다. 이 기사는 기사 끝에『중서문견록』을 출처로 밝혔
지만, 정확한 게재 호수는 찾을 수 없었다. 이처럼 정확한 호수를 알
수 없는 기사로 애약슬(艾約瑟, Joseph Edkins)이 썼다고 명기된 '아리스토
텔레스전'이 더 있다.48)

『중서문견록』을 복간했다고 표방한『격치휘편』에서『한성순보』와
『한성주보』가 가져온 기사의 수는『중서문견록』에 비하면 적은 편이다.
5개 기사가『한성순보』에 실렸는데, 이 기사는 5회로 나누어 연재된
매우 긴 한 편의 글로 '역람영국철창기략(歷覽英國鐵廠記略)'이었다. 이
기사는 영국의 제철, 제강 공장, 무기 공장을 포함한 각종 철제품 생산
현장을 방문 취재한 것이었다.49)『만국공보』에서 전재한 과학기술 관련

---

42) Benjamin Elman, *Ibid.*, p.311.

43) "占星辨謬",『한성순보』, 1884. 3. 27.

44) "天時雨暘異常考略",『한성순보』, 1884. 4. 16.

45) "顯微鏡影燈",『한성순보』, 1884. 4. 25.

46) "二氣燈之光",『한성순보』, 1884. 4. 25.

47) "法取火",『한성순보』, 1884. 6. 4.

48) "亞里斯多得里傳",『한성순보』, 1884. 6. 14. 필자는 이 기사를 중서문견록에서
찾지 못했음을 밝혀둔다.

기사는 모두 다섯 건으로 중국의 도서관 설립 소식과 해설을 다룬 기사들과, 우두법과 영국에 세워진 정신병원을 설명한 기사, 그리고 2편으로 나누어 연재한 부국설이 있다.[50]

이처럼 중국에서 발행한 많은 신문과 잡지를 이용했는데, 이들 매체들 간행에는 대부분 양무운동에 기여한 선교사와 중국의 학자들이 관여했다.[51] 『한성순보』와 『한성주보』에서 이들 중국에서 발행된 매체들을 기사원으로 활용했음을 미루어 당시 개화 관료들이 양무운동의 영향을 적지 않게 받았음을 알 수 있다. 그들은 『한성순보』와 『한성주보』가 중국의 잡지들이 중국 독자들의 계몽과 교화에 이용된 것과 같은 역할을 할 것으로 기대했다.

(2) 한역 근대 과학기술서

『한성순보』와 『한성주보』는 서양의 과학기술서를 한문으로 번역한 중국 발행 책들도 많이 활용했다. 흔히 한역 과학기술서로 불리는 이 책들은 대부분 양무운동의 중심을 이루었던 강남제조총국에서 부난아(傅蘭雅, John Fryer)의 책임 아래 번역, 출판되었거나, 기타 선교 활동의 중심지에서 번역, 편찬된 책들이었다. 이 책들 가운데 약 220종이 조선 정부에 의해 1870년대 말부터 의욕적으로 수집되었다.

---

49) "歷覽英國鐵廠記略", 『한성순보』, 1884. 8. 1 ; 1884. 8. 11 ; 1884. 9. 19 ; 1884. 9. 29 ; 1884. 10. 9 ; 한편 이 기사에서 보이는 '본주인'은 『격치휘편』 발행자인 傅蘭雅로 추정된다.

50) "廈門에 博聞書院을 設立하다", 『한성순보』, 1884. 4. 25 ; "牛痘의 來歷을 論함", 『한성순보』, 1884. 4. 25 ; "英國癲狂院", 『한성순보』, 1884. 6. 4 ; "富國說 上", 『한성순보』, 1884. 5. 25 ; "富國說 下", 『한성순보』, 1884. 6. 4.

51) 매체 발행과 관련한 선교사와 중국 유학자들의 참여와 활동에 대해서는 Benjamin Elman, Ibid., pp.283~319를 참조할 것.

한역 과학기술서 가운데 『기기화륜선원류고(機器火輪船源流考)』는 『한성순보』와 『한성주보』에 8번 실렸다(<표 1> 참조). 이 책은 『중서문견록』이나 이미 다른 책에 게재된 기사들 40편 정도를 모아, 처음 실린 글의 제목인 '기기화륜선원류고'를 그대로 책이름으로 삼은 88장 정도로 만든 작은 책이었다. 이 책에서 가져온 기사들은 애약슬이 증기선의 발명과 개량 과정을 설명한 '화륜선원류고', 정위량이 기상관측용 기구(氣球)를 소개한 '비차측천(飛車測天)', 기차를 소개한 '신식철로(新式鐵路)'[52], 덕정(德貞, John Dudgeon)이 쓴 것으로 보이는 '차륜궤도설(車輪軌道說)'[53], 잠수복을 설명한 '물에 들어가는 새로운 법(入水新法)', 자동차를 소개한 '논토로화차(論土路火車)' 등이다.[54] 또 새로운 무기와 화약 소개 기사인 '화기신식(火器新式)'도 실려 새롭게 서양에서 개발된 무기들을 소개했다.[55] 『기기화륜선원류고』에서 옮긴 기사들은 주로 기기들의 구조, 용도를 개관한 것으로 실제 그 기기나 발명품의 원리를 깊이 있게 다루기보다는 중국에서 활동하는 서양인들이 서양 신문이나 잡지를 토대로 글을 쓰거나, 재구성해 소개한 정도에 지나지 않았다.

그리고 『한성순보』와 『한성주보』에는 서양 과학 각 분야의 초보적 내용을 담은 한역 과학기술서도 실렸다. 대표적인 예가 『격치계몽(格致啓蒙)』 권지삼(卷之三) '천문(天文)'이다.[56] 편집자들은 이 책에서 뽑은 해와 달, 행성과 그 운동에 대한 글을 1887년 6월부터 8월까지 3개월 동안 7회에 걸쳐 연달아 실었다.[57] 이 기사들은 항성의 개념과 태양을 설명한

---

52) "飛車測天", 『한성순보』, 1884. 2. 7 ; "新式鐵路", 『한성순보』, 1884. 4. 6.
53) "車輪軌道說", 『한성순보』, 1884. 2. 7.
54) "入水新法", 『한성순보』, 1884. 3. 8.
55) "火器新式", 『한성순보』, 1884. 4. 6 ; "論土路火車", 『한성순보』, 1884. 2, 7.
56) 羅斯古(英) 纂 ; 林樂知(美)·鄭昌棪(淸) 同譯, 『格致啓蒙』 제3권 「天文」(奎中 2970).
57) 『한성주보』에는 『격치계몽』 권3을 전재한 기사들이 더 많았을 것이다. 전재

'논일여항성(論日與恒星)', 달과 달의 운동을 다룬 '논월병월지동(論月幷月之動)', 일식과 월식의 원리를 설명한 '논일월식(論日月蝕)', 태양계의 행성을 설명한 '논태양소속천궁제성(論太陽所屬天穹諸星)' 등이다.[58] 천문 관련 『한성주보』 기사와 『격치계몽』 '천문' 제목을 비교해보면 이들 기사들은 『격치계몽』 '천문'의 각 장 제목과 내용을 그대로 옮겼다. 1887년 8월 8일 기사 마지막에 "다음에는 지구 궤도 밖[외궤(外軌)]에 있는 행성(行星)에 대해 논하겠다"고 다음 호를 예고한 글을 보면, 화성 목성과 같은 외행성들을 소개한 글을 계속 실었을 것으로 보인다.[59]

기상학 관련 기사도 책을 그대로 전재하는 방식으로 연재되었다. 『측후총담(測候叢談)』이 그것으로, 김계리(金楷理, Carl Kreyer)가 구역(口譯)하고 중국 수학자로 유명한 화형방(華衡芳)이 받아 써 1877년 출판된 책이다.[60] 1882년 군계학조단의 일원이었던 상운이 가지고 귀국한 이 책 가운데 권2가 『한성주보』에 전재되었다.[61] 주요 내용은 바람이 생기는 원인과 바람 방향에 대한 설명인 '논풍(論風)', 해풍과 육풍의 특징을 살펴본 '해풍육풍(海風陸風)', 지구 자전에 의해 생기는 온대 지방 바람의 방향을 설명한 '온대내풍개방향지리(溫帶內風改方向之理)', 열대 지역에

기사들이 연재되었고, 연재되었을 것으로 추정되는 기간 동안 발간된 신문들 가운데 보존되지 않은 『한성주보』가 매우 많기 때문이다.

58) "論日與恒星", "論月幷月之動", 『한성주보』, 1887. 6. 20 ; "三論 日月之蝕", 『한성주보』, 1887. 7. 11 ; "論太陽所屬 天穹諸星", 『한성주보』, 1887. 7. 18 ; "論月爲何體", 『한성주보』, 1887. 7. 18 ; "論各行星", 『한성주보』, 1887. 8. 1 ; "四續軌道行星", 『한성주보』, 1887. 8. 8.

59) 1887년 8월 8일 이후부터 1888년 1월 23일 이전까지, 즉 76호부터 98호까지 『한성주보』가 남아 있지 않아 연재 여부는 확인할 수 없다.

60) 金楷理(美) 口譯 ; 華衡芳(淸) 筆述, 『測候叢談』(奎中 2822, vol. 1, 2).

61) "論風", 『한성주보』, 1887. 3. 14 ; "海風陸風", "溫帶內風改方向之利1", "颶風", 『한성주보』, 1887. 3. 28 ; "論空氣之浪", 『한성주보』, 1887. 4. 11 ; "論海水流行", "論水氣凝降下", 『한성주보』, 1887. 4. 18 ; "論露", "成雲之理", "論霧", "論散熱之霧及水面之霧", 『한성주보』, 1887. 4. 25.

서 발생하는 폭풍의 특징들에 대한 설명인 '구풍(颶風)', 대기 흐름을 해수의 물결에 비유해 설명한 '논공기지랑(論空氣之浪)' 등과 같이 바람의 발생 및 대기의 순환 원리 등이 중심내용이었다. 또 기상 현상에 영향을 미치는 해류의 흐름을 설명하는 한편 구름과 이슬의 발생 원리를 포함한 물의 순환을 해설하는 내용도 포함되었다. 이 기사들에 의하면 기상 이변은 전통적 재이론(災異論)에서처럼 더 이상 군주의 통치에 대한 하늘의 경고에 의한 것이 아닌 순전히 자연 현상이었다.[62]

기상학과 천문학 이외에도 한역 과학기술서적을 이용한 기사로 '논양기(論養氣, 산소)', '논경기(論輕氣, 수소)', '논담기(論淡氣, 질소)'(이상 1884년 5월 25일자), '논녹기(論綠氣, 염소)', '논탄기(論炭氣, 탄산가스)'[63], '논탄경이기(論炭輕二氣)'(이상 1884년 6월 4일자)와 같이 『화학감원』을 출처로 한 글을 들 수 있다.[64] 이 『화학감원』은 화학을 전문으로 공부하는 사람들을 위한 책으로 모두 6권에 이르는 방대한 책이다.[65] 기체 관련

---

62) 그밖에도 천문 점성에 대해 『한성순보』와 『한성주보』는 "개미떼가 인간이 慶事儀式 때문에 燈에 五色실을 꾸며 놓은 것을 쳐다보고 개미 저희들을 위해서 설치해 놓은 것이라고 자랑스럽게 생각하는 것"과 같다고 비판했으며, 인사에 대한 하늘의 경고인 지진은 "땅 속의 불에 의한 것으로 예측할 수 있다"고 설명했다. 이에 대해서는 "占星辨謬", 『한성순보』, 1884. 3. 27 ; "地震別解", 『한성주보』, 1884. 4. 25 등을 참조할 것 ; 4월 25일 이후 6월 13일까지 6주간의 『한성주보』가 남아 있지 않아 『측후총담』의 연재 지속 여부는 불확실하다.

63) 『한성순보』에서 설명한 탄기는 탄산가스이다. 『화학감원』의 "炭" 설명을 보면, "탄은 상온에서 고체로 존재하며, 탄기를 "석탄(煤)"과 양기 두 개라 화합한 것을 탄기라 한다. 공기 안에 있다"고 설명해 기체 상태에서는 산소와 결합하고 있다고 밝혔다. 이에 대해서는 傅蘭雅 구역, 徐壽 筆述, 『化學鑑原』 卷三, 39쪽을 참조할 것.

64) 論養氣" ; "論輕氣" ; "論淡氣", 『한성순보』, 1884. 5. 25 ; "論綠氣", "論炭氣", "論炭輕二氣", 『한성순보』, 1884. 6. 4.

65) 이 책을 군계학조단의 일원으로 天津에 파견되었던 李熙民(?~?)이 공부하기도 했다. 이에 대해서는 김연희, 앞의 책, 297쪽. 화학창에 배정되어 화학을 공부했던 그는 화학창에서 화학교사 承霖의 지도로 이 『화학감원』을 배웠다. 그를

기사들에서 주목되는 것은 당시로서는 쉽게 이해하기 어려운 글들을 두 호에 걸쳐 연이어 취급했다는 점이다. 이 기사들은 양기와 경기, 담기, 녹기 같은 기체들의 성질과 채취 방법을 자세하게 다루었다. 이처럼 연달아 상세하게 이들 기체를 다룬 점은 이 기사들을 전후해 이들 기체 이름이 등장하는 기사들이 게재되었기에, 관련 정보를 독자들에게 좀 더 자세하게 제공하고자 한 편집자의 의도라는 평가가 가능하다. 예를 들어 양기와 경기, 담기 바로 다음 기사는 불을 채취하는 방법에 관한 기사로, 그 내용 중에는 물의 전기분해로 불을 얻는 방법도 포함되어 있다.66) 또 1884년 2월 7일 11호의 '기구(氣球)를 타고 하늘을 관측하다'라는 기사나 1884년 4월 25일 19호의 '이기등지광(二氣燈之光)' 등의 기사에서 경기와 양기가 거론되었다. 이런 기사들을 이해하기 위해서는 기체에 대한 지식이 필요했고, 『한성순보』 편집자가 이를 제공한 것이다.

이들 기사의 또 다른 특징은 『화학감원』의 내용을 모두 그대로 옮겨 싣지 않았다는 점이다. 관련 기체의 내용 가운데 정성적 성질과 제법만을 가져왔다. 또 『화학감원』만으로 기사를 구성하지 않았다는 점 역시 중요한 특징이다. 이 기사들의 서두는 당시 꽤 많은 사람들이 읽은 것으로 알려진 『박물신편』의 글이었다.67) 또 『화학감원』의 순서도 그대로 따르지 않았다. 『화학감원』은 염기, 녹기, 그리고 『한성순보』에서 설명하지 않은 전(碘, 요오드), 유황, 인, 석(矽, 규소)을 지나 비로소 '탄'을 설명했음에 반해, 『한성순보』는 탄기를 먼저 싣고, 녹기를 이어 실었다. 심지어 '녹기'는 『화학감원』 제2권에, '탄기'는 제3권에 배치되

가르친 承霖은 동문관 학생 시절, 畢利幹과 『化學闡原』을 공동 번역했다.

66) "法取火", 『한성순보』, 1884. 6. 4.

67) 각 기체에 대한 기사 가운데 "화학감원에서 논하기를"이라는 語句 이전 글은 각 기체에 대한 『博物新編』의 글이다. 合信(Benjamin Hobson), 『博物新編』(奎中 4922), 10~11쪽.

어 있음에도 굳이 '탄기'를 먼저 실은 것은 탄기의 중요성을 이해하고 있었기 때문이었다. 또 탄기의 제법은 다른 기체들과는 달리『박물신편』과『화학감원』, 두 권 모두에서 가져와 실었다. 이는 천문학이나 기상학 관련 기사들이 책을 그대로 전재했던 방식과 다른 것이었다.

한역 서양과학서를 이용한 편집 태도로 미루어보면, 그들이 언명한 대로 기사의 선택에 신중을 기했을 뿐만 아니라,[68]『한성순보』편집자들은 근대 화학을 포함한 서양 과학에 전혀 무지하지도 않았음을 알 수 있다. 특히 이는 당시 편집진의 면면에서도 확인된다. 이들 편집진을 세 단계로 나누어 보면, 한성부에서 발간준비를 한 때인 첫 단계에는 박영효, 유길준과 같이 이미 일본을 탐방하거나 유학한 경험이 있던 사람들뿐만 아니라 영선사행으로 중국 천진(天津) 수사학당에서 영어를 공부했던 고영철 등이 참여했다. 두 번째 단계에는 박문국으로의 업무 이관 및『한성순보』발행기로, 이때 박문국 초대 총재에 조사시찰단으로 일본에 다녀온 외아문 독판인 민영목(閔泳穆), 부총재에는 박영효와 수신사로 일본에 다녀온 김만식(金晚植)이 임명되었다. 영선사 김윤식(金允植)의 종형인 그는 김옥균의 '치도약론'에 "(김공의)말을 들은 옥균이 곧 일어나 절을 올"린 바로 그 김공이었다.[69] 그는 친척인 김인식(金寅植)을 주사로, 장박(張博), 김기준(金基駿), 오용묵(吳容默)을 사사로 발탁해『한성순보』편집진을 구성했다. 세 번째 단계인『한성주보』발행시기에는 기존의 편집진뿐만 아니라 이후 독립협회에서 활동한 박세환, 개화파의 비조인 오경석의 아들 오세창, 일본의 경응의숙(慶應義塾)을 졸업한 현영운 등을 참여시켜 편집진 규모를 확대시켰다. 이처럼『한성순보』와『한성주보』의 책임자 및 편집진은 대부분 외유를 통해 서양문명을 직접

---

68) "지구론",『한성순보』, 1883. 10. 31.
69) "치도약론",『한성순보』, 1884. 7. 30.

으로 접했거나, 박문국에서의 활동을 통해 서구 문물을 경험했고, 『한성주보』 폐간 이후에도 지속적으로 개화를 추진했던 세력이었다. 또 그들이 속한 박문국이 통리교섭통상사무아문 소속인 까닭에 외유 경험이 있거나 서양 학문을 배운 같은 아문 소속의 사람들과 교류가 어렵지 않았다. 편집진들은 비록 이 책들을 전재하는 데에 장기 편집계획은 없었을지 몰라도 기사를 무작위로 게재할 정도로 서양 과학에 문외한이거나 무지한 수준은 아니었다.

한역 과학기술서를 전재한 『한성순보』, 『한성주보』의 기사들은 자연 현상을 설명하는 새로운 체계에 대한 소개를 중심으로 했다. 우주와 하늘, 그리고 공기를 전통 시대의 설명 방식과는 다른 서양 근대 과학체계로 해석하는 방식을 제시했다.[70]

(3) 국내 간행 서적의 게재

『한성순보』, 『한성주보』가 서양 과학기술 관련 기사들의 기사원으로 중국이나 일본과 같이 외국에서 발행된 신문이나 서적만 이용한 것은 아니었다. 이미 1882년 지석영(池錫永, 1855~1935)이 상소에서 지적했듯이 당시 조선에는 개화 관료들이 펴낸 책들이 유통되고 있었다. 예를 들면 승지 박영교(朴泳教)가 펴낸 『지구도경(地球圖經)』, 안종수(安宗洙)가 번역한 『농정신편(農政新編)』, 전현령(前縣令) 김경수(金景遂)가 기록한 『공보초략(公報抄略)』 등이 그것이다.[71] 이 책들 가운데 김경수의 『공보초략』은 중국에서 발간되었던 잡지들의 기사를 전재하거나 간단하게 정리해 만든 책으로 상, 하 두 권으로 구성되었다. 상권은 136면, 하권은

---

70) 이에 대해서는 3절에서 자세히 살펴볼 예정이다.
71) 『承政院日記』, 1882(고종 19). 8. 23.

123면으로 각각 30여 개의 글이 실려 있다. 상권에 실린 '영국수정궁(英國水晶宮)', '화기신식', '입수신법', '비차측천', '일본재필(日本載筆)' 등은 『한성순보』에 게재된 기사이기도 하다.『농정신편』은 조사시찰단 수원이었던 안종수가 일본 농학자 진전선(津田仙)으로부터 받은 서구 근대 농서 여러 권을 연구해 편찬한 것이다. 이는 1885년 광인사(廣印社)에서 활자본(신식활자본)으로 간행되었다.

이처럼 조선에서 발행된 책 가운데『한성순보』에는 이우규(李祐珪)의 『잠상촬요(蠶桑撮要)』가 실렸다. 이 책은 서문에서 저자 이우규가 밝혔듯이 독서에 의존해 중국의 양잠법을 소개하고 도입하기 위해 청학관(靑鶴館)에서 목판본으로 간행된 책이었다. 이 책은 1884년 7월 13일 "국내관보"난에 '잠상촬요'라는 제목으로 게재되었는데,『한성순보』총 24면 가운데 약 13면, 즉 반 이상의 지면을 차지할 정도로 많은 양이었다.[72]

이 책 이외에도『한성주보』에는 교재로 쓰일 것을 염두에 두고 지은 『지리초보』등이 국한문으로 실리기도 했다.『지리초보』는 누가 지은 책인지는 알려지지 않았지만, 1886년 8월 23일 신문 '집록', '지리초보 권지일'을 제목으로 하는 기사 바로 앞글에서 소학교 설치에 따라『지리초보』를 싣게 되었음을 밝히고 있어, 이 책이 소학교에서 가르쳐질 것을 대비해 만들어졌음을 알 수 있다.[73] 더불어 이 기사에는 "태서의 서책들을 참고한 것이므로 감히 내 뜻을 함부로 섞지 않"았다고 명시되어 있는데, 이를 통해 박문국 내에서 한역 과학서의 국한문 번역작업도 진행되었음을 알 수 있다. 1886년 8월 23일, '지리학', '천문지리학',

---

72) 기사 말미에 "이상의 원고가 완성되지 않았으므로 하편에 계속하여 등재할 것이다"라고 연재를 예고했지만, 더 이상 기사를 찾을 수 없었는데, 이는 이우규의 책 역시 같은 곳에서 끝났음을 미루어 책 자체가 더 이상 진척을 보이지 않았기 때문인 것으로 보인다.

73) "집록", "지리초보 권지일",『한성주보』, 1886. 8. 23.

'지구형상', '경위도선'이 실렸고, 8월 30일과 9월 6일, '자전', '공전'이 잇달아 실렸다.[74] 국한문 혼용의 글로 마지막에 보이는 기사는 9월 13일 '지리초보 제7장'을 제목으로 하는 지구 기후대에 관한 기사였다.[75]

『한성순보』와 『한성주보』에 실린 이런 책들은 기본적으로 중국 저서나 한역 서양과학서를 저본으로 편집하거나 번역한 저작물이라는 한계는 있지만, 다른 기사들과는 차이가 뚜렷하다. 같은 주제를 다룬 한문 기사들과는 달리 매우 쉽게 서술되어 있기 때문이다. 특히 당시 『한성주보』에 실린 글들은 박문국을 중심으로 외국 문물 관련서적의 번역이라는 기본적인 학술 활동이 미약하게나마 일어나고 있음을 보여주는 예라 할 수 있다.

3. 『한성순보』, 『한성주보』로 본 조선 정부의 근대 문물 도입 노력

1) 근대 서양 문물을 채용한 국정 개혁 정책과 『한성순보』, 『한성주보』

조선 정부가 중국에서 발행한 신문, 잡지, 그리고 서학서들을 수집하고 『한성순보』, 『한성주보』는 이들을 활용해 다양하고 방대한 기사들을 보도했다. 이런 기사들이 게재된 데에는 기본적으로 서양의 근대문물이 개화 정책 수립과 수행에 중요하다는 개화 관료들의 판단이 존재했다.

---

74) "지리초보 권지일", 『한성주보』, 1886. 8. 23 ; "地理初步 第五章 自轉", 『한성주보』, 1886. 8. 30 ; "地理初步 第五章 自轉 續稿", "第六章 公轉", 『한성주보』, 1886. 9. 6.
75) "地理初步 第七章", 『한성주보』, 1886. 9. 13.

이런 생각은 개화세력의 전유물만은 아니었다. 성균관 전적(典籍) 변옥(卞鋈)은 "기타 편리한 기구들과 기묘한 의술과 농사법으로 백성들의 생활에 유익한 것은 배우고 본받아야 할 것"이라고 하면서 이들은 모두 해외신서(海外新書)에 실려 있으니 이를 간행해 달라고 상소하기도 했다.[76] 이런 요구가 당시 중앙정부 내에서만 제기된 것은 아니었다. 앞에서 살펴본 유학 지석영도 이런 요구를 담아 상소했다.[77] 비록 그의 요구인 연구를 위한 '일원(一院)'이 만들어지지는 않았지만, 『한성순보』, 『한성주보』의 발행은 이 요구에 부응하는 일이었다.

조선 정부는 개화 관료들의 근대 과학기술에 대한 판단과 인식을 토대로 국정 정비와 제도 개혁을 위해 다양한 정책을 마련했다. 이런 노력은 갑신정변으로 개화세력이 위축된 상황에서도 지속되었다. 이런 움직임은 『한성순보』와 『한성주보』에서 줄곧 포착할 수 있으며, 특히 서양 과학기술 관련 기사와 긴밀히 연관되어 있었다. 임오군란 이후 심화된 청국의 내정 간섭 및 압박에도 불구하고 조선 정부는 근대 문물도입의 실무를 담당할 부서를 창설하는 등 다양한 개화 정책을 시행하려 했고, 이것이 조선 정부의 당면과제를 해결하는 동시에 국정 운영에 민의를 수렴한 결과임을 신문을 통해 알리려 했다.

실제 『한성순보』발간 자체가 조선 정부의 근대문물 도입을 통한 국정 개혁의 일환이었다. 새로운 인쇄 매체의 탄생이 아니라 전통적 조보(朝報)를 개혁한 것이라고 해도 『한성순보』창간 의의는 매우 크다.[78]

---

76) 『고종실록』, 1882(고종 19). 10. 7.

77) 지석영은 『萬國公法』·『朝鮮策略』·『普法戰紀』·『博物新編』·『格物入門』·『格致彙編』과 같은 중국에서 발행된 서양 관련서적뿐만 아니라 조선의 개화 관료들이 펴낸 책들을 거론하며 이들 책들을 수집하고 각 지역의 유학자들에게 열람하게 하자고 상소했다. 이에 대해서는 『承政院日記』, 1882(고종 19). 8. 23 기사를 참조할 것.

조보는 중앙 및 지방정부의 전현직(前現職) 고위 관리들에게만 배포했지만, 『한성순보』는 조보에서 다루는 기사들을 정기적으로 중앙정부뿐만 아니라 지방 곳곳에 파견된 360여 개에 달하는 군현(郡縣) 단위의 외직(外職) 관리들, 그리고 지방 유학자들에게까지 필사가 아닌 '인쇄물'로 제공했다.79) 조보를 인쇄해 팔았던 상인과 이를 허락한 관리들을 모두 유배와 같은 중죄로 다스렸을 정도로 철저히 정보를 통제했던 이전 시대의 정부와 비교하면, 국가에서 『한성순보』를 인쇄해 전국으로 배포한 일 자체가 매우 획기적인 개혁이라 하지 않을 수 없다.80) 『한성순보』 기사들이 한양을 중심으로 유통되던 청에서 출간된 서양 문물과 관련된 책들을 중심으로 이루어져 있음을 감안하면, 『한성순보』를 읽는 것만으로 외직 관리와 더불어 지방 유학자들은 당시 한양에서 유통되던 정보에서 소외되지 않을 수 있었다. 특히 『한성주보』에서는 전체 발행 기간의 1/4에 불과했지만 국문 기사도 실려 한문을 모르는 사람들도 정보 소통에 참여할 수 있는 여지가 마련되기도 했다. 『한성순보』, 『한성주보』 발행은 한양 고급 관료들이 독점하던 정보들을 백성에게 개방한 사건이었다. 그뿐만 아니라 다루는 정보의 양과 주제도 이전의 조보에 비해 다양해지고 확대되었다. 『한성순보』, 『한성주보』에는 전통적으로 실렸던 왕명 출납과 인사 정보 등 조보의 내용뿐만 아니라 조선 정부가 행한 여러 서양문물 도입을 위한 노력들이 기사화되었다. 특히 1884년 갑신정변 이래 갑신정변에 연루된 개화세력들의 글의 유통이 통제된 상황에서도 그들의 주장이 『한성주보』를 중심으로 유포되었음은 주목할 만하다.81)

---

78) 『한성순보』가 창간되었다고 조보가 완전히 폐간되지는 않았다. 이에 대해서는 김영주, 앞의 글, 263~264쪽.

79) 유중교, 앞의 글.

80) 조보 인쇄와 관련한 사건에 대해서는 김영주, 앞의 글, 274쪽을 참조할 것.

81) 개화에 도움이 될 것으로 지목된 책들 대부분을 저술한 신진 개화세력들은

이런 신문 발행을 통해 조선 정부는 정부가 추진하는 사업을 전국에 알려 지지 세력을 형성하려 했다. 대표적 예가 신무기 도입 정책과 관련한 기사들이었다. 1860, 1870년대 불과 10년 사이에 두 번의 양요를 겪은 조선 정부가 새로운 무기와 화약 제조법 도입에 관심을 두는 것은 당연한 일이었다. 서양 무기제조기술을 익히기 위해 군계학조단을 천진 (天津)에 파견했던 조선 정부는 1883년 기기국을 설치했고, 1884년 재래 무기를 만들었던 군기시를 기기국에 합치는 등 근대식 무기제조를 위해 정부조직을 개혁했다.[82] 기기국 주도로 1884년에는 번사창(燔沙廠, 제철소)을 조성했고, 1887년에는 본격적 무기제조 및 수리 공장인 기기창도 열었다. 동시에 조선 정부는 이런 일련의 작업과 함께 신무기와 관련한 기사를 게재해 지지층을 형성하는 일도 진행했다.[83] 『한성순보』에 서양 무기의 날카로움과 정확함, 서양의 지속적인 무기개발에 관한 기사들을 적지 않게 실었을 뿐만 아니라 당시 벌어지고 있는 청나라 등 외국의 전쟁 상황을 보도하면서 군함, 대포 등 대형화기와 개인화기와 같은

갑신정변에 어떤 방식으로든 연루되었기에 유배당하거나 망명했고, 따라서 그들의 책들 역시 정부로부터 유통이 통제되었다. 특히 김옥균의 『기화근사』는 찾기 어렵고, 1885년 발간 직후 새로운 농법의 전수라고 극찬받았던 『농정신편』 조차 안종수가 갑신정변에 연루되었다는 의혹으로 1886년 유배당하자, 곧 통제되었다. 이 책은 1895년 안종수가 복권되고 난 이후에야 재간행 되었다. 1906년 『황성신문』에 50전에 판매한다는 이 책의 광고가 실리기도 해 지속적으로 간행되어 유통되었음을 알 수 있다. 지금 남아있는 판본은 대부분 1905년과 1930년대에 발행한 것이다. 이런 개화 관련서적들이 유통이 쉽지 않은 1885년 이후, 개화와 서양 문물도입과 관련한 정보는 『한성주보』가 주축이 되어 배포가 이루어졌다.

82) 이에 대해서는 김연희, "영선사행 군계학조단의 재평가", 『한국사연구』 137호 (2007. 6), 237~267쪽을 참조할 것.
83) 조선 정부는 군계학조단 파견에 적지 않은 반대를 경험한 바 있다. 이에 대해서는 권석봉, "영선사행고", 『청말대조선정책사연구』(일조각, 1997), 156쪽을 참조할 것.

신무기 확보의 중요성을 상기시켰던 것이다. 강선을 이용한 후장식(後裝式) 총이나 자동연발 기관총 등 신식 무기의 우수함을 소개하는 기사나[84] 레밍턴 총을 제작하는 미국 무기공장의 규모, 생산제품에 관한 기사를 싣기도 했다.[85]

『한성순보』의 제철 관련 기사는 기기국과 번사창 개국을 전후해 많이 실렸다. 새로운 무기 제조방식을 도입하기 위해 해결해야 할 장애는 한두 가지가 아니었지만, 가장 큰 일 가운데 하나가 새로운 제철방식의 도입이었다. 소규모, 수동식의 전통 제철로는 새로운 서양 무기를 제조하기 어려웠으므로 서양의 대량 생산 제철공정과 재래방식과의 차이점을 이해하는 일이 시급했다. 『한성순보』에는 서양의 제철방식을 설명한 기사들이 실렸는데, 예를 들면 '태서의 제철법'과 '역람영국철창기략'과 같은 기사였다. 이 기사들은 근대 서양에서 행해지는 제철기술은 화학에 기본을 두었다고 전제하고, 제철은 모래나 돌의 감별에서 시작한다고 설명하면서 양기(산소) 비율에 따른 철광석의 분류 방법을 제시하는 한편 철광석으로 숙철이나 강철을 만드는 과정이 전통방식과 어떤 차이를 보이는지 설명했다.[86]

『한성순보』에는 조선 정부가 주력했던 식산 정책도 나타나 있다. 조선 정부는 1880년대 초반부터 농업과 잠업에 관심을 기울였다. 특히 고가로 매매되는 비단에 주목했다. "(잠업은) 농업과 더불어 국가의 대본(大本)"으로 "생재(生財)의 근원으로 설정해 보호 육성하겠다"며 국가 산업으로 육성 지원하겠다고 천명했다.[87] 잠상국(蠶桑局)을 설치하고

---

84) "火器新式", 『한성순보』, 1884. 4. 6.
85) "미국의 利名登 製造廠", 『한성순보』, 1884. 5. 5.
86) "태서의 제철법", 『한성순보』, 1884. 5. 15.
87) "內衙門布示", 『한성순보』, 1883. 12. 29.

잠상 규칙을 제정해 "농상(農桑)에 관한 상황과 개간과 파종(播種)의 허실(虛實)을 사계절(四季節)의 초하룻날마다 본 아문에 자세히 보고하라. 수령(守令)의 전최(殿最)도 이에 중점을 둘 것"이라고 지방 관리들을 독려하기도 했다. 그 일환으로 1884년 통리교섭통상사무아문의 주사 김사철(金思轍, 1847~?)은 중국의『증상재종법(曾桑栽種法)』,『양잠소사법(養蠶樔絲法)』등을 이우규에게 전해주며 책을 저술하게 했다.88) 이우규는 이 책들을 저본으로 앞에서 살펴본『잠상촬요(蠶桑撮要)』를 편찬했으며, 이 책은 1886년에 국문의『잠상집요』로 번역된 것으로 보인다.89) 이우규의『잠상촬요』마지막에 소개된 '잠상규칙(蠶桑規條)'은『한성순보』에도 부록으로 첨부되어 정부정책과의 연관을 살피게 한다.90)

그밖에도『한성순보』를 통해 중앙정부에서 전통적 동전주조방식을 탈피함과 동시에 화폐주조권을 정비하려 전환국 개설을 추진했음을 알 수 있다. 임진왜란 이후 화폐는 중앙정부는 물론 평안감사, 의주부윤, 강화유수 등에서도 주조했는데, 이렇게 분산된 주전권을 전환국개설을 계기로 중앙정부가 통폐합함으로써 화폐 남발에 따른 문란한 통화 상황을 정리하려 했다.91) 즉 전환국을 설립하고 1884년 7월 독일 화폐주조기

---

88) 이 책들의 흔적을 찾지 못했다.

89) 김영희, "대한제국 시기의 잠업진흥정책과 민영잠업",『대한제국연구(V)』(이화여자대학교 한국문화연구원, 1986), 7~8쪽 ; 이우규 편, 이희규 역,『잠상집요』(奎 4622).

90) "養桑規則",『한성순보』, 1883. 12. 29 ; 한편『한성순보』, 1883. 12. 1의 內衙門 布示는 農桑司를 설치하여 統戶와 農桑茶 등을 관장하게 되면서 戶法을 밝힐 것과 제언의 수축, 한광지의 개간, 진황지의 起耕, 蠶桑의 필요성 등을 신칙하고, 몇 가지 법을 개록하여 전달한다고 했고, 이는 1883년의 甘結 安山에 나타나 있다. 이를 미루어 보면 농상사와 관련된 여러 규칙이 안산뿐만 아니라 전국의 각 읍·면에 전달되었던 것으로 생각된다. 이에 대해서는『한성순보』, 1883. 12. 1 ; 감결안산(甘結安山)(古 4255.5-10)을 참조할 것.

91)『고종실록』, 1883. 10. 18. 당오전의 발행권을 중앙에서 장악하고, 강화, 평안, 의주에서는 엽전만을 주조하는 것으로 한정했다.

를 확보, 설치함으로써 다른 주조소의 화폐들보다 정교하게 백동화를 생산해 사전(私錢)과의 구별 기준을 만들려 했던 것이다. 이즈음,『한성순보』는 <표 2> '화폐 주조기기 도입' 항목에서 보는 것처럼 서양의 화폐 제도에 대한 기사들을 보도했다.

『한성순보』와『한성주보』의 과학기술 관련 기사에서 당시 조선 정부가 부국강병을 이루기 위해 계획하고 수행했던 다양한 서양 근대문물 도입 정책과 노력을 찾는 것은 어렵지 않다. 통신체제 개혁을 위한 우정총국, 세곡의 기선 운반을 통한 재정 기반 확충을 목적으로 한 전운국, 천연두 예방과 검역 등 근대 보건 위생 정책 실시를 위한 우두국, 서양 의료체계 도입을 위한 제중원, 농업생산성 향상과 상업 작물 다양화 및 낙농 기술 도입 교두보로서의 농무목축시험장, 광업의 본격화를 위한 광무국, 그리고 이런 서양 문물 도입 담당자 양성을 위한 육영공원 등 조선 정부가 시행한 서양 문물 도입을 위한 다양한 정책들에 관한 정보를 수집해 보도했다. 이런 조선 정부의 개화 정책과 기사의 관계를 표로 정리하면 다음 <표 2>와 같다.

〈표 2〉『한성순보』,『한성주보』기사와 조선 정부 개화 정책 [괄호 안은 발간 연월일(양력)]

추진 정책	『한성순보』,『한성주보』기사	조선 정부의 개화 정책 추진 상황
서양 인쇄기기 도입		1883 박문국 설립 1883 『한성순보』발간 1885.12『한성주보』속간
서양 무기 제조 공장 설립	순보 11호(18840207) 논중국 전선(戰船) 순보 17호(18840406) 화기신식(火器新式) 순보 20호(18840505) 미국의 이명등(레밍턴)제조창(利名登製造廠)에 대하여 순보 21호(18840515) 태서의 제철법 순보 21호(18840515) 극로백(크루프)포창(克虜伯砲廠)의 상세한 내력	1883 기기국 설립. 1884.6 번사창 1884.8 군제개편-군기시를 기기국에 합치 1886.5 기기창, 전환국 조폐창과 통합 설치

추진 정책	『한성순보』, 『한성주보』 기사	조선 정부의 개화 정책 추진 상황
	순보 22호(18840525) 제조에 외난(畏難)하는 것은 불가하다는 논설 순보 29호(18840801), 30호(18840811), 34호(1884 0919), 35호(18840929), 36호(18841009) 역람영 국철창기략	
화폐 주조기기 도입	순보 9호(18840108) 일본조폐통계표 순보 20호(18840505) 미국의 근보 순보 22호(18840525) 동근(銅斤)을 준비하다 순보 29호(18840801) 미국화폐주조국 순보 29호(18840801) 구미제국의 화폐액 주보 4호(18860222) 논 화폐론 제1 주보 5호(18860301) 논 화폐론 제2	1883. 전환국 설립 1884.7 새로운 당오전 주 조 1886.5 전환국 조폐창, 기 기창과 통합 설치
근대 통신 체계 운용	순보 4호(18831130) 정군문이 우리나라 수도에 전 선을 설치하려 하다 순보 4호(18831130) 전기를 논함 순보 9호(18840108) 전보설 순보 9호(18840108) 각국의 육지 전선 순보 9호(18840108) 각국의 해저 전신 사립회사 순보 9호(18840108) 각국의 해저전선 순보 11호(18840207) 전보신식 순보 14호(18840308) 중국의 전선설치상황 순보 15호(18840318) 1882년 전기사 순보 15호(18840318) 태서 우체(郵遞) 순보 16호(18840327) 전선근간 순보 22호(18840525) 강음에 전국을 설치하다 순보 27호(18840713) 10성의 연전 순보 29호(18840801) 전보국에서 증궁보(曾宮保) 에게 올린다 순보 29호(18840801) 중국전신국 순보 34호(18840919) 전선에 대한 공정(중국)	1882. 우정사 설치 1884.1 부산-나가사키 간 해저전선 1884.4 우정총국 개국 1885 의주합동에 의한 서 로전선 가설 1887 남로전선 자설 1891 북로전선 가설
증기선 도입	순보 3호(18831120) 중국 초상국 상선의 진수식 순보 11호(18840207) 신조대함 순보 25호(18840623) 독일 세무사 최림이 중국 총리아문에 철로개설을 요청하여 조목별로 진 술하다 순보 27호(18840713) 항해설 순보 28호(18840722) 기선을 가지고 오다 순보 31호(18840821) 법국항업(航業)	1883 전운서 설치 및 태화 양행 운행 협정 1884 전운국 설치 1884.7 미국계 미들튼 기 선회사와 합약(파기) 1886 세창양행(희화호 : 인 천-상해)

추진 정책	『한성순보』, 『한성주보』 기사	조선 정부의 개화 정책 추진 상황
	순보 33호(18840910) 화륜선 속력 주보 47호(18870124) 선정관(船政館)	
서양 의료 기술 도입[92]	순보 15호(18840318) 일본관의원 순보 16호(18840327) 각해구에 마땅히 서의학당 　(西醫學堂)을 설립해야 한다는 논 순보 19호(18840425) 우두의 내력을 논함 순보 20호(18840505) 만국위생회 순보 23호(18840604) 영국전광원(英國癲狂院) 순보 25호(18840623) 일본군의 순보 29호(18840801) 논향강청결지방 주보 54호(18870314) 진기(診氣)를 상술(詳述)함	1885 광혜원(이후 제중원 　으로 개칭) 1885 우두국 설치
중국식 잠업 도입	순보 7호(18831219) 양잠규칙(養蠶規則) 순보 27호(18840713) 잠상촬요(蠶桑撮要)	1884 청에서 뽕나무 수입 1884 잠상국 설치 1886 종상소 설치
서양식 농법의 도입	순보 9호(18840118) 일본개구(開溝) 순보 16호(18840327) 아(俄)국농업 순보 16호(18840327) 이(伊)국에서 차를 심다 순보 29호(18840801) 각국의 경지 및 목축수일람 　표(牧畜數一覽表) 주보 3호(18860215) 외국농사를 시험하는 거시라 주보 17호 (18860524) 권농규칙조등(勸農規則照登)	1884 농무목축시험장 1884 내부고시에 의한 농 　무국 설치
서양 채광기술 적용 개광사업 추진	순보 5호(18831209) 신강풍토기 순보 7호(18831229) 러시아 광무 순보 9호(18840108) 미국 금은산액 순보 34호(18840919) 청, 개광할 기기를 미리 구입 　하다 순보 34호(18840919) 광무를 정돈하다(청) 주보 1호(18860125) 중국석탄심부 주보 16호(18860517) 땅을 사서 금을 캤다. 주보 18호(18860531) 애굽석유 주보 22호(18860627) 광산개설을 논함 주보 23호(18860705) 금광핵사 주보 25호(18860823) 좌도(佐度)의 금광이라 주보 32호(18861011) 광학교 주보 47호(18870124) 광산총액 주보 54호(18870314) 전석이 새로 나오다 주보 57호(18870711) 황금포시 주보 68호(18870620) 변사흥리(邊師興利)	1884 군량부족 타개를 위 　한 채광 윤허 1887 광무국 개설

추진 정책	『한성순보』, 『한성주보』 기사	조선 정부의 개화 정책 추진 상황
	주보 71호(18870711) 묵사가(墨斯哥)의 근문 주보 71호(18870711) 대만에 대한 기요 주보 74호(18870801) 금은산출액	

근대
교육
도입
	순보 15호(18840318) 각국학업소동, 학교
	순보 18호(18840416) 덕국학교론약(花之安, 서국
	  학교)
	순보 19호(18840425) 덕국지략 속고
	주보 1호(18860125), 2호(18860201), 3호(188602
	  15) 논학정(論學政) 제1, 제2, 제3
	주보 32호(18861011) 광학교
	주보 24호(18860816) 법국학정
	주보 47호(18870124) 천진무비학교 시험
		1883.8 원산학사(민간)
		1886.6 육영공원(1884년
		  말 계획)설립

<표 2>에서 볼 수 있듯이 조선 정부의 개화 정책 수립 및 실행 전후에 『한성순보』와 『한성주보』에는 이와 관련된 과학기술 기사들이 대거 보도되었다. 이들 기사들에는 조선의 개화 관료들이 서구 문물을 도입하기 위해 많은 노력을 기울였고, 관련 정보를 공유함으로써 정책 지지 여론을 확산시키고 독자들의 참여를 촉구하는 등 정책 실현을 위해 노력했음이 드러나 있다.

2) 백성계몽과 근대 세계관의 확산

『한성순보』와 『한성주보』에서 찾아 볼 수 있는 서양 과학기술을 도입하기 위한 개화 관료의 노력은 단지 정부정책과 관련한 기사를 게재하는 것만으로 끝나지 않았다. 이런 기사들 이외에도 천문학과 기상 그리고

---

92) 조선 정부가 시행한 보건 의료 정책과 관련한 기사들도 적지 않게 게재되었다. 하지만 이 글에서는 기사의 대강만 적었다. 이미 신동원이 『한국 근대 보건의료 사』(한울아카데미, 1997)에서 분석했기 때문이다.

지리 관련 기사가 많이 실려 있음은 주목할 만하다. 한문 기사도 많았지만, 국문 및 국한문기사도 적지 않았다. 국한문 혼용체의 기사와 국문 기사는『한성주보』에 실렸는데, 정부 발행의 신문에서 최초로 국문을 이용한 글이 실렸다는 점뿐만 아니라 이 국문기사 대부분이 지리학 관련 기사라는 점은 매우 특기할 만하다(<표 3> 참조). 가장 먼저 실린 국문기사는 1호의 '뉵주총론'이었다.『한성주보』는 당시 지리학을 하늘과 땅을 포함한 분야로 여겨 천문지리, 자연지리, 방제(邦制)지리로 분류했는데, 이 '뉵주총론'은 방제지리에 속했다.[93] 유사한 내용이『한성순보』에 실리지 않은 것은 아니었다.『한성순보』창간호에 실린 '지구론', '지구도해', '주양(州洋)에 대해 논함' 등이 그것인데,『한성주보』의 기사들은『한성순보』의 이 기사들을 요약하고, 번역하면서 수정한 수준이었다. 이 두 신문의 기사들은 분량에서 큰 차이가 나는 이외에『한성순보』가 지구의 땅덩어리를 아메리카주를 하나로 보아 오대주로 나눈 데에 비해『한성주보』는 아메리카를 지금과 같이 남북으로 나누어 육대주로 기록한 점,『한성순보』가 자연지리로 분류할 수 있는 기후, 산, 바다, 토질 등에 대한 상세한 소개를 기사 안에서 소화한 데에 비해『한성주보』는 대륙 내의 국가들 소개에 중점을 두어 자연지리에 대한 내용을 거의 찾을 수 없다는 점 등의 차이를 보이지만 그 밖의 정보나 글의 구성 등은 거의 같다.

　<표 3>에서 볼 수 있듯이 방제지리 분야는『한성주보』에 꽤 장기간 연재되었다. 처음 '뉵주총론'에서 각 대륙의 크기, 각 대륙의 인구수, 인종을 개관한 데에 이어, 2호에서는 동반구와 서반구로 나누어 '지구전도'를 실으면서 '아시아지략'을 실었다.[94] 2호의 '아시아지략'은 3호에

---

93) 이 분류에 대해서는 "지리초보 권지일",『한성주보』, 1886. 8. 23을 참조할 것.

〈표 3〉『한성주보』에 실린 국문 전용 및 국한문 혼용 포함 지리학 관련 기사

게재일자	기사제목	비고
1886년 1월 25일	뉵주총론	국문전용
1886년 2월 1일	지구전도(동반구 서반구 전도), 예시야(아시아)디략 (아시아 총론)	국문전용
1886년 2월 15일	예시야(아시아)디략(버마, 인도 등 아시아 소재 국가 소개)	국문전용
1886년 2월 22일	유로부 디략(유럽 총론, 러시아, 세야만,스웨덴 등 국가 소개)	국문전용
1886년 3월 1일	유로부 디략(잉글랜드, 이탈리아 등)	국문전용
1886년 3월 8일	아프리카 디략	국문전용
1886년 5월 24일	이탈리아 디략	국문전용
1886년 5월 31일	이탈리아 디략 쇽고	국문전용
1886년 6월 31일	천문학(항성, 행성(유성으로 표현), 위성, 태양계 소개)	국문전용
1886년 7월 5일	유성이 운전하는 거시라(수성-해왕성의 소개)	국문전용
1886년 8월 23일	지리초보 권지1. 제1장, 지리학, 제2장 천문지리학, 제3장 지구형상, 제4장 경위도표,	국한문 혼용
1886년 8월 30일	지리초보, 제5장 자전	국한문 혼용
1886년 9월 6일	지리초보, 제5장 자전 속고, 제6장 공전	국한문 혼용
1886년 9월 13일	지리초보, 제7장	국한문 혼용

서 아시아의 여러 나라들을 거론하며 지리 및 대략의 기후 특징 등을 설명한 기사로 이어졌다. 4호, 5호에서 유럽지략이, 6호에는 '아프리카지략'이 실렸다.[95] 7호부터 16호는 분실되어 연속 게재여부는 알 수 없지만, 17호, 18호에 '이탈리아지략'이 연속 게재된 것을 보면 방제지리 분야의 국문 기사들이 계속 실렸음을 짐작할 수 있다.[96]

지리학 가운데 천문지리 분야의 기사도 국문으로 보도되었다. 22호의 '텬문학'과 23호의 '유성이 운전하는 거시라'가 그것이다.[97] 이 기사들

---

94) "지구전도", "예시야디략", 『한성주보』, 1886. 2. 15.

95) "유로부디략", 『한성주보』, 1886. 2. 22 ; "유로부디략", 『한성주보』, 1886. 3. 1.

96) "이탈리아디략", 『한성주보』, 1886. 5. 24 ; "이탈리아디략쇽고", 『한성주보』, 1886. 5. 31.

97) "천문학", 『한성주보』, 1886. 6. 31 ; "유성이 운젼하는 거시라", 『한성주보』,

에서는 하늘의 별을 항성, 유성(행성), 혜성, 위성 등으로 분류했고, 각각의 크기와 태양과의 거리, 운동 등을 설명하는 한편 유성들의 크기를 비교하기도 했다. 지구가 자전하고 공전하는 데에도 이 회전을 사람이 알지 못하는 것은 "배타고 배가는 줄 모름과 같"은 이치라고 설명했다. 근대 천문학의 매우 초보적인 내용을 담기는 하지만 이 기사들은 국문 전용으로 쓰인 최초의 천문학 기사라는 점에서 큰 의의가 있다.

『한성주보』뿐만 아니라 『한성순보』는 땅이 둥글고, 자전을 하며 태양을 중심으로 공전하며, 다른 행성들 역시 태양을 공전하는 태양계에 대한 기사를 반복해서 게재했다. 이 신문 기사가 묘사하는 하늘은 5행성의 세계가 아니었다. 또 임금에 대한 하늘의 경고로 인식되었던 월식이나 일식은 지구와 달의 움직임에 의한 자연현상일 뿐이었다. 또 지진, 혜성도 마찬가지였다.[98] 하늘의 현상을 설명하는 방식은 서서히 서양 근대 천문학으로 대체되는 단계로 넘어가고 있었다. 기상학에 대한 기사들이 『측후총담』을 전재하며 삼개월 이상 연재되었음은 이미 앞에서도 살펴보았다. 이 기사들 역시 대기와 물의 순환을 신의 조화나 음양오행체계의 설명 방식과는 다른 방식으로 설명했다. 또 기상 이변 역시 왕에 대한 하늘의 경고가 아니었고, 왕이 근신함으로써 통제할 수 있는 현상도 아니었다. 이들 기사에 의하면 천재지변은 자연적 이유로 일어나며, 그것은 초자연적 요인이 아니라 자연의 현상으로 설명이 가능했다. 그 설명의 중심에는 서양 근대 자연관이 존재했다.

1886. 7. 5.

98) 예를 들면 "화산폭발에 대한 자세한 서술", 『한성순보』, 1883. 12. 9 ; "홍광이 하늘을 비추다", 『한성순보』, 1883. 12. 9 ; "지진전음", 『한성순보』, 1883. 12. 20 ; "홍발기광", 『한성순보』, 1883. 12. 20 ; "미국견혜", 『한성순보』, 1883. 12. 21 ; "詳述 天際 홍광", 『한성순보』, 1884. 1. 8 ; "흑기선천", 『한성순보』, 1884. 1. 8 ; "地變誌異", 같은 신문 등을 들 수 있다.

4. 결론

조선 정부, 특히 개화 관료들은 서양 과학기술을 부국강병의 도구이자 국제 사회에서 경쟁을 위해 필수적인 도구라고 인식, 이를 도입하려 했다. 그 일환으로 이루어진 한역 근대 과학기술서들은 단순히 수집되기만 한 것이 아니라 적극적으로 배포되었다. 『한성순보』와 『한성주보』는 이를 위한 중요한 매개였다. 이들 매체에서는 이들 서적에서 다양한 정보들을 이 서적들에서 정리하고 발췌하거나 혹은 전재해 실었다. 심지어 국문으로 번역하는 노력도 아끼지 않았다. 이렇게 편집된 『한성순보』와 『한성주보』에서 볼 수 있는 서양 과학기술 관련 기사들은 제철, 개인 및 대형화기, 전신, 증기선, 의료 시설 및 우두법, 새로운 농법 및 양잠법, 채광 기술과 더불어 교육 등을 주제로 하고 있어 다양할 뿐만 아니라 기사 분량도 방대했다. 이 기사들을 취하는 태도는 무작위적, 임의적이 아니라 조선 정부의 정책 개혁과 궤를 같이하며 정부 시책을 지원하고 있었다. 이들 과학기술 관련 기사들은 서양의 문물을 도입해 수행하려 했던 각종 국정 개혁 정책들의 시행 시점과 일치하거나 전후에 보도되었던 것이다. 이는 이 신문 발행 자체가 조선 정부의 서양 문물 도입 노력의 일환일 뿐만 아니라 정책 수행을 지원하기 위한 것임을 보여주는 일이다.

그렇다고 『한성순보』와 『한성주보』에 정책을 지원하기 위한 기사만 실렸던 것은 아니었다. 새로 편입된 국제 사회에 대한 이해를 높이기 위한 세계지리, 세계 각국 지략과 더불어 서양의 근대 천문학, 기상학 등을 보도했다. 이들 기사는 중국을 중심으로 하는 전통 지리인식이나 전통적 재이론에서 벗어나 새로운 근대적 자연관 및 세계관으로의 이행을 도모하기 위한 것이었다. 특히 개화 관료들은 이들 기사들을 한문뿐만

아니라 국한문과 국문으로도 보도해 다양한 계층의 독자를 확보하려
했다.

　이런 서양 과학기술 관련 기사들은 서구 문물의 도입을 위해 조선
정부가 구체적, 실제적으로 국정 개혁 정책을 추진했음을 보여주었다.
또 전국 곳곳의 관리들과 유학자들에게 관련 정보를 제공함으로써 근대
문물 도입 작업에 동참하게 하거나 지지세력화 하려 노력했음을 보여준
다. 한역 근대 과학기술서를 기반으로 하는 『한성순보』와 『한성주보』의
과학기술 기사들을 통해 1880년대의 조선 정부의 서구 문물도입 노력이
다양하게 전개되었고, 이런 노력들은 1890년대 말 광무정권기에 전개된
각종 개화 정책의 중요한 토대가 되었다고 평가할 수 있다.

제3장 한역 근대 과학기술서의 도입과 활용 2
─ 지석영의 『신학신설』을 중심으로 ─*

1. 머리말

이 글은 한역 근대 과학기술서의 활용을 지석영이 편찬한 책을 통해 추적한 연구이다. 개항 이후 조선 정부가 수집한 한역 근대 과학기술서는 약 220종에 달했다. 정부가 한역 근대 과학서적 수집과 유통에 적극 개입함에 따라, 관원뿐만 아니라 민간인들의 서적 수집과 장서 역시 활발해졌다.[1] 이런 분위기에 힘입어 유명한 장서가로 오경석(吳慶錫, 1831~1879)이 등장할 수 있었고,[2] 일개 서생이었던 지석영(池錫永,

---

* 이 글은 "19세기 후반 한역 근대 과학서의 수용과 이용 : 지석영의 『신학신설』을 중심으로", 『한국과학사학회지』 39-1(2017. 4)을 정리한 것이다.

1) 정부 기관에서는 이들 서적들을 재인쇄하여 출간하기도 했다. 1887년 5월 한 달에 국한된 것이지만 박문국의 장부에는 출판 인쇄 관련 사업에 관한 지출 상황이 기록되어 있다. 이에 대해서는 『局用上下冊』(奎 26113)을 참조. 장영숙, "『集玉齋書目』 분석을 통해 본 고종의 개화서적 수집 실상과 활용", 『한국근현대사연구』 61(2012), 7~39쪽 중 25쪽.

2) 역관으로 활동했던 오경석은 개항 전후 『박물신편』, 『양수기제조법(揚水機製造法)』, 『중서문견록(中西聞見錄)』, 『지리문답(地理問答)』을 포함 수백 권의 책을 청에서 수집해 소장했다. 이에 대해서는 신용하, "吳慶錫의 開化思想과 開化活動",

1855~1935)조차 이 서적들을 입수해 읽을 수 있었다.[3] 과거에 합격하기 전인 1882년, 지석영이 쓴 개화 상소에는 홉슨(合信, Benjamin Hobson, 1816~1873)의 『박물신편(博物新編)』, 마틴(丁韙良, William A. P. Martin)의 『격물입문(格物入門)』, 프라이어(傅蘭雅, John Fryer, 1839~1928)가 중국 상해의 강남제조국 번역관(江南製造局 飜譯館)에서 편집 간행한 『격치휘편(格致彙編)』을 포함한 한역 근대 과학서들이 거론되어 있었던 것이다.[4] 이를 통해 그가 한역 근대 과학서적들을 접할 수 있었음을 짐작할 수 있다. 물론 그 가운데 월간지 『격치휘편』은 조선에 수집된 40여 권 전부를 그가 읽었다고 볼 수는 없지만, 다양한 근대 과학 관련 글들이 실렸던 만큼, 그가 관심을 가진 분야들의 글들은 읽었을 것으로 짐작할 수 있다.[5]

실제로 지석영 또한 적지 않은 서양 과학서적을 수집하고 장서했던 것으로 알려졌다. 미키 사카에(三木榮)의 증언에 의하면 지석영의 집에는 『박물신편』, 『전체신론(全體新論)』, 『내과신설(內科新說)』, 『부영신설(婦

『歷史學報』 107(1985. 9), 107~187쪽 중 186쪽 참조. 이 책 가운데 현재 규장각한국학연구원에 소장되어 있는 책은 合信, 『博物新編』(1855, 奎中 4922), 『中西聞見錄』(奎中 4590) 정도다.

3) 지석영은 1883년(고종 20) 문과에 급제하여 관료의 길로 들어섰다. 1887년 그는 시폐(時弊)를 논한 여파로 전라남도 강진의 엽지도(현재 신지도)로 유배를 갔다. 1894년(고종 31) 관직에 복귀했으며 이듬해에는 동래부사, 동래부 관찰사의 직을 수행했다. 이후 대한제국 정부가 1899년 세운 의학교의 초대 교장으로 임명되어 서양 의학의 수용과 정착을 위한 업무에 종사했다. 1907년 통감부에 의해 의학교가 대한의원 의육부(大韓醫院 醫育部)로 개편되자 교장직에서 물러났고, 학감으로 서양 의학교육에 지속적으로 관여했지만 경술국치로 관직에서 퇴직했다. 이처럼 그는 개화기 역사에서 큰 흔적을 남겼고, 특히 천연두 예방을 포함한 위생 사업에 큰 역할을 담당한 것으로 평가받고 있다. 이와 관련한 자세한 내용은 대한의사학회 엮음, 『송촌 지석영』(아카데미아, 1994), 25~71쪽 참조.

4) 『승정원일기』, 1882(고종 19). 8. 23.

5) 『격치휘편』은 앞 장에서 소개했으며, 목차는 2부 3장에 정리해서 실었다.

嬰新說)』『화학초계(化學初階)』, 『유문의학(儒門醫學)』 등을 포함한 14종의
중국본 한역 근대 과학서들이 소장되어 있었고, 관련서적들의 자필본도
함께 있었다. 이는 서양의 근대 과학에 대한 지석영의 관심이 컸음을
보여준다.6)

지금까지 개항 전후 지식인들이 한역 근대 과학서를 이해하고 활용하
는 방식에 대한 연구는 최한기(崔漢綺, 1803~1877)를 중심으로 이루어졌
다.7) 이 글에서 필자는 지석영을 중심으로 이 문제를 살펴보려 한다.
그는 최한기와는 다른 성향을 보이는데, 최한기가 전통적 '기(氣)'철학을
재정립하기 위해 서양 과학서적을 활용했다면, 지석영은 실천과 교육을
위해 근대 과학을 습득하고 이해하려 했다. 실제로 지석영에 관한 연구는
주로 우두를 중심으로 한 근대 의학 도입, 근대 의학교의 설립 및 운영을
주도한 선각자로서의 역할에 초점이 맞추어져 있었고, 그가 편찬한
『우두신설(牛痘新說)』 역시 이런 관심에서 고찰되었다.8)

필자는 한역 근대 과학서가 사용된 방식을 살펴보기 위해 지석영이
찬(纂)한 『신학신설(身學新說)』을 분석할 것이다. 이 책에 대해서는 신용
하가 "한국인이 근대에 서양 의학에 의거하여 '저술'한 최초의 위생학서
이자 예방 의학서"라고 평가한 바 있으며,9) 이러한 평가는 이후 기창덕의

---

6) 三木榮, 『朝鮮醫學士及疾病史』(京都 : 思文閣, 1962), 267~268쪽. 거론된 이 책들
   은 규장각한국학연구원에도 소장되어 있다. 그는 지석영이 이들 서적 이외에도
   일본에서 발행한 의학서 6, 7권을 더 가지고 있었다고 서술했다.
7) 이현구, 『최한기의 기철학과 서양 과학』(성균관대학교 대동문화연구원, 2000)
   ; 김성준, "18·19세기 조선에 전해진 서구 腦主說과 惠岡 崔漢綺의 대응"(고려대
   학교 석사학위논문, 2000).
8) 대한의사학회 엮음, 『송촌 지석영』 ; 김두종, "우리나라의 두창의 유행과 종두
   법의 실시", 『서울대학교논문집 인문사회과학』 4(1956), 31~76쪽.
9) 신용하, "『池錫永 全集』 해제", 『지석영전집』(아세아문화사, 1985), 8쪽 ; 신용하,
   "池錫永의 開化思想과 開化活動", 『한국학보』 30 : 2(2004), 89~112쪽 중 101쪽.

글들에서 반복되었고 지속적으로 재사용되었다.[10] 하지만 정작 본격적인 내용의 검토는 1990년대 말에야 비로소 신동원에 의해서 시작되었다. 그는 "이 책이 전통적 양생의 체계와 뚜렷이 구분되며, 세균설 이전의 서양 위생학 내용을 상당 수준까지 읽어낸 것으로 학문 차원으로 승화시킨 저작"이라고 평가했다.[11] 이어 박윤재는 "전통의 양생과 차별을 시도한 책"이라고 의의를 내세웠다.[12] 이런 평가들에도 불구하고 그들 연구의 초점은 근대 의학 및 위생학이 조선에 도입, 수용, 정착되는 과정을 해명하는 것이었기에 『신학신설』 자체가 관심의 대상은 아니었다. 그런 만큼 그들은 이 책을 면밀하게 검토하지 않았다. 이 책과 근대 과학의 연관성, 관련 근대 과학서적들이 이 책에 끼친 영향 등이 구체적으로 고찰되지 않은 것이다. 지금까지 이 책 자체에 주목한 연구로는 『신학신설』에 서술된 위생론을 주거 환경의 차원에서 다룬 논문만이 있을 뿐이다.[13]

이 글은 『신학신설』과 지석영이 거론한 서적들을 포함해 당시 유통되었던 한역 근대 과학서들과의 관계를 구체적으로 살피는 것을 목적으로 한다.[14] 지석영이 한역 서양 과학서를 읽고 정리해 '국문'으로 번역한 이 책을 통해 그가 내세운 '새로운 보신지학'의 내용을 살피고, 그 과정에 일어난 서양 근대 의학의 변용 형태도 점검해보려 한다. 이는 조선에서의

---

10) 기창덕, "지석영 선생의 생애", 대한의사학회 엮음, 『송촌 지석영』, 21~52쪽 중 33쪽 ; "송촌 지석영과 의학교", 같은 책, 73~88쪽 중 76쪽.

11) 신동원, 『한국 근대 보건 의료사』(한울아카데미, 1997), 131~133쪽.

12) 박윤재, "양생에서 위생으로", 『사회와 역사』 63(2003), 30~50쪽 중 34~35쪽.

13) 김명선, "지석영의 『신학신설』(1891)에서 근대적 주거 문제", 『한국산학기술학회논문지』 9 : 9(2008), 765~770쪽.

14) 이 책의 표지에는 지석영 '찬'으로 기록되어 있음에도 학계에서는 '저술'했다고 알려져 있다. '저술'의 표현은 신용하가 『지석영 전집』의 해제에서 사용한 이래 지속되었다. 신용하, "『池錫永 全集』 해제", 8쪽.

근대 위생론 형성 과정에서 그의 '새로운 보신지학(保身之學)'의 역사적 위상을 재고하는 작업이기도 하다.

2. 지석영과 『신학신설』

1) 『신학신설』의 저술 배경

『신학신설』은 지석영이 1891년 유배지에서 편찬한 책이다. 그는 『신학신설』을 건강을 지키는 방법, 즉 '보신지학'에 관한 글로 규정했다.[15] 그는 『신학신설』의 서(序)에서 "어버이도 셍기고(섬기고) 몸도 호위(하)기에 쓸까" 해서 이 책을 썼다고 고백했다.[16] 또한 그는 '보신지학'을 정리함으로써 의원을 찾지 않아도 될 방편을 얻을 것이라는 믿음도 내비쳤다.

지석영이 이 책을 편찬한 데에는 유의(儒醫)로 유명했던 아버지에 의해 형성된 집안 분위기, 어려서부터 박영선(朴永善)에게서 배웠던 한의학에 대한 이해, 그리고 1876년 이래 가졌던 우두에 대한 관심, 이를 습득하기 위해 공부했던 서양 의학 등의 다양한 요인이 영향을 미쳤다.[17]

---

15) 지석영, 『신학신설』, 대한의사학회 엮음, 『송촌 지석영』(이하 지석영, 『신학신설』로 약함), 246쪽. 이 글에서 『신학신설』을 인용할 때 한문을 병기하거나 띄어쓰기도 했는데, 이는 독자의 이해를 돕기 위해 표기한 것임을 밝혀둔다. 한편, 같은 책, 193쪽에서 '보신지학'의 한자를 '補身之學'으로 달았으나 지석영의 책과 그가 참조한 여러 책들을 살핀 결과 '保身之學'이 적당하므로, 이 글에서는 이를 사용할 것이다.

16) 이와 같은 전통 양생의 도의에 대해서는 김호, 『허준의 동의보감 연구』(일지사, 2000), 151, 161~162쪽 ; 신동원, 『동의보감과 동아시아 의학사』(들녘, 2015), 103~106쪽 참조.

17) 박영선은 1876년 병자수호조약 체결로 수신사 김기수와 함께 일본에 파견됐다.

그가 이 책을 여러 한역 근대 과학서들을 참고로 찬(纂)했음을 밝혔던 만큼, 서양 과학에 대한 지식도 이 책의 편찬에 중요하게 작용했음을 알 수 있다. 게다가 1880년대 조선 사회에 알려지기 시작한 위생의 중요성에 관한 담론 및 관련 사업도 영향을 미쳤다. 그 가운데 하나로 지적할 수 있는 것이 1884년 4월 "만국위생회(萬國衛生會)"라는 제목으로 『한성순보』에 실린 기사이다.[18] 이 기사는 만국위생회 설립을 위해 이탈리아 정부가 구미 각국에 통고한 내용으로 꾸며졌다. 이 기사에서는 신체 외부에 병인(病因)을 두고 설명하겠다는 목적에 충실하게 병인의 하나로 감염을 지적했는데, 이는 1880년대의 시점에서 꽤 발전된 논의였다. 감염을 "병든 사람으로부터 옮겨오며, 환자와 가까이 접함으로 오염되는 것"으로 규정하면서 대표적인 예로 천연두를 들었다. 그리고 이 기사에서 다룬 위생의 항목으로 '행위'를 기술할 때 '양신(養神)'이라는 전통의 용어를 썼지만, 이를 나쁜 자세, 심한 노동에 의한 피로 등의 내용으로 구성함으로써 전통 방식과는 다른 설명을 제시했다. 비슷한 시기 같은 신문에는 김옥균(金玉均, 1851~1894)의 "치도약론(治道略論)"도 실렸는데, 당대 개화파 지식인의 위생에 대한 인식 수준을 보여주는 기사였다.[19] "치도약론"에서 그는 길을 넓히고 깨끗이 하는 일이 수인성 전염병의 예방에 중요할 뿐만 아니라 상업 진흥과도 연결된다고 역설했다. 이들 기사 이외에도 『한성순보』는 지속적으로 서양 의학 및 의료,

---

그는 지석영의 요청으로 일본에서 실시되고 있는 종두법의 실황을 조사했으며 오다키(大瀧富川)에게 우두법을 배우고 구가(久我克明)의 『종두귀감(種痘龜鑑)』을 얻어 지석영에게 전해주었다. 이에 대해서는 신용하, "池錫永의 開化思想과 開化活動", 90쪽.

18) 『한성순보』, 1884. 4. 11(갑오개혁 이후에야 태양력이 공식화되었으므로 이 글에서는 『한성순보』 및 『한성주보』의 年期를 태양태음력으로 표기한다.)

19) 『한성순보』, 1884. 윤5. 11.

위생의 동향을 알리는 기사들을 보도했다.[20] 1880년대 초에 제시된 위생론은 비단 담론 수준에만 그치지 않았다. 치도 사업 등의 정책이 함께 추진된 것이다. 1883년, 한성부 부윤 박영효는 치도 사업을 강력히 시행했다. 김옥균의 "치도약론"은 그의 개화 동지인 박영효의 치도 사업을 지원하는 성격이 컸다. 비록 이 사업은 도로를 무단으로 침범하고 점거한 가가(假家)를 허물고 정비하는 과정에서 발생한 저항과 비판을 해결하지 못해 실패했지만, 당시 사회에 위생의 중요성을 알리는 데 기여했다.

지석영은 당시 위생 담론 및 관련 사업의 맥락에서 동떨어져 있지 않았다. 박영효와 김옥균이 한성에서 사업을 전개하고 있을 당시, 그는 이미 문과에 급제하여 서울에서 성균관 전적(典籍) 등의 관직에 종사하고 있었다. 또 그 전인 1882년 개화 상소를 썼을 정도로 개화에 관심을 표명한 바 있다.[21] 무엇보다 1880년 전후부터 우두 사업을 진행했던 만큼 그는 위생 담론에 긴밀히 연결되어 있었다. 마지막으로 그가 편찬한 『신학신설』은 그가 관료로 활동했던 바로 1880년대 조선 정부가 집중적으로 수집했던 서양 근대 과학서에 힘입은 바가 크다.

2) 한역 서양 근대 과학서와 『신학신설』

(1) 『신학신설』의 참고문헌

지석영은 근대 과학서를 활용해 『신학신설』을 편찬했다고 기록했다.

---

20) 이들 기사의 소개와 분석에 대해서는 신동원, 『한국 근대 보건 의료사』(각주 12), 55~57쪽을 참조.
21) 『고종실록』, 1881(고종 19). 8. 23.

그가 한의학의 전통과 무관하지 않았음에도 불구하고 그는 전통 예방법에 깊은 회의를 표명하면서 다른 참고문헌을 찾았다. 그가 찾아낸 책들은 서양 근대 의서 혹은 과학서적들로, 그는 이 책들에서 밝힌 보신의 방법이 "논리가 쉽고 이치가 매우 밝아 헌원(軒轅)과 기백(岐伯)조차 다 밝히지 못한 수준에 이르렀다."라고 극찬했다.22)

지석영이 참고했다고 밝힌 서양 서적은 3종으로『박물신편』,『전체신론』,『서약약석(西藥略釋)』이다.23) 이 중『박물신편』은 1860년대부터 조선에서 널리 알려졌다. 오경석이 수집했고, 최한기가『신기천험』에 전재했으며, 1차 수신사로 일본에 파견된 김기수의『일동기유(日東記遊)』에도 내용이 등장할 만큼 조선 사회에서 널리 읽혔던 책이다.24) 지석영 자신도 개화 상소에서 이 책을 언급했다.『전체신론』은『박물신편』의 저자인 홉슨이 쓴 책으로 근골격계와 소화 기관, 호흡 기관 등 인체 각 부분의 모양과 기능 등을 설명한 해부학서였다.25) 언급 횟수가 한 건에 지나지 않지만 그는『서약약석』도 보았다고 기록했다.26) 이 책은 중국에서 공계량(孔繼良)이 번역하고 미국 선교사 커가 교정해 출판한 서양 약학서적으로 병의 진단과 처방을 약제(藥劑)를 중심으로 정리한 책이다.

지석영이 직접 밝히지는 않았지만 그는『유문의학(儒門醫學)』과『부영신설(婦嬰新說)』도 많이 활용했다.27)『유문의학』은 영국의사인 헤드라인

---

22) 지석영,『신학신설』, 246쪽.
23) 合信,『博物新編』(1855) ; 合信,『全體新論』(1851, 奎中 5372) ; 嘉約翰, 孔繼良(淸) 譯撰,『西藥略釋』(1876/1886, 奎中 5122).
24) 김기수, "日東記遊", 국사편찬위원회 엮음,『修信使記錄』(探求堂, 1971), 31쪽.
25) 合信,『全體新論』(1851). 홉슨은『전체신론』이 지니는 미진함을 보완하기 위해『西醫略論』을 썼다고 고백했다. 合信, 管茂材(淸) 撰,『西醫略論』(1857, 奎中 4704).
26) 이 책을 자세히 볼 것을 권한 부분은『신학신설』, 276쪽 오른 면에 나타나있다. 하지만 이는『유문의학』에서 가져온 것인데, 이『유문의학』에는 卷下를 보면 상세히 나와 있다는 주석이 달려 있다.

(海得蘭, Frederick W. Headline)이 1867년 런던에서 출간한 *A Medical Handbook with Hints to Clergymen and Visitor of the Poor*를 프라이어가 상해에서 1876년 번역한 책이다. 원전의 제목에서 알 수 있듯이 의학 전문서가 아니라 안내서 수준의 책이었다. 권상(卷上)의 '논양신지리(論養身之理)', 권중(卷中)의 '논치병지법(論治病之法)', 권하(卷下)의 '논방약지성(論方藥之性)' 등 3권으로 나누어진 이 책 가운데 그는 특히 권상을 활용했다.[28] 『부영신설』은 홉슨이 부인과와 소아과를 합쳐 정리한 의서로 여성과 남성 및 어른과 어린이의 신체가 서로 다름을 전제했다. 어른의 축소판으로만 여겨지던 아동의 치료 방식이 어른과 달라야 함을 알리는 의학서였다.

---

27) 海得蘭(英) 撰, 傅蘭雅(英) 口譯, 『儒門醫學』(1876, 奎中 2895-v.1-4) ; 合信, 『婦嬰新説』 (1858, 奎中 4832). 조선 정부에 의해 수집된 한역 근대 과학서적 가운데에는 『위생요결』이라는 책도 포함되어 있다. 이 책은 1888년 『유문의학』의 卷上만을 新陽의 趙元益이 筆述하고 周善祥이 採輯해 엮어 출판된 것이다. 이 책은 모두 32장의 작은 책자로 지석영이 이 『위생요결』도 읽은 것으로 보인다. 이는 두 책의 序에서 공히 黄帝와 箕伯을 거론했고, 지석영의 '총론'에서 보이는 "사람이 능히 자보기신허기가 의원의 치병허기보다 가는 용이헌이라. … 무병지시에 근신허면 가히 의원에게 구헐 것 업스리라"는 표현이 『위생요결』, 30쪽의 '愼疾要言' 첫 두 줄에 그대로 나와 있기 때문이다. 지석영이 『위생요결』을 사용했다고 하더라도 『위생요결』의 '서'와 '신질요언'을 제외하고는 그 원본인 『유문의학』을 전재했음을 확인했고 그의 서재에 『유문의학』이 소장되어 있었기에, 이 글에서는 『유문의학』을 이용할 것이다. 海得蘭(英), 傅蘭雅(英) 口譯, 『衛生要訣』(鴻門書局, 1888, 奎中 6361).

28) 권중의 '논치병지법'에는 중풍, 뇌염, 뇌상풍, 간염, 심병 등 110여 병증의 증세와 진단이, 권하의 '논방약지성'에는 다양한 산(酸)을 기반으로 하는 산류약(酸類藥)을 포함한 160가지 약 성분의 설명이 제시되었다. 그리고 들고 다니며 간단한 처방을 할 수 있도록 부록으로 '병증대략(病症大略)'과 '간이간방(簡易良方)'을 두었다. 한편 프라이어는 이 책의 원제를 '소매에 넣고 다니는 조그만 책'이라는 의미의 "의학수진(醫學袖珍)"이라고 번역했다.

(2) '새로운 보신지학' 틀의 구축

지석영은 '새로운 보신지학'의 필요성을 제기했다. 기존의 양생의 방법을 담은 책들의 문제들을 지적하면서 그는 전통 책들에서 내세운 의미는 심오하지만 명쾌하지 않아 뜻을 이해하기 어려워 별로 도움이 되지도 않는다고 비판했다. 그가 보기에 전통 양생법들은 인성(人性)에만 힘써 정작 보신(保身)하기에는 소홀하게 해 결국 병에 걸려 의원을 찾게 만들었다.[29]

전통 방서의 문제점을 극복하기 위해 지석영은 새로운 방도를 찾았고, 그 결과 이 "몸을 호위하는" 새로운 책을 편찬하기에 이르렀다. 그는 이 작업이 전적으로 서양의 관련서적들을 얻어 읽을 수 있었기에 가능했다고 진술했다. 그가 판단하기에 서양 과학서들은 "의론이 가깝고 쉬우며 이치가 맑고 밝아서 일일이 증거를 찾을 수 있어 절절(節節)이 모두 표준으로" 삼을 만했다. 그는 단지 서양의 과학서 혹은 의서들을 읽는 데 그치지 않고 이를 통해 '새로운 보신지학'을 구축할 수 있을 것으로 기대해, 이 책들을 모본으로 내용을 정리하고 재구성했다. 그는 자신이 꾸민 『신학신설』로 사람들이 병의 이치에 밝아지고, 몸의 건강을 보존할 수 있어 "약을 쓰고 의원을 쓸 일이 없을 것"이라고 장담했다.[30]

지석영은 '새로운 보신지학'을 구축하기 위해 새로운 틀을 짰다. 그는 병인을 몸 내부보다 외부에 두고 외부에서 건강에 영향을 미치는 요소들을 찾아 이를 중심으로 자신의 보신지학의 구조를 구축했던 것이다. 이 구조를 이루는 기본 축들은 광(光), 열(熱), 공기, 물, 음식, 운동이었다. 이를 설명하기 위해 그는 책을 서론, 총론, 건강을 지키기 위한 앞의

---

29) 지석영, 『신학신설』, 246쪽.
30) 같은 책, 246~247쪽.

여섯 가지 요소, 그 중 '공기' 편의 부록으로 삽입된 '지기(地氣)', 그리고 책 전체의 부록으로 덧붙여진 '보영(保嬰)'으로 이루어진, 모두 8편으로 구성했다. 그는 몸을 보호하기 위해 자신이 제시한 여섯 가지 요소들 가운데 단 하나라도 소홀히 하지 말아야 하고, 보신은 어렸을 때부터 시작되어야 한다고 주장했다.

지석영이 새로운 보신지법의 축으로 이 여섯 요소를 설정한 데에는 그가 접한 문헌과 책들로부터 많은 영향을 받았다. 먼저 그가 언급한 『박물신편』은 '지기론', '열론', '수질론', '광(光)론', '전기론'으로 구성되어 있어, '전기론'을 제외하고 모두 그의 보신지법과 관련이 있다. 또 그가 서울에서 활동했던 시기에 발행되었던『한성순보』에 실린 "만국위생회" 기사도 병인을 외부에 두면서 그에 영향을 미치는 요인으로 음식, 공기, 기후, 행위, 유전, 감염 등 여섯 가지를 꼽았다.[31] 그가 직접 활용한 것으로 보이지는 않지만, 접했을 가능성이 있는『화학위생론』에서도 유사한 항목들을 거론했다.[32]『화학위생론』은 모두 33장으로 구성된 방대한 서적으로서, 공기에 해당하는 '논호흡지기(論呼吸之氣)', '논호흡공기(論呼吸空氣)', 물과 관련한 '논소음지수(論所飲之水)', 커피를 포함한 다양한 서양 차와 술, 음식이 포함된 '논소식지량(論所食之糧)', '논소식지육(論所食之肉)', '논소화음식지리(論消化飲食之理)', '열'과 관련한 직물(織物) 등 위생과 관련된 33개의 항목들이 다루어졌다. 이 책에는

---

31)『한성순보』, 1884. 4. 11.

32) 傅蘭雅(英) 譯, 『化學衛生論』(奎中 4577, 1881). 『화학위생론』의 원제는 *The Chemistry of Common Life*이며, Jas. F. W. Johnston이 1855년 영국 에든버러에서 출간했다. 이 책은 지석영이 1882년 개화 상소에서 거론한『격치휘편』에 1880년부터 1881년에 걸쳐 연재되었다. 연재 도중인 1881년 단행본으로 발행되었고, 조선 정부는 이 책을 1882년에 수집했다.『격치휘편』기사들 가운데 단행본 출판 상황에 대해서는 2부 3장 2『격치휘편』목록 가운데 특기사항을 참조할 것.

이들 모두가 보신과 관련됨을 밝히는 기사인 '논양신지리(論養身之理)'도 있었다.[33] 지석영의 『신학신설』의 구성에는 무엇보다 『유문의학』의 영향이 가장 컸다. 이 책은 그가 제시한 여섯 가지 항목뿐만 아니라 배열 순서, 공기에 '부'로 '지기'가 첨부된 것까지도 같았다.

이렇게 새로운 보신지학의 항목들을 구축함으로써 지석영은 인성의 함양이나 운기(運氣)와 같이 보신을 몸 내부에서 국한하는 전통 양생의 시각에서 벗어나 예방과 보신에 영향을 미치는 외부 요인들의 성질을 이해함으로써 적극적으로 몸을 보호하는 방식으로 전환할 수 있었다.

3) 『신학신설』과 한역 서양 근대 과학서의 활용

(1) 『신학신설』의 내용과 참고문헌의 활용

지석영이 제시한 새로운 '보신지법'의 첫 번째 요소로 꼽은 항목은 '빛'이었다. 먼저 빛을 만물 근원을 밝히는 것으로 규정한 그는 근원으로 태양을 꼽았다.[34] 만물을 밝히는 햇빛이 만물의 생장과 생명에도 영향을 미친다고 하면서 "광(光)이 없으면 반드시 맹자의 손으로써 만지고 코로써 맡고 혀로써 맛보고 귀로써 듣다가 몸에 떠나기를 조금 멀면 알지 못하는 것과 같을 것"이라고 빛의 중요성을 설명했다. 그는 빛이 인간의 건강에도 지대한 영향을 미친다고 강조했다. 그는 도시의 호화로운 집에 사는 사람보다 농촌에서 햇볕을 많이 받은 사람들이 더 혈색이

---

33) 이 책은 인체의 호흡, 소화, 순환 등과 관련하여 당대 알려진 화학, 식물학, 지질학 지식을 망라했고, 주제들을 매우 전문적인 과학적 서술을 통해 설명했다. 번역 책임자인 프라이어는 『화학위생론』 82쪽에 주석으로 『전체신론』을 언급하여 『전체신론』에 권위를 부여했다.

34) 지석영, 『신학신설』, 248쪽.

좋다고 주장하면서 집을 지을 때 방에는 반드시 창을 두고, 특히 어린아이의 방과 병자의 방에 빛을 많이 들게 하라고 권했다.

이 '빛' 편을 지석영은 『유문의학』 5쪽부터 9쪽의 내용을 이용해 구성했다. 그는 『유문의학』의 글들을 군데군데 발췌했지만 그 책에서 제시된 구체적 사례들을 생략하지는 않았다. 영국 런던에서 실시되었던 건물 창문의 개수에 따른 세금 징수 방식이 폐지되었다든가, 색안경은 녹색이 좋다든가, 심지어 근시에 안경을 쓰지 말라든가 하는 부분들을 번역해 옮겼다. 그렇다고 『유문의학』의 글을 순서대로 전재한 것은 아니다. 불필요한 설명은 과감하게 생략하고 글의 차례도 바꾸었다. 예를 들면 『유문의학』에서는 일조(日照)와 관련해 '병실, 어린이의 방, 새벽광과 침실, 일광에 의한 소독, 채광과 창 가리개 활용'의 순서로 글을 실었는데,35) 그는 이를 '채광, 창 가리개 활용, 침실, 어린이 방, 병실, 일광에 의한 소독'의 순으로 재배치했다.36) 그가 보기에 가옥의 채광이 무엇보다 중요했던 것이다.

지석영은 '보신지학'의 두 번째 이치로 '열'을 들었다. 그는 열에 힘입어 만물이 탄생하고 생을 이어가기 때문에 '열'이 세상에서 무엇보다 중요하다고 강조했다.37) 그는 '열'이 "형태와 질(質)이 없고 머무는 곳도 없고, 있는 것도 아닌" 성질을 지녔으며, 이는 햇빛 열, 화열(火熱), 전기열(電氣熱), 본열(本熱, 육신열), 화성열(化成熱, 화학반응 시 발열반응), 상격열(相擊熱, 마찰열) 등의 여섯 가지로 분류할 수 있다고 설명했다.38) 그는 이 여섯 가지 열 가운데 보신과 관련된 본열에 대해서만

---

35) 『유문의학』, 7~8쪽.
36) 지석영, 『신학신설』, 251~252쪽.
37) 같은 책, 252~253쪽.
38) 열의 종류를 거론할 때 그가 참고한 『박물신편』에는 본열이 肉身熱로 나와 있다. 이에 대해서는 홉슨, 『박물신편』, 19쪽 참조.

해설했다. 그는 본열이란 호흡에 의한 것으로 몸에 존재하는 탄기가 호흡으로 몸에 들어온 양기를 만나 화합해 발생한다고 이해했다. 본열을 자기가 이해한 방식대로 구성하기 위해 그는 '열' 편을 열의 정의, 열과 생명의 관계, 열의 종류, 본열과 신진대사, 호흡과의 관계, 외기(外氣)에 따른 보온과 더위에 의한 몸의 변화 등으로 구성했다.

이 '열' 편을 구성하면서 지석영은 '본열'과 몸에서 '열'을 내는 증거, 땀의 역할 등에 대한 자신의 이해를 제시했는데, 이는 기본적으로 『박물신편』, 『유문의학』, 『전체신론』 등 3권의 책을 활용한 것이었다(<표 1>). 그는 이 책들을 참고했고, 재구성했다. 그는 자신의 논리대로 '열' 편을 구성하기 위해 『유문의학』의 순서를 바꾸기도 했다. 『유문의학』은 '본열의 기제-더울 때 몸의 반응-보온'으로 순서로 되어있지만, 그는 '본열의 기제-보온-더울 때의 몸의 반응'의 순서를 택하여 보온을 먼저 설명했다. 그가 보기에 몸이 열을 내는 기제를 설명하면서 몸에서 열을 내더라도 추울 때에는 보온이 필요하다는 설명 방식이 더 이해하기 쉬웠다.

지석영은 또한 이 '열' 편에서 중요한 역할을 담당하는 '보온'을 원활하게 설명하기 위해 『유문의학』과 『박물신편』의 내용을 섞거나 글 순서를 재편집했다. 그가 생각하기에는 '전열', 즉 보온의 원리인 '열의 전도'에 관한 설명이 무엇보다 중요했다. 그래서 그는 이와 관련해 『유문의학』과 『박물신편』이 비슷한 설명을 하고 있음에도 좀 더 설명이 잘된 『박물신편』의 글을 골라 번역했다. 그렇다고 『박물신편』의 글을 그대로 싣지도 않았다. 그는 열전도의 의미를 먼저 설명하고, 쇠와 양모(洋毛)의 열전도 차이를 다루고, 보온을 위한 의복 재료를 다루었다.[39] 그리고

---

39) 지석영, 『신학신설』, 254~255쪽. 그가 참조한 『박물신편』에는 사람의 체온이 기온에 따라 영향을 받으므로 보온할 것을 권한 후에, 쇠와 솜 같은 재질에

〈표 1〉『신학신설』'열' 편에서 보이는 한역 근대 과학서 활용 및 지석영의 의견

『신학신설』	글의 구성(활용 문헌 및 의견)	내용
252 왼 11-253 오른 8	『박물신편』 19	열의 정의
253 오른 9-253 왼 4	지석영 의견	본열의 정의
253 왼 5	『유문의학』 10	열과 생물
253 왼 6	『전체신론』 16	한서표
253 왼 7 254 오른 3	『유문의학』 10-11 발췌 요약	호흡과 본열의 발생 기제
254 오른 4-254 왼 1	『유문의학』 11	본열과 음식 섭취
254 왼 2	『유문의학』 11 발췌 요약	본열과 호흡, 혈(血)과의 관계
254 왼 3-4	지석영 의견	본열과 호흡의 관계에 대한 증거
254 왼 4-10	『박물신편』 20	외기에 따른 몸의 변화와 보온
254 왼 10-11	『유문의학』 16	보온 방법
254 왼 11-254 오른 4	『박물신편』 20 발췌 요약	전열
254 오른 4-255 왼 10	『박물신편』 20	보온에 좋은 피복 순서
255 왼 10-256 오른 5	『유문의학』 16	보온과 의복 색상
256 오른 6-256 왼 4	『유문의학』 17	취침 시 보온을 위한 침구의 필요성
256 왼 4-257 오른 1	『유문의학』 12	더울 때 근육의 상태
257 오른 1-257 왼 1	『유문의학』 13	땀의 기능
257 왼 1-258 오른 2	지석영 의견	더위에 의한 병증 및 예방
258 오른 2-258 오른 7	『유문의학』 8	적당한 실내 온도

여기에 보온과 옷 색깔과의 관계를 『유문의학』에서 가져와 글을 이어갔
다.[40] 그는 검은 옷과 하얀 옷의 열의 흡수 능력을 비교했는데, 여기에는
보온이 의복의 소재에만 국한된 것이 아니라 색상과도 연관되어 있다는
그의 생각이 반영되어 있다.

    <표 1>에서 볼 수 있는 것처럼 '열' 편에서 지석영은 군데군데 열에
대한 설명을 덧붙였다. 예를 들면 그는 본열을 정의하며 이로 인해
성장하기도 하고 변화하기도 한다고 부연했으며,[41] 몸을 급히 움직이면

    따른 열전도의 차이, 보온을 위해 철과 같은 금속이 부적절한 이유를 제시하는
    순서로 서술되어 있다. 『박물신편』, 20쪽.
40) 지석영, 『신학신설』, 255~256쪽 ; 『박물신편』, 20쪽(의복 소재와 관련해 유사
    한 내용이 『유문의학』 22~23쪽에서도 보이지만 이 내용은 『박물신편』에서
    가져왔다) ; 『유문의학』, 16쪽.
41) 지석영, 『신학신설』, 253쪽.

호흡이 가빠지고 몸이 더운 것이 본열과 호흡의 관련을 보이는 증거라고 해석하기도 했다.[42] 그리고 여름날뿐만 아니라 "방속에 더운 것이 과대하면(공기 속 동식물질을 살려서 악기(惡氣)를 막기 어려운이라) 그 사람이 상해 상풍지병이 많은이[많으니] 그 연괴 어찌 험인고[함인가]"라고 질문한 후, 방안이 매우 더우면 "피부가 늘어지고 땀구멍이 커져 땀이 많이 나고 몸이 게을러지고 연약해져 외기에 엄습함을 받기 쉽"기 때문이라고 답하면서 더위와 몸, 발병과의 관계를 설명했다.[43]

지석영이 설정한 보신의 세 번째 축은 '공기'이다. 그는 공기의 정의, 구성, 역할, 호흡과 신체 기관, 탄기에 의한 공기의 질, 이와 관련한 방의 크기 등으로 내용을 구성했고, '지기'를 부록으로 두어 공기 질의 중요성을 강조했다. 그는 '공기' 편을 편집할 때에도 『박물신편』, 『유문의학』, 『전체신론』을 활용했다(<표 2>). 그에 의하면 공기는 "모양도 맛도 없지만 땅위의 물건으로 위로 오를수록 엷어져 대략 150리에 이르면 없어"지는 물체였다. 그는 공기가 양기(산소), 담기(질소), 탄기(탄소)[44], 경기(수소)로 이루어졌다고 하면서 공기의 구성 비율과 각각의 특징을 제시했다. 지구상의 모든 생물들이 양기를 흡수하고 탄기를 배출함에도 양기가 없어지지 않는 것은 식물이 빛과 함께 탄기를 흡수하고 양기를 생산하기 때문이라고 설명했다.[45] 특히 탄기는 독한 공기였다. 피가 양기를 공급받지 못하면 피 속의 탄기로 인해 사람이 죽을 정도라는 것이다. 이 탄기가 많은 곳으로 그는 폐갱, 술 담근 통, 노옥의 우물, 석탄 땐 방, 좁은 감옥 등을 들었고, 관련 내용을 참고문헌들에서 뽑아

---

42) 같은 책, 254쪽.
43) 같은 책, 257쪽.
44) 그의 글에서 탄기는 일산화탄소 및 이산화탄소를 포함하는 포괄적 의미를 지녔다.
45) 지석영, 『신학신설』, 259쪽.

『신학신설』	글의 구성 (활용 문헌 및 의견)	내용
258 오른 9-258 오른 10	『박물신편』 1	공기의 정의
258 오른 10-258 왼 1	지석영 의견	공기의 정의 부연
258 왼 1-258 왼 2	『박물신편』 1	공기의 구성
258 왼 2-258 왼 8	『박물신편』 3	탄기의 특징
258 왼 8-258 왼 10	지석영 의견	화합물로서의 수기
258 왼 11-259 오른 8	『전체신론』 25	광합성
259 오른 9-259 왼3	『유문의학』 40	광합성에 대한 부연
259 왼3-259 왼 6	『전체신론』 24-25 ; 『유문의학』 44	양기(養氣) 공급원으로서의 식물의 중요성
259 왼 7	『전체신론』 212	호흡
259 왼 8-259 왼 10	의견(주석으로 처리)	생기=양기+담기(淡氣)
259 왼 1-260 왼 3	『전체신론』 209-210 정리	생기, 탄기와 혈색 : 폐의 역할과 혈액의 순환
260 왼 3-260 왼 9	지석영 의견	맑은 피의 중요성
260 왼 9-261 오른 7	『전체신론』 210-211	폐와 심장의 구조 역할
261 오른 8-261 왼 6	지석영 의견	사람의 호흡량
261 왼 6-261 왼 8	『유문의학』 23	탄기 누적 장소 : 술통
261 왼 8-262 오른 4	『박물신편』 11	탄기 누적 장소 : 노옥 우물
262 오른 5-262 오른 7	『유문의학』 23	탄기 누적 장소 : 목탄을 피운 밀폐된 방
261 오른 5-262 왼 6	『전체신론』 220 ; 『유문의학』 23	탄기의 폐해 : 인도 감옥
262 왼 7-263 오른 7	『유문의학』 24	법률로 정해진 공공 시설의 면적 : 영국의 예
262 왼 6-265 왼 8	『유문의학』 24-26	환기 방법
265 왼 9-270 왼 4(부 지기)	『유문의학』 26-32	대기에 관한 종합적 설명

정리했다.[46] 그는 맑은 공기의 중요성을 강조하면서 하루 동안 숨 쉬는 공기의 부피로 3천 입방척을 제시하고, 이를 근거로 길이 25척, 너비 25척, 높이 12척 크기의 방이 거주에 적당하다고 주장했다.[47]

    〈표 2〉에서 보듯 지석영은 '공기' 편에서 『전체신론』을 여러 번

---

46) 그 가운데 노옥 우물의 예는 『한성순보』, 1884. 6. 4 기사에서도 보인다.
47) 지석영, 『신학신설』, 262쪽.

그리고 광범위하게 활용했다. 그는 식물의 광합성뿐 아니라 호흡에서 폐의 역할, 혈액의 순환과 심장의 구조와 같이 신체와 관련한 해부학적 전문 내용을『전체신론』을 통해 이해했고, 그 이해한 바를 발췌·정리해 실었다. 그리고『유문의학』의 글로 부연 설명을 시도했다. 그는 공기가 인간의 보신에 미치는 영향을 호흡 기관과 혈액 순환과 더불어 설명했다. 이 설명 방식은 호흡을 체내(體內) 기의 순환과 연결 짓는 전통 양생과 매우 달랐다.

『신학신설』'공기' 편의 부론인 '지기(地氣)'는 <표 2>에서 보는 바와 같이『유문의학』을 정리, 편집해 만든 글이다. 오늘날 '대기권'으로 불리는 '지기'란 그에 의하면, "아무 곳이던지 심상(尋常)이어든 바 공기를 일음이니 무릇 땅 위에 있는 바 냉열조습과 아울러 일체 공기로 더불어 상관"된 모든 곳을 포괄했다.[48] 그는 이 부록에서 기압, 기온, 습도, 공기의 청탁 등과 관련한 지형, 대기 오염 등을 정리했고, 이것들과 건강의 관계를 점검했다.[49] 무엇보다 '지기'에서 그는 독기와 대기 환경의 관계를 상세히 해설했다. 그는 대도시의 지기가 시골보다 나쁘다고 보았는데 그 근거로 영국의 수도인 런던에서 매년 죽는 사람들이 시골보다 더 많다는 사실을 들었다. 그는 이런 현상이 런던의 조밀한 인구, 하수구의 독기와 제철 공장에서 방출된 폐수 등에 의해 발생한 것이라고 주장했다.

지석영이 보신과 관련하여 다룬 네 번째 주제는 '물'이었다. '물' 편은 물의 정의, 물의 구성 및 삼태(三態), 증기압과 물의 순환, 물의 종류, 물 시험법, 물의 보신에서의 역할 등으로 구성되었다. 기체 상태의 물인 증기의 힘을 이용해 서양에서 증기 기관을 만들었다는 내용을

---

48) 같은 책, 265~266쪽.
49) 같은 책, 265쪽.

『박물신편』에서 가져와 밝힌 것과 이에 덧붙여 물의 순환을 설명한 자신의 글을 제외하고 '물' 편은 모두 『유문의학』의 내용으로만 구성되었다.[50] 경기(수소)와 양기의 화합물이자 소화와 혈액의 순환에 관계하고 생물의 생존에 큰 영향을 미치는 물은 '보신'에 매우 중요했지만, 공기보다는 덜 중요하다고 지석영은 판단했다.[51] 그럼에도 물은 건강을 지키는 데 필수적이었다. 그는 물의 '보신' 이치를 설명하면서 특히 상하지 않은 물을 마시는 일이 중요하다고 강조했다. 철 성분이 섞인 샘물이 보약 못지않다고도 주장했다. 그는 음수(飮水) 못지않게 '씻기'도 중요하다고 보았다. 피부의 땀구멍을 막고 있는 오물들을 씻음으로써 피부병을 막을 수 있다면서 자주 목욕할 것을 권했다. 그리고 해수(海水)와 뜨거운 물 및 찬물 목욕 방법과 주의 사항을 덧붙였으며, 물로 집안을 청소하고 하수도를 씻어 질병을 면하라고 충고하기도 했다.[52]

지석영이 다섯 번째로 꼽은 보신의 주제는 '음식'이었다(<표 3>). 전체 분량의 약 1/3에 달할 정도로 많은 분량을 들여 설명했는데, 음식의 정의, 필요성, 종류, 편식의 폐해, 소화 작용, 각종 식품의 최종 소화 산물, 다양한 단백질 식품, 고기 요리법, 회복기 환자식, 건강한 식사 방법과 더불어 주류, 지역에 따른 섭식 등으로 짜여졌다. 지석영은 이 '음식'편을 『유문의학』의 정리와 발췌를 중심으로 구성했고, 『전체신론』에서 위 소화 작용에 관한 실험 내용을 가져왔다. 이 실험은 위의 윗부분에 총상을 당한 군인의 위를 구멍으로 남겨 치료한 후 각종 음식물 주입에 따라 달라지는 소화 과정을 지속적으로 관찰한 것이었다.[53]

---

50) 같은 책, 270쪽 ; 『박물신편』, 38쪽.

51) 지석영, 『신학신설』, 270쪽.

52) 같은 책, 277쪽.

53) 같은 책, 283~284쪽 ; 이 실험은 『전체신론』, 167~169쪽에도 게재되었다.

『신학신설』	글의 구성 (활용 문헌 및 의견)	내용
278 왼 8-278 왼 11	지석영 의견	음식의 정의 및 중요성 - 벽곡 연기의 허구성
279 오른 1-279 오른 2	『유문의학』 41	골육(骨肉)의 음식 의존성
279 오른 279 2-279 왼 2	지석영 의견	소화 능력의 노화에 따른 섭취 음식의 변화 및 식생에 따른 금수(禽獸)의 분류 (초식성, 육식성, 잡식성)
279 왼 3-280 왼 4	『유문의학』 41 정리	음식과 생명 - 음식의 소화 과정
280 왼 5-281 오른 3	지석영 의견	편식의 폐해
281 오른 3-281 오른 7	『유문의학』 50	육식 편식의 폐해, 항해자의 병 - 레몬
281 오른 8-283 오른 1	지석영 의견	불가(佛家) 채식의 문제, 환후 회복기의 음식, 소화 관련 식품 정리
283 오른 2-284 오른 2	『전체신론』 163-169 정리	위의 소화에 관한 미국 의사의 실험
284 오른 3-284 왼 2	지석영 의견	탄수화물과 본열, 단백질의 분해
284 왼 2-284 왼 3	『유문의학』 47	두부 제조법
284 왼 3-284 왼 7	지석영 의견	직날적리(젤라틴) 설명
284 왼 8-287 왼 2	『유문의학』 45-47 정리	각종 단백질, 최종 분해 산물
287 왼 3-287 왼 7	지석영 의견	허약자, 노인에게 인유(人乳)보다 우유가 나음
287 왼 8-288 오른 11	『유문의학』 48	콩 단백질
288 왼 11-288 오른 9	『유문의학』 47	교질(膠質, 콜라겐)의 설명
288 오른 10-288 오른 11	『유문의학』 49 정리	콜라겐 영양가 평가 실험
288 왼 1-289 오른 4	지석영 의견	곡식, 채소와 육류의 열량 비교
289 오른 5-291 왼 9	『유문의학』 50-53	편식의 폐해, 고기 요리법, 빵 제법, 환자와 허약자의 식품
291 왼 10-292 오른 4	지석영 의견	식사 방식 : 일정 시간, 일정량
292 오른 5-294 오른 5	『유문의학』 53-56 요약	식사 방식 : 적당한 식사량, 술
294 오른 6-294 왼 2	지석영 의견	지역에 따른 식품

이 실험은 매우 기괴했지만 그는 서양 의학이 증험을 중요시하고 있음을 보이기 위해 꽤 길게 소개했다. 이는 그가 소화 작용에 관심이 컸기 때문이기도 했다. 그는 입-식도-위-소장에서 일어나는 소화 과정과

소화 효소의 분비 방식, 음식이 영양소로 분해되어 몸에 영양분을 전하는
방식을 설명하며 소화의 최종 산물과 특징 등도 제시함으로써 절제를
강조하는 전통 섭생과 달리 음식의 섭취가 '보신'에서 중요한 의미를
지님을 보였다.54)

지석영은 음식과 관련한 자신의 의견도 9건이나 담아 '음식'에 관한
자신의 이해를 적극 밝혔다. 특히 그는 '음식'과 관련해 전통 양생과
불교의 섭생을 비판했다. 그는 '음식'이 신체 활동을 가능하게 하는
생열(生熱)의 원천임을 강조하면서 전통 양생의 '벽곡 연기(卻穀練氣)',
즉 음식을 끊고 운기(運氣)를 수련하는 방식과 식육(食肉)을 금지하는
불가의 편식이 보신에 폐를 끼친다고 지적했다. 또 환자의 원기를 북돋기
위해 육식을 권하면서 "시속(時俗)의 의원들이 이 이치를 몰라 병이
나은 후에 눈이나 귀에 문제가 생기고 머리카락이 빠지고 머리가 아둔해
져 고생하는 일이 많다"고 주장했다.55) 그리고 "서양에서는 병에서
회복하기를 원해 부자건 가난하건 간에 고기를 많이 먹으며 소화가
잘 되지 않는 채소와 과일, 지방 등을 가려 먹는다"고 덧붙였다. 더불어
소화 잘되는 식품 및 안 되는 식품들을 제시했고 식사량과 식사 방법
등을 소개했으며 특히 시간이 정해진 1일 3식의 식사, 밤 9시 이후의
금식 등을 권하기도 하는 등 자신의 지식과 견해를 덧붙이기를 주저하지
않았다.

마지막으로 지석영은 운동을 건강을 위한 요소로 제시했다. 이 장은
『유문의학』을 정리한 것으로, 지석영은 별도로 자신의 의견을 덧붙이지
않았다. 운동은 몸을 움직여 근육이 붙도록 하는 것으로 가까운 거리를
걷는 것, 사지(四肢)를 활발하게 움직이는 것을 의미했다. 독서가나 근로

---

54) 지석영, 『신학신설』, 284쪽.
55) 같은 책, 281쪽.

하는 사람들 모두 밖에서 햇볕을 받고, 맑은 공기를 쐬고, 바람을 맞는 것이 몸에 좋다고 하면서, 배를 타고 노를 젓는 것도 좋은 운동 방법이라고 추천했다.

이 책의 부록 '보영'에는 수유, 이유 그리고 유치(乳齒)가 날 때의 증상 및 처방 등과 영아가 걸리기 쉬운 천연두, 홍역(마증, 麻症) 등의 예방법이 수록되었다. 특히 지석영은 모유 수유의 중요성을 강조했다. 그가 보기에 수유는 산모의 건강 회복과 연관되어 있었다. 이 '부 보영' 편 대부분은 『부영신설』에서 생략과 발췌를 통해 정리되었다. 그리고 그는 『유문의학』에서도 필요하다고 판단된 글을 발췌하고 자신의 의견을 첨가했다. 특히 '우두'에 대한 『유문의학』의 간명한 글로 장황한 『부영신설』의 글을 대체했고, 자신의 책인 『우두신설』에 자세하게 소개되어있다고 밝히면서 간단하게 처리했다.56) 또 『부영신설』의 선(癬), 옴[癩], 서캐[蟣]와 같이 소아 피부병 및 해충을 '잡병'으로 포괄해 설명했으며, 젖니가 나올 때 아기들의 증상을 소개하는 한편 유치 관리법을 제시하기도 했다.57)

(2) 『신학신설』의 근대 서양 의학 이해와 그 한계

지석영은 『신학신설』을 편찬할 때 책의 목표를 정하고, 이 목표를 달성하기 위해 관련서적들을 재구성하거나 발췌하고 요약하면서 편집했다. 그는 원전의 글 순서를 바꾸어 옮기기를 주저하지 않았다.58) 이는

---

56) 같은 책, 297쪽.
57) 같은 책, 303쪽.
58) 이런 글쓰기는 그가 동양 의학의 전통에 속해 있어서 가능했던 것으로 볼 수 있다. 대부분의 동양 의학서는 여러 서적들에서 가져온 내용을 편집해 구성되는 경향이 있다.

그가 서양 근대 과학의 용어와 개념을 바탕으로 건강을 지키는 방법을 이해하고 글의 서술에 필요한 자신의 논리를 구축했음을 의미했으며, 더 나아가 자신이 활용한 문헌의 내용을 장악하고 있음을 드러내는 일이기도 했다. 그가 『신학신설』을 쓰면서 한역 근대 과학서를 이용한 방식은 1850~60년대 최한기와 달랐다. 최한기는 한역 과학서를 접하고 이를 정리해 방대한 저서를 남겼지만, 그가 본 책들 가운데에는 근대 이전의 자연관에 관한 서적들도 포함되었고, 특히 근대 과학과 관련해서는 오해와 오류도 있었다.[59] 하지만 서양 과학을 토대로 동양 전통의 기 철학을 재구성하는 데 관심을 둔 그에게는 이런 점들이 큰 문제가 아니었다. 다른 한편 최한기가 『신기천험』과 같은 몸에 관한 저술에 이용한 한역 근대 과학서는 모두 홉슨의 저작에 국한되어 있었다. 이런 점을 미루어보면 지석영이 최한기보다 훨씬 폭넓게 근대 과학 관련서적을 섭렵했음을 알 수 있다.

게다가 『신학신설』은 지석영 자신이 1885년에 편찬한 『우두신설』에서 참고문헌들을 활용한 방식과도 달랐다.[60] 『우두신설』 권지상(卷之上)의 '우두고(牛痘考)', '우두속고(牛痘續稿)'는 그가 밝힌 대로 영국 의사 더전(德貞, John H. Dudgeon, 1837~1901)이 쓴 글을 그대로 옮긴 것이다.[61] 또 '종두론(種痘論)'은 홉슨의 『부영신설』에 게재된 것을, 그리고

---

59) 최한기가 본 서양 과학기술서에 대해서는 최한기, 이종란 옮김, 『운화측험』(한길사, 2014) ; 이현구, 『최한기의 기철학과 서양 과학』(각주 8), 64쪽 참조. 최한기는 "지기론"에서 『박물신편』을 전재하면서 대기가 지상으로부터 멀어질수록 盡해진다는 원문의 글을 厚해진다고 바꿨다. 이는 그가 상층에서 강력한 힘으로 눌러야 대기 상태가 유지된다고 생각했음을 의미하는데, 이는 중력을 잘못 이해한 결과이기도 하다.

60) 『우두신설』은 그가 1885년에 '썼다'고 알려져 있지만, 이 책 역시 표지에서 그가 밝혔듯 '찬(纂)', 즉 엮어서 펴낸 책이다.

61) 이 글은 『중서문견록』 제25호와 제34호에 실렸다. 『중서문견록』 25호(1873년 5월) ; 34호(1874년 6월).

"논우두내력(論牛痘來歷)"은『만국공보』에 실린 것을 그대로 옮긴 글이다.[62] 우두 시술과 관련한 권지하(卷之下)의 글 가운데 첫 세편, 즉 '소아접종법(小兒接種法)', '진두(眞痘)', '위두(僞痘)'는 그가 스승 박영선을 통해 얻은『종두귀감(種痘龜鑑)』의 글을 그대로 실은 것에 지나지 않았다.[63] 이처럼 그는 일본과 중국에서 번역되거나 서양인에 의해 한문으로 저술된 글들을 제목부터 전부를 가져와『우두신설』을 편찬했다. 하지만『신학신설』은 그가 설정한 보신지법의 여섯 축에 맞추어 참고문헌들을 혼용하고 재편집했다. 자신의 이해와 논리에 맞추어 적당한 문구와 글들을 편집해 책을 꾸민 것이다. 그는 이런 작업을 통해 몸에 관한 새로운 학설을 이루려 했다. 이런 적극적 편찬의 태도는 심지어 5~6년 지난 뒤인 1890년대 말에 발간된『대조선독립협회회보』에서도 찾아보기 어렵다.[64]

그럼에도 불구하고 지석영이 서문에서 고백했듯이 이 책을 국문으로 편찬하는 일이 쉬웠을 것으로 보이지는 않는다. 이런 어려움은 기본적으로 그가 참고한 근대 과학서의 수준에 기인했다.『신학신설』에서 다룬 내용이 근대 과학서에 익숙한 지석영에게조차 꽤 낯설고 난해했을 것으로 보인다.『신학신설』의 내용은 대부분 1880년대 수집된 한역 근대 과학서에서 가져왔는데, 이 책들은 서양에서 1850~60년대에 편찬되어

---

62) "論牛痘來歷", 『만국공보』(奎中 4388). 이 글은『한성순보』, 1884. 4. 1.에 다시 실렸다 ; 久我克明 述, '小兒接種法', '眞痘', '僞痘', 『種痘龜鑑』(東京醫學校分版, 1871, 국립중앙도서관 소장본). 이 책의 언급에 대해서는 허정, "지석영과 우두법의 보건사적 시론", 대한의사학회 엮음, 『송촌 지석영』(각주 4), 53~72쪽 중 59쪽 참조.

63) 그 밖의 참고한 문헌에 대해서는 허정, "지석영과 우두법의 보건사적 시론" 참조.

64) 『대조선독립협회회보』, 1896. 12. 31. 『대조선독립협회회보』는『격치휘편』 1887년 1권 1호에 실린 徐壽의 序를 그대로 옮겼다.

당시까지의 서양 근대 과학, 특히 화학, 생리학, 해부학, 약학의 성과를 반영했다. 이 서적들은 매우 세분화되고 전문화된 내용으로 구성되었으므로 서양 과학에 관한 체계적 훈련 없이 이해하기란 쉽지 않았다. 따라서 전문적인 서양 과학, 의학, 약학을 체계적으로 교육받지 않은 지석영이 이런 서적들의 내용을 이해하고 국문으로 옮기기란 쉽지 않았다. 그 예를 그가 샘물의 철분이 지니는 가치를 자세하게 설명한다며 『서약약석』을 언급한 내용에서 찾을 수 있다. 그는 철분이 함유된 약수가 몸에 좋음을 "보제를 대신 헐만 헌이라"고 하면서 『서약약석』을 참고하라고 했지만 이 『서약약석』은 그다지 친절하게 이 작용을 설명하지 않았다.[65] 혈액과 몸의 관계, 혈액에서 철분의 역할 그리고 혈액과 철분의 결핍에 따른 증상, 처방, 필요한 약제 등이 제시되는 정도였다.[66] 이런 내용을 국문으로 써내기 쉽지 않았던 그는 단지 "쇠가 능히 보혈험을 인험"이라는 정도로 정리해 버리고 만 것이다. 그가 참고문헌을 제시한 6건이 모두 이런 서양 과학의 난해한 지점과 연결되어 있었다. 물의 전기 분해, 뇌근(腦筋)과 더위 사이의 생리학적 관계, 심장과 폐포, 피의 순환 등의 해부학적 구조와 기능 등 그가 참고문헌을 제시한 부분은 그가 직접 경험하지 못해 이해하기 어렵거나 상세히 설명하기 어려운 문제들이었다.

세분화, 전문화된 근대 화학도 지석영이 완벽하게 이해한 것으로 보이지 않는다. 특히 같은 종류의 원질(원소)들이 화합물을 만들 때 결과물이 항상 같지 않다는 것을 이해하기 어려웠다. 예를 들면 지석영은 이산화탄소, 일산화탄소, 탄소를 모두 탄기라고 불렀다. 그에게 "탄기란 것은 그 성품이 유독하야 숫트[숯으]로 더부러" 같고,[67] 우물 속에서

---

65) 지석영, 『신학신설』, 275쪽.
66) 『서약약석』, 30, 34쪽.

사람을 해치며,[68] "프랑스에서 자진하는 사람이 사용하는" 공기이기도
했다.[69] 이런 혼란은 그가 의존했던 『박물신편』과 『전체신론』에서 이를
탄기로 통칭했기 때문에 야기된 것이기도 하다. 하지만 『유문의학』에서
는 이들을 구별해 사용했다. 심지어 『유문의학』을 그대로 전재한 『위생
요결』에서조차 아래 첨자로 이(二)를 써서 탄기와 이산화탄소를 구분했
다. 하지만 그는 이 점을 간과했다. 또 그가 물 속 석회수의 존재 여부에
관한 실험 방법을 설명하는 부분에서 석회수를 침전시키는 시약을 제시
했지만 이 역시 오류였다. 이 글의 원전은 『유문의학』인데, 그는 원문을
번역하면서 담경수(담경양초산)로 쓰는 과정에서 경기 아래 사(四)의
첨자를 뺐다.[70] 이는 단순한 실수라기보다 화합물에서 아래 첨자에
따라 화합물의 성질이 달라진다는 사실을 몰랐고, 그만큼 그가 전문적인
근대 화학에 익숙하지 않았음을 의미했다.

3. 새로운 보신지학 : 근대 서양 의학과 전통 한의학의 습합

지석영의 『신학신설』에서 제시한 보신지학은 전통 양생과는 전혀
달랐다. 그는 이 책의 목적으로 설정한 '새로운 보신지학의 구축'에
부합하는 글들만 일관되게 취사 선택했다. 여기에 유의적 가풍에 의해
습득되고 소년 시절 박영선에게 배웠던 한의학의 조예와 배경이 더해졌
다. '부 보영'의 경우처럼 본문에 전통적 홍역 예방법을 첨가한 것이

---

67) 지석영, 『신학신설』, 258쪽.
68) 같은 책, 261쪽.
69) 같은 책, 261쪽.
70) 같은 책, 274쪽 ; 『유문의학』, 37쪽.

그 예이다.[71] 그뿐만 아니라 그는 두주(頭註)를 두는 방식으로 자신의 지적 배경을 활용했다. 물론 그가 쓴 35개의 두주가 모두 그의 한의학 지식을 바탕으로 구성된 것은 아니다. 예를 들면 그는 첫 두주로 "근래 서양에 병으로 죽는 자가 적은 것은 근대 의학의 보신하는 이치가 옛날보다 낫기 때문"이라고 하면서 "백세에 이르도록 일생에 병 없는 자도 있음"을 적었다.[72] 또 인공 호흡이나 아프리카 사람들의 식생(食生), 일찍 일어나 일광을 쪼일 것, 보온을 위한 입마개 사용의 권유 등도 두주에 포함되었다.[73] 하지만 이런 내용을 담은 10개 두주를 제외한 나머지 25개는 근대 과학적 보신의 이치와 관련한 한방(韓方)적 제언들이었다. 그는 '열' 편에서 차가운 기후가 몸에 끼치는 해를 막기 위한 보온을 설명하는 『박물신편』의 글을 정리해 옮기면서 냉기의 폐해를 두주로 적어 넣었다. 그는 "보통 사람이 냉기를 만나면 능히 정신으로 하여금 다시 활발해지지만 매우 추운 날씨에 허리에 찬바람을 받으면 내신에 종기가 난다"고 매우 찬 기운에 의한 병증을 제시했다.[74] 그리고 "문틈 찬 바람이 엄습한 바 되면 능히 병을 일운다"거나, "오래 병들어 허약한 사람일수록 마땅히 바람 통하는 집에 살아야 한다"거나 하면서 한의학적 견해를 표명했다.[75] 특기할 만한 두주는 방의 소독과 관련한 것이다. 이 두주에서 그는 서양의 화학 약품이나 한약재를 이용한 방식을 함께 서술했다. 그는 집안의 독기를 없애기 위해 황강수(황산) 8전과

---

71) '부 보영' 마지막에 『우두신설』에도 기록된 '희마진경험벙'을 그대로 실었다. 이는 섣달 그믐날 수세미 한 개를 달여 복용해 홍역을 예방하는 법으로, 그렇게 하면 홍역 증세가 있어도 경미할 것이고, 세 번 반복하면 홍역을 앓지 않는다는 식의 경험방이었다. 지석영, 『신학신설』, 304쪽.

72) 같은 책, 280, 247쪽.

73) 같은 책, 260, 294, 250쪽.

74) 같은 책, 254쪽 ; 홉슨, 『박물신편』, 20쪽.

75) 지석영, 『신학신설』, 263쪽.

박초 4전을 그릇에 담아 훈증하거나 "유향, 감송향, 유황, 창출 등을
사르"라고 했다. 이 두주는 그가 『신학신설』에서 이루고자 하는 바의
요체를 보여준다 할 수 있다.[76]

두주만이 아니라 본문의 주석에서도 지석영은 자신의 한의학적 조예
를 포함한 자연 지식을 표현했다.[77] 공기의 흐름에 관한 설명에서 조선의
지형에 따른 바람의 문제를 거론하면서 그는 "건조한 동풍은 환자와
허약한 사람이 맞기 어렵고 건조한 동북풍은 차갑기까지 해서 건강에
좋지 않"다고 지적했다. 여기에 더해 두주로 "동풍을 촉모하면(심히
쐬면) 사람이 병이 나고 북풍과 동북 서북풍이 갑자기 일어날 때 거리를
나다니면 눈병이 걸린다."라고 덧붙이기도 했다.[78] 또 '음식' 편에서는
"불결한 것을 먹으면 악창이 난다."라고 지적했고,[79] 학질, 노점, 뇌염,
이질, 임질, 동창과 같은 병이 잘 낫지 않는 사람은 수로(水路)를 고치고
맑은 기운을 많이 얻으라고 충고했으며, 나력(瘰癧), 노점(癆漸), 뇌염
같은 병은 특히 "변(便)에서 옮겨오는 것이 더 묘(妙)하다."라고 부연
설명하기도 했다.[80] 두주와 주석 등을 구성하는 태도를 미루어 그가
'새로운 보신지학'을 구축하려는 의도를 알 수 있다. 그는 근대 의학에

---

76) 같은 책, 265쪽.
77) 본문에서 작은 글씨를 이용한 주석에는 지석영이 알고 있는 정보를 간단하게
제공한 것들이 대부분이다. '수' 편에서 그는 수질(경수 혹은 담수 여부)을
시험하는 방법의 설명 가운데 나오는 "비조와 이탈과 담경수와 담경양초산수"
들을 "모두 약종이니 외국 약방에 구허면 가히 어드리라"라고 부연 설명했다.
또 당시로서는 생소했을 '령몽(레몬)'을 '과실 이름이니 그 맛 식초갓튼거시라'
고 덧붙이기도 했다. 그리고 새로운 음식 이름에는 각각을 설명하는 글을
달기도 했다. 담경양초산수에 대해서는 지석영, 『신학신설』, 274쪽, 령몽에
대해서는 같은 책, 271쪽 참조.
78) 같은 책, 267쪽.
79) 같은 책, 281쪽.
80) 나력(瘰癧)은 연주창을, 노점(癆漸)은 폐결핵을 말한다.

전통적 한의학의 접목을 시도해 동서양 의학의 새로운 습합을 이루려 했던 것이다.

무엇보다 이『신학신설』의 편찬 방식은 한의학서의 정리 방식과 유사했다.『향약집성방』,『의방유취』,『동의보감』 등으로 이어지는 한의학서 편찬 작업은 의학의 경전들이나 전통적 의서들의 체계를 재구성하고 재분류 및 정리하는 한편, 모본의 내용들을 숙고하고 상식과 다른 점을 비판하며 실상에서 본래의 뜻을 찾고 새로운 징험을 더 하는 방식으로 수행되었다.[81] 그의『신학신설』도 바로 전통 한의서의 편찬 방식의 맥락에 속해 있었다. 그가 '서'에서 고백했듯 새로운 양생의 이치를 서양 근대 과학에서 찾고 이에 관한 서양 근대 과학서(혹은 의학서)를 모아 원전으로 삼았고, 여기에 참고할 수 있는 한의학적 지식들을 본문의 주석과 두주를 활용해 첨가했다.

그럼에도 지석영의 '새로운 보신지학'은 1904~5년 애국계몽운동으로 본격적으로 도입되고 대중들 사이에 확산된 위생학과는 거리가 있었다. 특히 위생을 내세워 조선의 일상생활을 지배하고 통제하려 했던 일본의 개입도 이 위생학을 구성하는 데에 기여했는데, 이 위생학의 토대는 '세균설'이었다.[82] 하지만 지석영이 설정한 '보신지학'은 '세균설'이 아닌 '독기론'을 기반으로 했다. 이는 그가 모본으로 택한 과학서들

---

81) 한의학서의 정리 태도에 대해서는 이경록, "향약에서 동의로 :『향약집성방』의 의학이론과 고유의술",『역사학보』212(2011), 243~278쪽 ; 이경록, "『향약집성방』의 편찬과 중국의료의 조선화",『의사학』20 : 2(2011), 225~262쪽 ; 김남일, "『향약집성방』의 인용문헌에 대한 연구",『진단학보』87(1999), 195~213쪽 ; 김성수, "18세기 조선 의학지식의 구조와 특성",『연세의사학』19 : 2(2016), 7~33쪽 ; 김성수, "18세기 후반 의학계의 변화상 :『欽英』으로 본 조선 후기 의학",『한국문화』65(2014), 99~134쪽 등을 참조.

82) 이종찬, "메이지 일본에서의 근대적 위생의 형성과정",『의사학』12 : 1(2003), 34~53쪽.

이 모두 서양에서 세균설이 정립되기 이전인 1850~60년대에 출판된 서적들이라는 점에 기인했다. 비록『한성순보』의 '만국위생회'에서 병인(病因)의 하나로 전염을 거론했지만, 앞에서 밝힌 바와 같이 명확한 기제나 설명을 제공하지 않았기에 이를 모본으로 삼을 수 없었다. 이보다는 훨씬 더 세밀하고 분석적으로 보신의 이치를 풍부하게 설명한 서적들을 활용해 책을 편찬했던 것이다.

지석영은 몸에 대한 새로운 학설의 지평을 열었고 전통 양생과 거리를 두는 데에 성공했다. 그는 심지어 책제목을『신학신설』, 즉 '몸에 관한 새로운 학설'이라고 이름 붙이며 전통적으로 존재했던 '위생'이라는 용어를 쓰지 않았음에도 주목할 필요가 있다. '서'에서 지적했듯, 그는 전통 시대에도 위생이라는 용어가 있어서 양생이라는 말과 혼용되었음을 인지하고 있었지만 그 말의 의미를 잘 알 수 없다고 했다. 그는 자신의 책을 "이(理)로써 기(氣)를 기름"이나 "기로써 기를 기름"과 같은 언어들로 가득찬 방서들에서 멀리 떨어진 지점에 위치시키고자 했다.[83] 요컨대 그는 '새로운 보신지학'에서 몸 밖의 병인에 주목하는 등 '보신'을 위해 시선을 몸의 외부로 돌렸으며, 이는『신학신설』이 비록 1850년대 서양의 독기론에서는 벗어나지는 못했지만 동아시아 전통 양생으로부

---

83) 최일범, "조선성리학에서 양생과 수양 : 퇴계와 율곡을 중심으로",『도교문화』42(2015), 37~64쪽 중 46~47쪽 ; 신동원,『한국 근대 보건 의료사』(각주 12), 105쪽. 이에 의하면『성학집요』에서 이이는 섭생을 기반으로 하는 양생을 "기로써 기를 기름"으로 정의한 뒤 양생과 대비된 수신을 "이로써 기를 기름"으로 두어 상위 개념으로 삼았다. 이 주장에 따르면 기를 기르면 따로 장수를 구하지 않더라도 장수할 수 있다. 다른 한편, '위생'이라는 용어는 이미 조선을 포함한 한자 문화권에서 전통적으로 이용해왔으며 개항 이후 수집된 중국 서적에서 조차 위생은 양생의 또 다른 말로 쓰였다. 예를 들어, 1876년 중국에서 중간(重刊)된 서적으로 수집된『위생요술(衛生要術)』은 전통적 양생과 관련한 수련법을 다룬 서적으로 몸의 기운을 북돋기 위한 각종 신체 훈련법을 제시하고 설명한 책이다.『衛生要術』(奎中 5280).

터는 완전히 탈피해 거대한 전환을 이룬 책임을 의미했다.

4. 결론

지석영은 1880년대 조선 정부가 수집한 한역 근대 과학서 등을 이용해 양생 및 보신지학의 책을 편찬했다. 책 이름은 『신학신설』 즉 "몸에 관한 새로운 학설"이었다. 그는 몸에 영향을 미치는 외부의 요인들로 새로운 보신지학의 틀을 구성했다. 새로운 보신지학을 구성하는 여섯 요소들의 기본 개념들을 규정하고 그것과 몸의 연관성을 설명하기 위해 그는 서양 의학 및 과학 서적을 참고했다. 용어와 설명 방식, 몸에서의 작용, 관련된 다양한 실험 및 통계 등의 내용을 이 서적들에서 가져온 것이다.

새롭게 보신지학을 구축하겠다는 목적을 이루기 위해 지석영은 자신의 논지에 따라 참고문헌들을 정리하고 편집했다. 참고서적을 전재한 것이 아니라 자신의 논지에 맞추어 재구성하고 편집했던 것이다. 이런 근대 과학서의 활용 방식은 당시로서는 보기 드물었다. 이런 방식은 오히려 전통 한의서의 편찬 작업과 맥이 닿아 있었다. 그렇다고 이 『신학신설』이 전통적 양생 서적이라는 것은 아니다. 이 책은 서양의 근대 과학의 산물을 토대로 구축된 새로운 보신지학에 전통 한의학의 습합을 시도한 새로운 형태의 근대 위생서였다.

지석영이 편찬한 이 『신학신설』로 새롭게 구축된 '보신지학'은 보신의 원인을 몸 안에 국한시켰던 전통으로부터 탈피해 몸의 외부, 주변으로 시선을 확장시켰다. 비록 이후 근대 서양에 의해 문명의 척도로 설정된 '세균론'에는 이르지 못했지만, 이 책은 근대 서양 문명이 압박해 오고 있던 청결 및 위생 담론에 대처하는 조선 개화 지식인의 대응이라는 역사적 의미를 지닌다. 전통 한의학의 지적 배경을 가진 개화 지식인 지석영은 조선 정부가 수집한 근대 과학서를 활용해 새로운 '보신지학'을 구성함으로써 근대 과학과 전통 한의학의 습합을 추구했으며, 이를 통해 '몸에 관한 학설'의 변용을 이루어냈다고 할 수 있다.

제4장 조선의 서양 과학 학습

─전통적 격치에서 근대 과학으로의 전환 모색─

1. 머리말 : 격치와 근대 과학의 자연관

이 글은 개항 이래 을사늑약 즈음까지 동서양의 자연에 대한 인식이 만나고 이해하고 수용하는 과정을 살펴보는 것을 목표로 한다. 중국이나 일본보다 서양 세력과의 직접적 접촉이 훨씬 늦었지만 조선 역시 동서양의 만남의 흐름에 합류했다. 1870년 전후로 시작된 이 만남이 우호적인 분위기에서 이루어진 것이 아닌 만큼 이에 대한 대응을 마련해야 했다. 이 대응은 국가적 차원에서 다양하게 추진되었고 이 작업에 개화 세력들이 중요한 역할을 담당했다.

당시 조선을 포함한 동양 전통 사회에서 서양 문명의 총아로 인식된 서양 과학은 격치로 지칭되었다. 하지만, 이 단어가 단지 서양 과학만을 의미하지 않았다. '격치'에는 동양 과학도 포함되어 있었고, 더 나아가서는 '서양 과학의 뿌리'로서의 동양 과학이라는 의미도 내포했다. 이른바 '서학의 중국기원설'로 정리되는 이 논의에서 격치는 특히 서양 선교사들이 전한 서양의 뛰어난 역법과 수학, 그리고 무기 제조술 등을 포괄했으

며 더불어 중국의 문화적 학술적 자부심도 포함했다.[1]

무엇보다 '격치'는 '근대 서양 과학'과 자연관과 물질관, 세계관이 매우 다르다. '격치'는 음양오행의 물질관과 '천지인 합일'의 세계관을 기본으로 '이기(理氣)'의 운행으로 '자연의 그러함'을 토대로 한다. 전통 사회에서 자연의 물질이자 만물의 변화를 설명하는 핵심인 음양오행은 정성적 범주로 명백하게 구분되지 않고 상호 상생하며 상극했다. 심지어 '태음 속에 양이 있고 태양 속에도 음이 있다'와 같이 경계지어 구분할 수 없는 물질관과 '음양오행이 조화를 추구한다'는 운동관을 바탕으로 한다. 자연의 변화를 지극히 정성적으로 설명하는 체계였다. 여기에서 그치지 않고 이는 자연의 그러함에 기대어 삼강오륜, 사단칠정 등으로 요약되는 유교의 윤리, 사회 위계의 이념적 기반으로 받아들여졌다.

서양 근대 과학은 전혀 다른 자연관을 형성했다. 1543년 태양중심설 제기 이래 과학혁명이 진행되었고, 150년 이상의 혁명 과정에서 연구 대상인 자연 역시 재구성되었다. 서양 근대 과학이 연구하는 자연은 분해되고 분석 가능한 기계로 비유되는 공간이었다. 분해될 수 있다는 것은 현상을 물질과 그것의 운동만으로 파악해 그것만을 검토하고 연구할 수 있음을 뜻했다. 새롭게 구성된 자연이라는 공간에는 어떤 신적인 존재, 심지어 창조주조차도 개입하지 못했다. 자연에는 더 이상 기적이나 마술이 존재할 수 없었다. 정량적인 설명이 가능할 뿐만 아니라 예측이 가능한 공간으로 변했다. 이런 자연관을 바탕으로 서양의 자연철학자 및 과학자들은 자연의 각종 현상들을 낱낱이 분해하고 실험실에서 재현하며, 수학적으로 운동 및 변화 원리를 서술하면서 이론 체계를 구축했다. 무엇보다 이 과정에 새로운 수학이 중심 언어가 됨으로써 근대

---

1) 이에 대한 자세한 논의는 1부 2장 2절을 참조할 것.

과학은 엄밀하고 가치중립적이라는 이미지도 형성했다. 이렇게 근대 과학이 형성되면서 이를 다루는 학자들은 전문적으로 관련 분야를 훈련받아야 한다는 관념도 낳았다. 과학 분야에서 활동하기 위해서는 일정 기간 이상 동안 관련 이론과 방법 등을 교육받고 훈련받아야 했다.[2]

물론 '천지인 합일'을 근간으로 하는 동양 문화권에도 관련 분야와 관련한 지식을 교육받고 훈련받은 전문가가 존재했다. 오히려 서양보다 더 오래 전부터 중요한 사회적 역할을 담당하며 존재했다. 그들은 유교국가의 통치 이념과 윤리, 위계 등 사회의 총체를 구성하는 기본 토대인 '재이설'을 유지하는 중요한 축이었다. 자연의 이상 움직임이 통치자와 관련되어 있다는 '재이설'은 전제 권력을 견제하는 중요한 수단이었고, 또 같은 맥락에서 자연에 대한 관찰과 관련 정보의 통제는 국가 권력의 장악과 유지에 필수적이었다. '자연'을 관측하고 '재이'를 관측하는 일에 특별한 의미가 부여되었고, '이와 연관된 천문학, 지리학과 더불어 산학, 의료 등의 분야는 국가가 인정한 전문가들의 영역으로 통제되었다. 그리고 이를 수행하는 인력 양성과 취재를 국가 정부가 담당했다. 그렇지만 이들 부서는 중앙 행정기관의 하위에 지나지 않았고 최고 책임자는 전문가가 아니었으며, 담당 관원들은 승진에 제한이 있었다. 심지어 '자연의 그러함'을 면밀하게 관찰하고 추론하는 작업은 지식 사회의 주류 활동도 아니었다. 단지 전통 자연관을 토대로 한 담론과 논쟁이 사회 전면에 등장할 때나 국가적인 위기에 봉착해 사회의 위계가 흐트러

---

2) nature의 번역어인 '자연'은 동양 전통의 '스스로 그러함'의 뜻을 가졌다. 이 의미는 정확하게 17세기 이래 서양 과학의 대상으로 지칭하는 물질세계와는 다르다. 또 'nature'의 번역어로 天然도 제시되었고, 1906년 이후의 각종 잡지에도 등장하지만 자리잡기에는 성공하지 못했다. 이에 대해서는 김성근, "동아시아에서 '자연(nature)'이라는 근대 어휘의 탄생과 정착", 『한국과학사학회지』 32-2(2010)을 참고할 것.

지거나 사회 윤리가 어지러워지거나 할 때, 이를 재정비하고 재건하기 위한 작업이 진행될 때 개입했다. 시헌력 도입과 같은 국가적 정책이 수행되던 시기가 대표적 예라 할 수 있다. 그나마 이를 궁구한다던 유학자들은 구체적이고 실제적인 작업, 예를 들면 태양의 관찰값과 예측값을 비교하는 일과 같은 정밀한 작업은 자신의 일로 여기지 않았다.

이 글에서 필자는 동서양의 자연 연구의 서로 다른 태도를 비교하며 우열을 가리려는 것을 목적으로 하지 않았다. '자연'에 대한 연구 태도와 인식은 문화와 역사, 그리고 사회, 정치와 경제적 상황이 다른 공간에서 같을 수 없고 굳이 같아야 할 이유도 없으며 한 사회에서 구성된 과학은 그 사회의 자연을 무리없이 설명했다. 서양의 지적 문화적 체계에서 구성된 근대 과학마저도 서양의 여러 나라에서 하나의 모습과 내용을 동시에 통일적으로 가지지 않았다. 기계적이고 분석적이며 수학이라는 언어와 실험이라는 행위 등의 내용을 구축하고 과학적 사회적 지위를 확보하기 위해서 200년의 세월이 걸렸다. 그 이후에도 지속적으로 변형이 생겨나고 관련 담론과 내용이 재구성 혹은 대체되거나 변화하는, 현재 진행형의 유연한 영역이라 할 수 있다.

자연에 대한 이해 방식이나 문화적, 지적 기반 자체가 달랐던 동양 문화권에서 서양의 근대 과학을 이해하는 일이 어렵고 긴 시간이 필요한 활동이었음에도 급박하고 신속하게 서양 과학을 수용하는 작업을 추진해야 했다. 무력을 앞세우고 통상을 요구하는 세력의 침략 앞에 그 요체라고 생각한 과학을 받아들이고, 이를 위해서는 자연에 대한 전통적 태도를 전환해야 한다는 당면한 당위의 과제가 대두되었기 때문이다. 이런 상황에서 서양 근대 과학을 받아들여야 하는 동양 문화권에서는 기본적으로 필요한 영역만을 취사선택해 도입하려는 방식이 도출되었고, 특히 동양 전통적 자연관, 사회 윤리의 기반으로서의 자연을 포기하지 않으려는 태도도 한동안 지속되기도 했다.

중국이나 일본보다 서양 세력과의 직접적 접촉이 늦었던 조선 정부 역시 마찬가지였다. 1870년 이후에야 서양의 상황을 마주한 조선 정부는 이런 상황을 극복하기 위한 대책을 마련해야 했다. 그 대책 가운데 하나가 이런 세계사적 흐름에의 합류였고 정부 주도의 서양 과학 기술의 취사 선택이었다.

동아시아 3국은 근대 과학기술 도입에서 서양의 침략을 공통분모로 했지만 각기 다른 정치, 외교적 상황으로 근대 과학 도입 태도가 달랐다. 서로 다른 과정과 상황에도 불구하고 서양 근대 과학기술에 대한 이해 수준으로 성과와 결과만이 중요한 평가의 기준으로 작용했다. 이에 의하면 서양 과학을 이해하고 기술을 도입한 일본은 제국으로의 진입에 성공했고, 중국이나 조선은 실패했고, 이 실패로 국가적 수모와 모멸, 패망이 야기되었다는 것이다. 이 글은 '정말 실패했는가', '왜 실패했는가'와 더불어 '실패와 성공의 평가기준에는 문제가 없는가'와 같은 질문을 제기하려는 것이다.

이 질문을 해결하기 위해 나는 개항 이후 조선 정부 및 서양 근대 과학을 이해하는 방식과 과정들을 추적하려 한다. 이를 근대 과학에 대한 이해, 근대 과학의 도입과 확산 및 학습 체제 구축 등을 통해 점검해보고자 한다. 개항 이래 대한제국까지 서양 근대 과학을 수용하기 위한 지성 사회의 치열한 모색과 고민이 존재했음과 동시에 전통적 자연관이 해체되기 시작했으며, 근대 기계적 자연관을 수용하며 근대 과학으로 이행하고 있었음을 보이려 한다. 그리고 이 과정에서 파생된 조선 사회 특유의 변종, 혼종도 검토하고자 한다.

2. 서양 근대 과학기술의 발견과 수용

1) 한역 서학서와 『한성순보』, 『한성주보』, 그리고 "격치"

조선은 성리학을 통치 이념으로 삼아 500년 동안 나라를 유지했다. 비록 모든 시기, 공자의 이상과 성리학의 이념대로 백성들이 걱정 없이 살았거나, 사회가 언제나 안정되어 있지 않았고 심지어 존망의 위기를 겪은 일도 한두 번이 아니었지만 한 정권이 500년 동안 지속되었다는 것은 전 세계사적으로도 드문 일이었다. 이런 국가를 전례 없는 위기에 빠트린 것은 개항 직전 일어났던 양요들이었다. 이 양요는 한 번도 경험하지 못했던 강력한 화력을 앞세우며 매우 빠르게 침략해 수많은 인명 피해를 입힌 전대미문의 사건들이었다. 이 양요로 조선은 깊은 상처를 입었다. 비록 승리했다고 자평하기는 했지만, 조선도 이제 중국과 일본이 겪은 서구 열강과의 대면에서 안전할 수 없다는 위기감이 강력하게 대두되었다. 이를 대비하기 위해 방안을 마련해야 했고, 그 일환이 서양 문물의 도입이었다.[3]

서양 문물 도입 통로는 중국이었다. 중국은 이미 근대 과학 도입을 바탕으로 한 양무운동이 전개 중이었고, 서양 문명과 과학과의 조우도 오랜 역사를 가지고 있었다. 중국에는 이미 명·청 교체기 이래 서양 선교사들, 특히 예수교 선교사들이 진출해 선교의 핵심 도구를 천문, 역산, 지리 분야와 무기로 삼고 관련 지식을 전파해왔다. 비록 지구중심설을 중심으로 하는 예수교 선교회의 과학이었지만, 이들에 의한 일식 예측은 전통 천문역산과 비교했을 때 정확했기에 중국은 이들의 입국을

---

3) 이의 전개과정에 대해서는 김연희, 『한국 근대 과학 형성사』(들녘, 2016)를 참조할 것.

일정기간 허용했다. 이때 중국에 입국한 서양 선교사들은 진출 초기부터 중국어를 구사했다. 그들은 중국의 지적 전통을 인정하면서 부족하거나 존재하지 않았던 분야에서 그들의 지식을 나누는 일을 자임했다. 청 정부는 서양 선교사들을 흠천관과 같은 정부 부서에 배치했다. 이후 청 정부가 천주교 선교를 금지했을 때에도 이 흠천관에는 여전히 예수교 선교사들이 머물렀다. 중국은 이미 17세기 전후부터 서양의 지적 분위기를 접할 수 있었다.

서양 선교사들은 중국인 지식인과 더불어 서양 서적의 번역 작업도 수행했다. 서양의 과학기술을 가져온 선교사들이 구술하면 중국의 유학자들이 받아쓰는 방식으로 작업을 진행했다. 이 과정에서 그들은 서양 과학의 개념어들을 번역했으며, 많은 부분을 중국 고전에서 가져왔다. 그렇다고 서양과 중국의 번역 담당자들이 모든 번역어의 사용이나 의미에 합의하거나 동의한 것은 아니었다. 따라서 서양의 자연과 관련한 지식체계를 포괄하는 단어는 쓰임과 사용자에 따라 의미가 달라질 수밖에 없었다.

이와 같은 중국의 상황은 양무운동기에도 지속되었다. 근대 과학 도입의 최전선은 대규모 무기공장이 설립되었던 상해였다. 여기에는 무기 공장에 필요한 인력과 새로운 근대 무기로 무장한 군대를 지휘할 장교를 양성하는 학교를 포함해 근대 과학기술과 관련한 각종 관립 전문학교들이 세워졌고, 이곳들에서 서양 선교사들과 서양에서 영입한 교사들이 번역 작업과 교육 활동을 담당했다.

오래 전부터 중국과 교류해왔던 조선이 근대 과학기술의 도입을 중국으로부터 하게 된 것은 매우 자연스러운 일이었다. 그리고 조선의 상류 지식 사회도 이런 중국의 지적 영향을 꾸준히 받고 있었기에 더욱 더 그러했다. 지적 영향만이 아니라 개항 전후 정부 차원에서 추진한 정책들 가운데에는 중국과의 연관성 속에서 수행된 것이 적지 않았다. 이런 환경으로 개항 전후 근대 과학과 관련한 용어가 중국에서 번역되고 사용된 그대로 조선에 들어왔고 이 근대 과학을 도입하기 위한 모든 작업의 기반으로 여겨진 서양 과학기술로서의 '격치'로 수용되었다. 중국에서 번역된 '격치'라는 단어에는 여전히 조물주가 존재했고, 천지인 합일의 전통 유기체적인 지적 전통도 포함되어 있었다. 조선은 다양한 의미가 혼재된 '격치'를 그대로 사용했는데 근대 과학, 조물주, 전통 과학이 혼재된 '격치'가 가지는 모순과 문제들을 깊게 사색하거나 성찰하거나 서양 근대 과학의 특성을 인식하지 못하고 그대로 사용되었다. 그만큼 근대 과학을 도입해야 한다는 절박함으로 조선은 여유가 없었다.

이런 급박함에 의한 용어 사용은 서양식 인쇄술을 도입해 발행한 관보 『한성순보』, 『한성주보』에서 그대로 발견된다. 이 매체에는 많은 서양 과학기술 관련 기사가 '격치'로 보도된 것이다.[4] 그나마 이들 매체에서 서학 대신 '격치'를 사용한 데에는 시헌력 도입을 전후로 소개된 '서학'이라는 용어에 묻어있는 기독교적 관념과 색채에 대한 유림 측의 반발을 의식했기 때문일 수 있고, 또 조선 정부와 개화 인사들이 '격치'라는 용어 자체에 무관심했기 때문이기도 했다. 더 나아가 '서학의 중국기원설'에 전적으로 동의했을 가능성도 있다. 이런 서학의 중국기원을 주장하는 기사들은 이 두 매체 곳곳에서 보이는데 왕작당(王芍棠, 1842~1902?)의 주장을 보도한 '광학교'를 대표적으로 들 수 있다. 이 기사에 의하면 중국의 유학자들은 실제 서양의 거의 모든 근대 과학 분과, 즉 천문학, 중학(重學), 화학(化學) 심지어 물리학에 이르기까지 중국에 기원이 있다고 믿고 있었다.[5] 서양 근대 과학 소개에 언제나 예경(禮經),

---

4) 이 매체에 실린 과학 관련 기사에 대해서는 앞의 글(1부 2장)을 참조할 것.
5) "광학교", 『한성주보』, 1886. 10. 11.

한비자(韓非子), 여씨춘추(呂氏春秋)와 같은 전통의 고서들을 거론했고, 분과 학문을 소개할 때는 묵자(墨子)나 회남자(淮南子)와 같이 중국 전통의 철학가들을 빌어 설명되었다.[6]

> "천문 역산은 개천, 선야의 술(術)이고 주비산경과 춘추원명포(春秋元命苞)등의 책에 상세하게 전한다. '화(化)라는 것이 마치 개구리가 메추리로 변하는 것과 같다'고 한 묵자(墨子)의 말과 같이 물과 불을 다섯번 배합하면 흙이 분리되고 금속을 녹이며 물을 썩히고 물을 분리할 수 있어 동중체(同重體)는 합류(合類)하지만 다른 두 체는 합류하지 않는 것이 바로 화학의 시조이다. 똑같은 머리카락으로 똑같이 물건을 매달면 물건의 경중에 따라 머리카락이 끊긴다. 똑같고 같지 않은 것, 끊어지고 끊어지지 않는 것이 바로 중학(重學)의 시초이다."

이 기사에서처럼 중국의 유학자들은 각 서양 과학의 분과가 중국의 지적 체계에 뿌리를 두고 있다고 인식했고, 서양에서 이것들을 발전시킨 것은 서양의 재주 있는 사람이 끝내 그 원인을 추찰하고 발전시켜 많은 발견과 발명을 이끌어냈기 때문이라고 여겼다. 이에 반해 중국은 서적에 실려 있는 바를 넘지 못했다고 반성했다. 하지만 그의 기본 태도는 단지 서양에서 좀 더 규례를 상세하게 갖춘 것에 불과하다는 것이었다. 조선은 이런 중국 학자들의 태도를 그대로 수용했다.

당시 조선의 유학자들은 이처럼 중국에서 만들어진 서양 과학에 대한 태도와 인식을 그대로 받아들였고, 이와 관련된 기사를 『한성순보』와 『한성주보』에 쏟아냈다. 그 가운데에는 놀랍고 신기한 서양의 기술적

---

6) 같은 글.

발전들, 예를 들면 현수교나 수정궁, 잠수복, 전기 등과 관련한 기사들도 있었다. 또 근대 천문학과 지리학 관련 기사들도 있었다.

이런 기사들은 당시 조선의 뿌리깊은 관념들을 공격하기에 충분했다. 예를 들면 이 세상은 둥근 하늘과 네모진 세상, 즉 천원지방이 아니라는 기사에 의하면, 땅덩어리는 둥글고, 태양과 별의 공간인 우주는 무한했다. 지구는 태양계의 작은 행성에 불과했지만, 육대주 오대양에 많은 국가가 분포된 큰 세상이었다. 그리고 자전을 하는 둥근 지구에는 다양한 기후대가 있어 다종다양한 동식물이 서식했고, 중요한 광물들이 묻혀 있으며, 많은 인종이 생활했다. 이 기사들에 따르면 기본적으로 이 땅의 중심은 중국이 아니었고, 따라서 중화의 세계가 아니었으며 중화의 세계를 벗어난 곳은 오랑캐들이나 야만인의 공간도 아니었다. 심지어 천재지변이 더 이상 왕의 통치에 대한 하늘의 경고가 아니어서 조선 통치의 기본 자연관에도 타격을 입힐 수 있었다.[7] 이런 류의 기사들은 '천지인합일'이라는 자연관에 의한 '천명설'도 문제가 있다고 웅변했다.

이렇듯 수많은 근대 과학기술 관련 기사들은 조선 정부의 통치 이념과 사회 관념, 더 나아가 세계관에 배치되었지만, 당시 조선 정부와 개화를 지향하는 지식계층에게는 이 점이 크게 중요하지 않았다. 그들은 서양과 그들에 의해 소개된 세계에 대한 탐색, 그리고 이를 도입하기 위한 정책의 수립과 이를 지지하는 세력의 규합에 집중했고 이를 위해 기사들을 대거 보도했다.

---

7) 이런 조선의 통치 이념에 배치되는 정보들이 정부 주도로 공개되었음은 주목할 만하다.

2) 조선, 혹은 대한제국에서 형성된 '서양 과학'의 또 다른 혼종

(1) 1890년대 말 서양 유학 경험자들의 혼용

'격치'라는 동서양의 전통적 의미를 포괄하는 단어는 1890년대 중반 이후에도 지속적으로 사용되었다. 그 사용의 예를『대조선독립협회회보』(이하 협회보로 줄임)에서도 볼 수 있다.[8] 이 협회보는 서재필(徐載弼, 1864~1951)이나 윤치호(尹致昊, 1865~1945)처럼 미국에서 근대 과학을 직접 학습하고 돌아온 인사들이 참여해 1896년 11월부터 1897년 8월까지 월 2회, 총 18호가 발행되었다.『대조선독립협회회보』는 회원에게 배포되는 것을 목적으로 발행되었지만 약 750~1,000부가 발매되어 시중에서도 판매되었다. 이 매체에는 "독립협회 보조금 수입 인명(獨立協會 補助金 收入 人名)"과 같은 기사 포함 약 230건(18호 제외)의 기사가 실렸고, 그 가운데 서양 문명 포함 과학기술과 관련한 기사는 약 25%에 해당하는 51건(과학기술 및 문명 관련 표 6건 제외)에 달했다. 이 51건 가운데 35%에 해당하는 18편이 <표 1>에서 보이는 것처럼『격치휘편』에서 가져왔음은 중국에 의해 형성된 지적 전통이 1896년에도 지속되고 있음을 보여주는 일이다.

이 기사들로『격치휘편』의 영향이 지속되었고, 또 이들 기사 외에도 중국에서 가져온 한역 근대 과학기술서를 옮긴 기사들로 보이는 글들도 적지 않게 보인다. 하지만 협회보에서 이런 영향을 벗어난 흐름도 형성되

---

[8] 이『대조선독립협회회보』는 피제손(서재필)이 비록 나의 잡지라고 지칭하기는 했지만, 그 이외에도 '독립협회'에서 서양 학문을 익히고 귀국한 윤치호나, 미국에 파견되었던 박정양 및 이완용, 근대 과학의 도입에 기여한 지석영도 회원으로 활동한 것으로 미루어 그들 가운데에는 몇몇은 이 기관지 발행이나 필진으로 참여했던 것으로 보인다.

〈표 1〉『대조선독립협회회보』에 실린 『격치휘편』의 기사

대조선독립협회회보(호·발간일)	독립협회회보 제목	격치휘편 출처	『격치휘편』고정란 제목 및 기사제목	게재방식
3호(1896.12.31)	讀 격치휘편	1876 vol.1. no.1 (1877. 1)	격치휘편 : 서수	전재
3호(1896.12.31)	向日葵之用	1876 vol.1. no.1 (1877. 1)	向日葵之用	전재
3호(1896.12.31)	有益之水易地遷栽	1876 vol.1. no.1 (1876. 2)	有益之水易地遷栽	전재
3호(1896.12.31)	城市多種樹木之益	1876 vol.1. no.2 (1877. 2)	격물잡설 : 城市多種樹木之益	전재
4호(1897.1.15)	格致略論 前號의 續이라(論霧雲露)	1876 vol.1. no.8 (1876. 9)	격치약론 : 속 제7권 : 논 霧雲雨露, 논 水	번역
4호(1897.1.15)	水論			번역
6호(1897.2.15)	雪氷及凍氷理의 論	1876 vol.1. no.7 (1876. 8)	격치약론 : 속 제6권 : 논 雪與氷及凍氷之理, 논風	번역
6호(1897.2.15)	風論			번역
7호(1897.2.28)	東方 各國이 서국공예를 모방하는 총설이라(前號 格致論 續이라)	1876 vol.1. no.6 (1876. 5)	東方各國仿效西國工藝總說	번역
12호(1897.5.15)	論燐質(화학편)	1877 vol.2. no.9 (1877. 10)	論燐質	전재
12호(1897.5.15)	生氣說	1877 vol.2. no.12 (1878. 1)	生氣說	전재
13호(1897.5.31)	成人身之原質	1877 vol.2. no.9 (1877.10)	격물잡설 : 成人身之原質	전재
13호(1897.5.31)	用木屑作饅頭之法	1877 vol.2. no.9 (1877.10)	격물잡설 : 用木屑作饅頭之法	전재
13호(1897.5.31)	人身之血與鯨魚之血輪流之數相比	1877 vol.2. no.9 (1877.10)	격물잡설 : 人身之血與鯨魚之血輪流之數相比	전재
13호(1897.5.31)	毛與髮合硫黃	1877 vol.2. no.9 (1877.10)	격물잡설 : 毛與髮合硫黃	전재
13호(1897.5.31)	口津之用	1877 vol.2. no.9 (1877.10)	격물잡설 : 口津之用	전재
13호(1897.5.31)	廢布變爲糖之法	1877 vol.2. no.9 (1877.10)	격물잡설 : 廢布變爲糖之法	전재
13호(1897.5.31)	人身能納大熱	1877 vol.2. no.9 (1877.10)	격물잡설 : 人身能納大熱잡저	전재

고 있음을 볼 수 있다. 피제손(서재필의 필명)이 쓴 기사들이 그 예이다. 특히 "공기"라는 제목으로 쓴 두 편의 기사는 종래의 '격치'와는 다른 의미를 담고 있었다. 국문으로 서술된 이 기사에서 그는 공기와 물, 그리고 불을 소개했다. 이 기사는 "사는 동리에 공긔를 묽게 하기를 힘 쓰며 먹는 물을 졍케 ㅎ는 거시라"며 오행의 하나였던 물 역시 근본물질이 아님을 거론했다. 그에 의하면 물은 "하이드로진과 악시진이 삼분의 이, 삼분의 일 씩으로" 이루어진 화합물이었다.9) 물에 관한 논의는 그의 가장 커다란 관심사였던 위생 내용으로 귀결되었지만, 이 기사에서 음양오행으로 대표되는 전통적 물질관의 해체를 시도하고 있음을 볼 수 있다. 그는 또 불을 언급하면서 "카본이라 ㅎ는 약과 하이드로진이란 약과 악씨진과 나이트로진과 그외 다른 화학 약들이 흔겁에 터져 더운 긔운을 대단히 공긔 속에 내보내면 비시 나니"라고 하면서10) "물건니 아니고 다만 여러 화학약이 터지면 그 형용을 우리가 말 ㅎ는 거시라"고 소개하면서 근본물질이 아님을 명백히 지적했다.11) 오행이라는 전통적 물질관을 반박하며 동양 전통 물질관에 문제를 제기했던 것이다. 그는 덧붙여 옛사람들이 학문이 없어서 이런 물질을 '한 가지 물건으로 생긴 물질'이라고 규정한 것에 지나지 않는다고 밝혔는데, 이때 사용한 '한 가지 물건으로 생긴 물질'은 만물을 형성하며 바탕이 되는 물질인 'element'를 가리키는 것으로 서양 선교사들은 '원질(原質)'로 번역하기도 했다. 이 '원질'이라는 단어는 『한성순보』이래 한역 서양 과학기술서를 소개한 조선의 각종 문헌에서 그대로 이용되었지만 피제손은 이런

---

9) 물과 불의 언급이 공기와 더불어 행해진 것은 서양 고대의 근본물질에 대한 반박일 수 있다. 이런 설명은 중국에서 발행된 격치와 관련한 기본 입문서에서도 발견된다.

10) 피제손, "공긔", 『대조선독립협회회보』 제1호(1896. 11. 30).

11) 피제손, "공기 전호 속편", 『대조선독립협회회보』 제2호(1896. 12. 15).

번역어를 사용하지 않았다. 그는 '원질' 대신 "한 가지 물건으로 생긴 물건"과 같이 설명문을 택하거나 새로운 개념어를 사용했다.

하지만 피제손의 용어와 관련한 태도를 발전시키지 않았다. 그는 더 이상 이 약들이 합해진 총체로서의 공기나 물, 불이 혼합물인지 화합물인지, 결합과정의 현상인지에 관해서도 명확하게 설명하지 않은 것이다.[12] 이런 상황은 그가 이런 화학적 결합에 대해 명확한 이해가 없었거나, 번역하는 일에 곤란을 겪었기 때문일 수 있다. 그럼에도 이런 그의 시도는 동양의 전통적 물질관인 오행을 해체시키는 작업이었다. 오행이라는 유기적 정성적 설명의 물질로부터 분석적이고 정량적 설명이 가능한 '약'들로의 전환을 시도했던 것이다. 나아가 이런 시도는 인간을 둘러싼 '외연'이 여러 물질로 성질에 따라 분리되고, 무게가 있어 정량화가 가능하며 이들에 의한 운동으로 변화가 발생한다는 설명이 가능해지는 기계적 공간으로 전환되고 있음을 보인 일이었다.[13]

피제손이 사용한 근대 과학의 용어가 이전과 달랐음을 지적할 수 있다. 1870, 1880년대 읽혔던 홉슨의 『박물신편』, 한역 과학기술서를 출처로 했던 『한성순보』, 『한성주보』, 그리고 1890년 즈음 지석영이 쓴 『신학신설』에서조차 공기를 이루는 물질들은 양기, 경기, 탄기처럼 중국에서 번역된 용어들로 불렸다. 그리고 이들을 아우르는 단어는 원질이었다. 피제손은 이런 중국식 용어 대신 서양어를 소리나는 대로 적었고, '약'이라는 용어를 제시했다.

"공긔가 우리 부아 속에셔 피을 악시진(산소)이는 약을 쥬고 피 속에 잇는 카본익이싯(이산화탄소(CO_2))ㄱㅅ란 독물을 쏏바 가지고 가슴에

---

12) 공기는 혼합물이며 물은 화합물이다. '불'은 화학결합 과정이다.
13) "공기 전호 속편", 피제손, 『대조선독립협회회보』 제2호(1896. 12. 15).

잇는 힘줄이 졸아지면 우리가 숨을 너여 쉬여 그 독흔 긔운을 코와 입으로 너여 보너는 거시라. ······ 공긔는 빅분에 팔십분은 나이트로진이라 ㅎ는 화학 약이요, 이십본은 악씨진이라 ㅎ는 약이며 물은 삼분에 이는 하이드로진(수소)이라는 약이요 삼분지 일은 악씨진이란 약이며"[14]

호흡과 공기와의 상관관계를 설명하면서 그는 새로운 용어를 구사했다. 그는 이 설명에서 우리가 산소(일본식 용어)로 부르며 중국에서 양기로 쓴 악시진(oxygen)을 '약'이라는 범주에 포함시켰다. 이런 사용은 카본익이싯을 '독물'으로 명기하며 약과 반대의 범주를 설정하는 데에도 적용되었다. 이처럼 통상적으로 한역 근대 과학기술서에서 원질(原質)이라고 사용하는 용어를 '약'이라는 용어로 대체한 것이다. 이런 사용 방식은 그의 글 곳곳에서 찾을 수 있다. 이는 그가 의학 학습 과정에서 습득한 '약'을 차용한 일로 이를 통해 그가 기본물질인 'element'를 번역하는 작업에서 벗어나 있었음을 보여주었다.

물론 피제손의 설명 방식, 특히 그가 시도한 중국 서학류의 용어의 전환이 협회보의 주된 경향이라고 할 수는 없다. 이들 기사가 제시된 후에 곧 간행된 협회보 4호에서는 여전히 중국식 용어로 회귀하고 있음을 볼 수 있다.[15] 이는 피제손 즉 서재필 정도의 영향력으로도 1880년 전후 형성된 서양 과학에 대한 인식과 태도를 완전히 전환시킬 수 없을 만큼 1880년대 이래 수용된 '격치'라는 용어의 사용이 굳어졌기 때문이었다.[16] 그리고 부국강병의 도구로서의 과학이라는 논조도 크게 변하지

---

14) 괄호 안은 현대에 불리는 이름이다.

15) "水論", 『대조선독립협회회보』 제4호(1897. 1. 15). 이와 유사한 글이 『격치휘편』 1권 8호, 『격치약론』 7권에서도 보인다.

않았다. '격치'라는 용어를 그대로 사용한 점은 그들이 처음 근대과학을 간접적으로 접했던 1880년대와 크게 차이나지 않았던 것이다. 그럼에도 불구하고 이 시기 '격치'의 내포는 이전 시기와 달라지기 시작했음을 포착할 수 있다. 이 시기 사용되는 격치에는 '중국기원설'이나 음양오행, 천지인합일과 같은 동양 전통의 자연관이 더 이상 존재하지 않았다. '격치'가 음양오행의 전통적 자연관의 이탈을 모색했고 이후 발행된 매체에도 영향을 미쳤다.

(2) 서양 선교사에 의한 혼용 : 자연에 드리운 창조주의 설계

당시 조선에서 활동하던 서양 선교사들 역시 근대 과학 소개와 학습에 큰 영향을 미쳤다. 그들의 과학 소개는 기본적으로 선교 활동에 초점이 맞추어져 있었기에 이들이 사용하는 격치라는 용어에는 '창조주의 설계에 따른 자연 세계'라는 관념이 개입되었다. 그리고 그들의 활동은 특히 기독교적 분위기에서 학습한 피제손이나 심지어 세례를 받은 윤치호 같은 지식인들에 의해 외연이 확대되었다. 특히 『독립신문』은 이 기독교적 세계관을 확산시키는 데에 중요한 통로가 되었다. 이런 기독교적 자연관은 격치가 동양의 전통 자연관에서 벗어나기 시작한 것과는 달리 1890년대 이후에도 지속적으로 자리잡았고, 심지어 더 강화되었다.

피제손이 협회보 이외에도 『독립신문』의 발행을 주도했음은 잘 알려진 사실이다. 그는 1897년 말까지 『독립신문』의 편집을 주관하며 많은 양의 논설을 썼다. 그 가운데 특히 생물학을 주제로 16편의 연재 글이

---

16) 서양 과학기술의 소개에서 용어 혹은 단어의 사용에 따르는 문제는 같은 시기 발행된 대중적 매체인 『독립신문』에도 발견된다. 『독립신문』에 나타난 과학 관련 논술들을 정리해 2부에 실었다.

있는데 이를 통해 대한제국에 생물학이라는 새로운 학문 분야를 소개하는 데에 기여했다.

이 글에서 피제손은 근대 생물학의 분류체계를 활용해 수많은 생명체를 소개했다. 그는 이 글들에서 창조주의 설계에 의해 생물체, 특히 동물들이 존재하고 있음을 강조했다. 그가 보기에 "하나님이 각색 즘승을 만드실 때에 즘승마다 제 몸을 보호할 병장기를 주셨"다. 이를 미루어 "하나님이 지혜와 경륜이 얻지 크고 높지 아니 하냐"고 찬양하지 않을 수 없다고 역설했던 것이다.[17] 또 그에게 창조주의 자연 설계 중심은 인간이었다. 그럼에도 인간에게 해로운 동물들이 자연계에 존재했다. 그래서 그는 "우리에게 유조한 즘승은 아무쪼록 배양하여 주고 우리게 해롭게 하는 '즘승'들은 우리가 데어할 도리"를 마련해야 한다고 주장했다.[18] 그가 생각하는 기독교적 인간관, 즉 인간 중심의 인식에는 자연을 객관화시키고, 인간에게 미치는 이익, 해로움을 기준으로 자연을 구분할 뿐만 아니라 해로움을 주는 자연을 제어해 자연을 이용해야 한다는 태도가 함축되어있다. 이런 능력을 키우기 위해 필요한 것이 자연에 대한 객관적인 서양 지식과 이해였고, 그 중심이 생물학이라는 것이 그의 주제였다. 이런 인간 중심의 자연을 대하는 태도는 '천지인합일'의 전통 자연관과는 전혀 다른 것이었다. 그가 소개한 새로운 자연에는 설계자이자 창조주인 기독교적 신이 자리 잡고 있었다.

이런 기독교적 자연관은 1880년대 이후 중국에서 수집해온 한역 과학 기술서적들에서도 나타나 있다. 한역 서양 과학서의 번역을 주도한 서양 선교사들은 그들이 번역한 많은 서적들, 특히 지리와 관련된 서적들에 기독교적 창조설, 즉 창조주의 설계를 강하게 투영했다. 천체나 천문

17) 『독립신문』, 1896(건양2). 7. 13.
18) 『독립신문』, 1896(건양2). 7. 17.

현상을 교리에 입각해 강조하거나 "천지만물은 태극이 만든 것이 아니라 상제가 만들었다."는 식으로 창조주를 부각시키기도 했다. 특히 『지환계몽숙과(智環啓蒙熟課)』같이 선교사가 입문자를 위해 쓴 책에는 노골적으로 세상의 모든 것이 신의 창조물임을 주장하며 세상의 영원성, 불변성, 전능성 등과 같은 신의 속성을 설명하며 신을 찬미하고 신의 뜻에 살아야 한다는 주장이 전개되었던 것이다.[19]

이런 기독교적 자연관은 피제손이 『독립신문』을 떠난 이후에도 공공연하게 지속적으로 노출되었다. 피제손의 뒤를 이은 윤치호는 비록 논설을 게재하지는 않았지만 그가 1898년 12월 독립협회 해산으로 외직으로 떠나게 되자 주필직은 아펜젤러(Henry Gerhard Appenzeller, 1858~1902)에게로 넘어 갔고, 그는 이런 기독교 논조를 이어갔다. '신구문답'이라는 논설에서 그는 새 학문을 배워야 하는 주장을 펴면서 노골적으로 "조물주의 능함을 찬미하노라. … 하나님을 능히 태양으로 모든 별을 형용한다 하였으니 … 그 뜻의 광대 무량하야 세상 사람이 가히 배홈직" 하다고 설파했다. 이 글이 근대 천문학을 근거로 태양계의 형성 과정 소개를 중심 내용으로 한 것이었음에도 그는 이를 창조주의 설계로 설명하는 데에 거침이 없었다.[20] 심지어 그는 중력을 '창조주의 창조하신 기계'의 설계로 보았다. 이 중력이 어그러지면 다시 개벽이 된다고 주장하기도 했다. 그의 논리에 따르면 서양의 근대 과학의 이해는 기독교의 창조주의 섭리를 이해하는 과정이었다.

아펜젤러 후임으로 『독립신문』의 발간을 담당한 영국인 H. 엠벌리(W. H. Emberley)는 더 공공연하게 기독교적 자연관을 드러내는 기사들을 게재했다. 그는 심지어 제국의 논리와 기독교를 결부했다. 그는 "지구"를

---

19) James, Legge(英), 『智環啓蒙熟課』(1883, 奎中 5294).
20) 『독립신문』, 1899(광무3). 3. 10.

설명하는 논설에서 프랑스의 안남(安南) 침공을 천주교를 배신한 안남(安南)에 대한 프랑스의 정벌이었다고 하면서 안남국의 배교를 비난했던 것이다.[21]

이처럼 대한제국 초기에 큰 영향력을 행사했던『독립신문』에서 근대 서양 학문 특히 자연과 관련한 기사에서 기독교의 유일신 '조화옹'을 찾기는 어려운 일이 아니었다. 이로 말미암아 서양에서는 과학혁명 이래 자연의 설명에서 존재가 희미해지고, 심지어 다윈의 진화론 이래 자연의 설명에서 폐기된 '조화옹'이 대한제국의 자연 설명에 중요한 자리를 차지하게 되었다.[22]

3. '격치' 전환 모색과 '과학' : 교과서

대한제국은 1890년대 중반, 새로운 학교 제도를 수립하고 필요한 관제를 반포했다. 우선, 소학교를 신설하고 소학교에서 활동할 교사 양성을 위한 사범학교를 설립했다. 국가 차원에서 수행된 공식적 학교제도의 수립은 곧 대한제국의 학문 체제, 지식의 체제가 전환될 것을 의미했다. 비록 전통학문을 위한 국가 교육제도를 존속시키기는 했지만 이 새로운 학교제도의 수립은 국가 학문의 근간을 바꾸는 작업이었다. 근대 과학을 포함한 서양의 학문을 수용한 공식적인 통로가 마련된 사건이었다.

소학교령을 반포한 후 학부는 가장 초보적인 단계의 학습 기관인

---

21) 『독립신문』, 1899(광무3). 10. 20.
22) 필자가 영국 등지에서 찾은 이들 서적의 저본으로 활용된 서양의 전문 과학기술서 원본들에서는 이미 창조주의 설계와 관련한 흔적을 찾을 수 없었다.

소학교에서 배워야 할 과목으로 수신, 독서와 작문을 위한 소학, 역사, 지리 등을 설정했다. 소학교의 교육에서는 여전히 유교의 전통 규범이 자리를 차지하고 있었지만, 자연과 관련해서 공부할 수 있는 여지가 마련되었다. 이는 유길준이 『서유견문』에서 소개한 서양의 '시작하는 학교'의 학습과 같았다.[23] 유길준의 분류에 의한 문법학교에 해당하는 중학교 관제도 1899년에 반포되었다.[24] 중학교 관제에 따르면 이 학교는 "실업에 종사하려는 백성들에게 이용후생하는 교육을 교수하는 것을 목적"으로 했다. 중학교 관제에 의하면 4년의 심상과와 3년의 고등과로 구분되었다. 심상과에서는 윤리, 독서, 작문, 역사, 경제, 지지와 더불어 산술, 박물, 물리, 화학 등을 배워야 했다.[25]

서양식 학제의 도입 및 수립과 교과서의 출현으로 대한제국의 학습 체계는 대전환을 이루었고, 이는 처음 학습을 시작하는 아동들의 지식 구축 과정이 완전히 변화되었음을 의미했다. 그들은 자연의 음양오행에 바탕한 삼강오륜, 이 이념으로 구축된 사회의 위계질서나 윤리, 도덕을 익히기 위한 한문, 혹은 그런 의미가 내포된 한자를 학습하지 않았다. 학부가 학습 대상자의 수준에 맞춘 학습 과정과 체계를 확보함에 따라 삼강오륜의 오랜 도덕과 윤리로부터 완전히 자유로울 수 없었지만, 대한제국의 소학교 학생들은 근대 과학혁명 이래 자연 현상을 기술하는 중요한 언어로 새롭게 구성된 교과를 공부했다.[26] 그들은 글자를 익히는 초급 단계에서 학생들은 개미, 벌과 같은 주변의 자연물을 쓰고 읽었다. 또 수학도 배웠다. 그들은 수의 4칙 연산, 필산과 주산의 계산법을 익혔다.

---

23) 유길준, "교육제도", 『서유견문』(박영사, 1976), 243~251쪽.
24) "중학교관제"(『칙령』 제11호, 1899. 4. 4)
25) 이에 관한 자세한 논의는 김연희, 앞의 책(2016), 301~306쪽을 참조할 것.
26) 이들 교과서에 나타난 과학 관련 글들의 정리는 2부 4장에 실었다.

고학년으로 올라갈수록 그들은 좀 더 포괄적이고 보편적이며 심화된 지식으로 구성된 과학 과목들을 공부했다. 현대와 마찬가지로 상급학교로 진학해야 더 고급의 지식들을 접하고 학습할 수 있었지만 1890년대 말 소학교에 입학한 학생들은 이전 시대와는 전혀 다른 교재로 공부했는데 이 교재는 정부가 발행했다.

이 교재들에 나타난 자연은 이전과 전혀 달랐다. 새로운 교재에는 더 이상 유교 이념의 바탕인 천지인합일과 음양오행의 유기적 자연, 이기(理氣)의 모호한 움직임도 없었다. 오직 분절화되고 분석적이어서 관찰과 하나의 원리도 다양한 현상을 설명할 수 있었다. 하나의 원리는 또 체계를 구축하고 있었다. 이 체계는 기계적 자연만을 대상으로 한 것이었다. 이들 교과서 안에서 자연은 이제 '스스로 그러'해 인간 세상에 반영되는 윤리의 기반도, 치자의 덕이나 하늘의 노여움에 의해 좌우되는 공간도 아니었다. 또 더 이상 창조주의 설계도 찾아볼 수 없었다. 그저 기계같은 움직임만 존재했다. 관찰하고 재현하고 수학적으로 기술할 수 있는 규칙성만 존재했다. 대한제국에도 과학혁명으로 구성된 근대적 자연이 만들어졌다. 이런 자연이 표현된 교과서는 대한제국 사회에 근대 과학을 확산시키는 중요한 역할을 담당했다.

소학교 교사를 양성하기 위해 신설된 한성사범학교는 전환점 형성의 교두보였다. 1895년 제정된 관제에 따라 설립된 한성사범학교는 서양 근대과학을 포함한 새로운 교육의 제도 구축을 위한 기반이었다.[27] 이에 따르면 한성사범학교는 속성과와 본과로 구분되며 속성과는 6개월, 본과는 2년의 학습 과정을 이수해야 했다. 본과는 2년 동안 국문과 한문의 강독, 작문, 습자와 더불어 본국 및 세계 역사와 지리를 공부해야

---

27) 『소학교령』(『칙령』 제143호, 1895. 7. 19).

했다. 또 자연지리에 해당하는 지문을 익혀야 했다. 그뿐만 아니라 산술 및 대수 같은 수학의 기초와 물리, 화학, 박물을 공부해야 했다. 박물은 동물과 식물의 생리와 위생을 포함했다. 6개월의 속성과에서는 물리와 화학, 박물을 통합된 '이과대의'로 학습했고, 수학은 사칙연산을 포함한 산술을 익혔다.[28]

한성사범학교에서 교사를 양성할 교수들로 활약했던 사람들로 헐버트(Homer B. Hulbert, 1863~1949), 이상설(李相卨, 1870~1917), 박은식(朴殷植, 1859~1925)을 꼽을 수 있다. 헐버트는 1886년 입국한 이래 육영공원에서 교사로 활동했고, 영어학교로 전환했을 때에도 교사로 재직했다. 그가 육영공원에서 학생들을 가르치기 위해 1889년 국문으로 썼던 『사민필지』는 1895년 정부 편사국에서 한역되어 한성사범학교 교과서로 활용되었다.[29] 흔히 현재 세계지리로 소개되는 『사민필지』는 당시로서는 방제지리서이자 자연지리서로 볼 수 있다. 이 책에는 비록 초보적 수준이나마 근대 천문학과 근대 기상학의 내용이 담겨져 있다.[30] "지구는 별이라"는 문장으로 시작하는 이 책의 제1장 '지구'에서 그는 우주와 태양계, 태양계의 행성, 각 행성의 위성들, 태양과 행성 간의 거리 등을 소개했다. 그리고 태양계의 행성인 이 땅을 설명했다. 그에 의하면 이 땅은 둥글고 태양을 365일에 한 바퀴 돌았다. 이 지구의 위성인 달의

---

28) "한성사범학교규칙", 학부령 제1호(『관보』 1895. 7. 24).

29) 『사민필지』(奎 270789). 이 판본의 2쪽 1에는 이 책의 저자로 영국 흘법(紇法)이 쓴 것으로 되어 있다. 헐버트를 영국 사람으로 잘못 기록했다. 또 국문본을 완벽하게 한역한 것도 아니었다. 예를 들어 한역본 2쪽에는 국문본 1쪽 아래의 행성 크기를 지구와 비교한 부분이 빠져있다. 이 글에서 사용한 국문본은 『사민필지』(奎 752414)이다. 그리고 책의 체제 편성도 다르다. 국문본에는 소제목 없이 구성되었는데 한역본은 소제목들을 두어 편집했다.

30) '사민필지', 『한국민족문화대백과사전』(http://100.daum.net/encyclopedia/view/14XXE0025620 2019. 1. 11 접속).

운동도 소개했다. 여기에서 그치지 않고 지구와 달의 운동에 따른 일월식의 원리를 설명했다. 이 '지구' 장의 설명에는 구름의 형성 과정을 포함하는 물의 순환, 바람과 비, 그리고 번개, 천둥, 안개, 이슬, 눈 등의 기상현상과 더불어 지진 등이 포함되었다. 물론 이와 관련한 설명이 지금 우리가 알고 있는 것과는 차이가 있다. 예를 들면 '지동'이라 이름 붙여진 지진에 대해 "땅속에 물도 있고 불도 있어 물과 불이 만일 서로 가까우면 김이 되니 이 김이 매우 힘이 있어 어디든지 뚫고 나갈지라"고 밝히고 있다.[31] 여기에는 맨틀대류설이나 판구조론이 제기되지 않았던 당시 지질학계의 상황이 반영되어 있다. 이런 자연계의 다양한 현상을 자연의 물질들로 설명한 점에서 헐버트는 동료 선교사들이 조화옹, 조물주와 같은 신적인 존재를 개입시키는 태도와 전혀 달랐다. 또 여러 인종 특히 백인들의 침입으로 열세에 몰리고 사라지기 시작한 아메리카 홍인종이나 오스트레일리아 종족들에 대한 기술 태도도 달랐다. 당시 한역 근대 지리서나 『한성순보』에서조차 흔히 보이던 "서구 문물과 학문을 받아들이지 않아 쇠퇴한 인종" 등등의 묘사는 찾아볼 수 없다. 무엇보다 이 책은 학습의 내용 자체에 집중할 수 있게 하는 질문들을 후반부에 제시하고 있다. 이는 이 책이 오직 교과서로 저술되었음을 보여주었다.

헤이그 밀사로 알려진 이상설 역시 한성사범학교 교관이었다. 그는 한국 최초로 수학교과서를 편역 출판했으며 이미 1880년대 이래 지속적으로 한역 근대 과학기술서로 근대과학을 학습한 흔적을 남기기도 했다.[32] 독립운동가로 알려진 박은식 역시 한성사범학교 교관이었다. 그가

---

31) 헐버트, 앞의 책(국문본), 4쪽. 한역본에서는 '지진'으로 사용했다.

32) 박영민, 김채식, 이상구, 이재화, "수학자 이상설이 소개한 근대자연과학 : <식물학(植物學)>", 『한국수학교육학회 학술발표논문집』 2011권 1호(2011), 155~158쪽 ; 이상구, 박종윤, 김채식, 이재화, "수학자 보재 이상설(李相卨)의 근대자연과학 수용─『백승호초(百勝胡艸)』를 중심으로", 『E-수학교육 논문집』

근대 과학을 접한 흔적을 찾을 수는 없지만 그가 애국계몽운동기에 쓴 글들을 보면 근대 과학의 문외한은 아니었다.

한성사범학교에서 새로운 학문을 습득한 교사들은 전국에 설치된 소학교의 교사로 부임했다. 무엇보다 학부가 서울, 인천, 수원, 개성을 포함해 대구, 청주, 삼화, 금성과 더불어 전국 관찰부 등에 신설했는데 소학교령이 만들어진 이래 1896년 전국에 36개나 공립 소학교가 생겼고 10년 후에는 서울에 10개, 지방에 50개로 늘어났다.[33] 이들의 활약은 학교 교사로서만 그치지 않았다. 그들은 당시 발행된 많은 계몽 잡지들뿐만 아니라 교과서로 사용된 많은 서적들의 필자로 참여했다.[34]

27권 4호(2013), 487~498쪽 ; 이상구, "한국 근대수학교육의 아버지 이상설(李相卨)이 쓴 19세기 근대화학 강의록 『화학계몽초(化學啓蒙抄)』", 『Korean Journal of mathematics』 20권 4호(2012), 541~563쪽 등을 참조할 것.

33) 이들 학교의 수는 1904년, 나라의 위기가 점점 더 심해지자 사립 소학교 역시 급격하게 증가해 2천4백 개가 넘었다. 이들 사립학교는 대개 새롭게 마련된 관제를 따랐다.

34) 이 시기에 사용된 교과서로 『新撰 小博物學』, 『精選算學』, 『算學通編』, 『高等小學理科書(一)』, 『高等小學理科書(二)』, 『高等小學理科書(三)』, 『高等小學理科書(四)』, 『中等萬國地誌(一)』, 『中等萬國地誌(二)』, 『中等萬國地誌(三)』, 『大韓地誌 1』, 『大韓地誌 2』, 『初等本國地理(二)』, 『大韓新地誌(乾)』, 『大韓新地誌(坤)』, 『여재촬요』, 『지구약설』, 『근이산술』 상하, 『간이사칙연산』 등을 들 수 있다. 자연지리와 인문지리를 포함한 지지서뿐만 아니라 산수책들을 따로 편찬해 학생들뿐만 아니라 국민들이 근대 과학의 세계를 이해할 수 있게 했다. 이들 교과서들을 저술, 편찬에 관여한 사람들은 약 40명으로 이들 가운데에는 김하정, 박정동, 정영택 등과 같이 한성사범학교와 관련을 가지는 사람들이 적지 않았다. 이에 관해서는 박종범, 정병훈, "개화기 과학교육자의 배경과 역할", 『한국과학교육학회지』 제20권 3호(2000), 443~454쪽을 참조할 것.

4. 결론

서양 과학은 동양 전통 과학의 입장에서 보면 새로운 지식 체계로의 이행을 촉구하는 결정적 변칙사례였다. 서양 과학은 단순히 자연 현상을 잘 설명하는 해석 체계, 혹은 더 잘 예측하는 이론 체계로 동양 전통 지식 사회에 파문을 던진 것이 아니었다. 엄청난 화력과 풍요로움으로 포장된 서양 과학은 동양 과학이 대적할 상대가 아니었다. 근대 과학의 영향은 매우 컸다. 빠른 시간 안에 전통 과학을 대체했다.

그럼에도 전통 과학의 동양 사회에서는 이 서양 과학이 '기(器)'에 국한된다고 인식해 다양한 혼종을 형성했다. 그 바탕에는 도(道)나 이(理)를 지키려는 굳건한 전통 지식 사회의 의지가 자리하고 있었다. 서양의 근대 과학이 동양 전통 안에서 해석되었기에 다양한 변형과 변용, 혼종이 나타났다. 조선에서도 마찬가지였다. 개항 이후 서양 과학을 본격적으로 도입하기 시작하고 중심 통로가 청에서 발행된 한역 근대 과학기술서적이었기에 그 영향은 매우 컸다. 이 책들을 독서하고 이해했던 조선의 유학자들은 청나라에서 그랬듯이 이를 전통 지적 체계 속에서 해석하고 변형했다.

하지만 이런 노력들로는 서양 근대 과학의 원형을 이해하기는 쉽지 않았다. 가장 큰 문제는 동양 전통과 자연관, 자연 인식, 사용하는 언어, 연구 방식 등등 기본적인 차이를 이해할 수 없었기 때문이었다. 1900년대 초반까지 여전히 과학기술은 '기'에 지나지 않았다. 이를 보여주는 예로 심지어 미국에서 과학을 공부하고 돌아온 서재필을 들 수 있다.

이 낯선 분야를 무엇으로 종합하고 통칭할 것인가, 그리고 그 안에 무엇을 담을 것인가, 또 이런 공부를 하는 사람들을 어떻게 지칭할 것인가 하는 개념화와 범주화의 문제가 해결되지 않았음을 들 수 있다.

여기에는 중국이나 일본에서도, 특히 조선의 지식 통로 역할을 담당했던 중국에서 해결되지 못했던 영향도 작용했다.

그럼에도 불구하고 서양 과학의 방법론과 이론 체계를 탐색하고 전통적 자연관과 화해를 시도하고 이를 통해 새로운 자연관을 재구성하려는 시도들이 보인 것은 이 시기의 가장 큰 특징이라 할 수 있다. 이는 새로운 학교 체제 신설과 운영을 주도했던 정부 차원의 노력에서 볼 수 있다. 1895년 근대 과학을 이해하고 수용하기 위한 근대 학제를 통한 교두보가 마련되었고, 여기에서 근대 학문의 기초를 학습한 사람들이 배출되기 시작했다. 이들은 전통과 다른 지식 체계를 습득했고, 이를 바탕으로 새로운 지식 지형을 구축하면서 새로운 과학의 세계로 진입을 추동했다.

제5장 한역 근대 과학기술서적에서의 탈피
─애국계몽운동기 근대 과학의 이해와 활용─

1. 머리말

1905년 일제는 대한제국을 강하게 압박해 을사늑약을 체결했다. 일제는 대한제국에서 진행하고 있던 다양한 개혁 사업들을 장악해 식민 지배를 염두에 두고 재구축하기 시작했다. 전신사업을 포함한 근대통신망 사업, 우두 사업을 포함한 위생사업, 근대 학문 교육을 위한 신학제의 도입 및 학교 설립과 운영, 근대 과학기술을 적용한 정부 부서 실무자 양성을 위한 전문학교 운영, 농법 개량을 위한 시험장 설치 등등의 각종 개혁 사업이 중지되거나 일제에 의해 장악되고 재정비했다. 물론 식민지배에 필요하지 않다고 판단한 시설 및 기관들은 해체시켰다.

대한제국 사회 곳곳에서 일제에 저항하는 다양한 움직임들이 활발하게 일어났다. 그 가운데 하나가 교육을 통해 조국을 지켜내겠다는 계몽운동이었다. 애국계몽운동이라 불리기도 한 이 운동을 통해 새로운 학문이 전국적으로 급속하게 퍼져나갔다. 당시 지식인들은 새로운 학문 속에서 조국의 희망을 찾았고 특히 일본에 대항할 힘을 서양 근대과학에서 찾고 이를 전파시켰고 적극 활용했다.

계몽운동기와 관련한 여러 연구들이 진행되었다. 특히 근대 과학이 조선에서 읽히는 방식과 근대 문명과 과학의 관계에 관한 대한제국에서의 이해 및 인식, 번역어의 이해와 수용 등등 여러 연구 결과들이 발표되었다. 하지만 이 작업들에서 사용된 매체 혹은 문헌들은 소수이거나 한정된 것으로 이 시대를 대표하기에는 부족하다고 본다. 그만큼 이 시기에는 매우 많은 종류의 다양한 학술지를 포함한 매체들이 출간되었기 때문이다.

이 글은 대한제국 지식인들에 의해 중요하게 다루어진 과학을 포함하는 새로운 학문의 계몽운동 당시의 상황을 폭넓게 점검하는 것을 목표로 한다. 나는 이 작업을 위해 대중 계몽의 바탕으로 활용된 학회지 및 계몽운동단체의 기관지 및 간행물들 11종을 검토하려 한다.[1] 전국 단위로 배포된 이 매체들에 실린 기사들을 정리하고 이 기사들을 통해 1880년대 중국으로부터 도입한 한역 근대 과학기술서의 영향과 지식 지형의 전환에 따른 근대 과학 지식의 유입 통로의 변화, 근대 과학에 대한 당시 지식인의 이해와 인식, 그들에 의해 구성되는 새로운 지식의 체계의 형태 등을 살펴보려 한다.

이 작업은 당시 지식인들의 과학에 대한 이해 정도와 을사늑약 이전과의 차이, 근대 과학의 변용과 혼용의 상황을 살피는 일과도 연결되어 있다. 애국계몽운동기를 지배했던 사회진화론은 근대 과학을 포함한 서양의 학문을 확대시켰다. 이런 사회적 분위기 속에서 대한제국 지성 사회는 '과학'과 관련한 세계관 및 자연관을 한역 근대 과학기술서로부터 벗어나 새롭게 이해하고 탐색하려 노력했다. 이런 과정 속에서 대한제

---

1) 이 글에서 살펴본 애국계몽운동기 학회지 및 기관지의 과학기술 관련 기사들은 분류하고 정리해 2부 4장에 실었다.

국 사회에서 근대 과학은 독특한 혼종을 낳았다. 이 과정은 근대적 자연관으로의 이행과 함께 했다. 애국계몽운동기의 근대 과학 이해 과정들을 재현하고 복원하는 일은 작게는 일제강점 이전, 한역 근대 과학기술서의 영향으로부터 탈피하는 과정을 살피는 작업이기도 하다. 넓게는 대한제국기에 근대 과학으로의 전환이 사회 내에서 자발적으로 추진되었음을 보이는 일이기도 하며 일제에 의해 이식된 또 하나의 변종과의 차이를 드러내는 과정이기도 하다.

2. 계몽운동기의 근대 과학 수용 : 격치 그리고 신학문

1) 사회진화론과 근대 과학

당시 대한제국의 상황을 반영하듯 애국계몽운동기를 움직인 중요한 핵심어는 우승열패, 혹은 적자생존이었다. 이 단어는 19세기 말 스펜서(Herbert Spencer, 1820~1903)의 사회진화론에서 핵심적으로 이용되었다. 이는 자연에서 먹이를 둘러싼 경쟁, 즉 '자연선택'이 진화의 기제라는 다윈(Charles Darwin, 1809~1882)의 생물진화론이 전용되고 변용된 것이다. 이 적자생존이니 약육강식, 우승열패와 같은 단어는 특히 동아시아 삼국에서 자연에서 먹이를 쟁취하는 '강한' 동물만이 살아남듯, 인간 세상에서도 사회의 발전에 잘 적응해 강하고 부유해진 국가만이 생존할 수 있고 그렇지 못한 나라들은 제물이 되어 소멸되는 것이 당연하다는 의미로 읽혔다. 제국은 이를 침략의 논리로 삼았다.

이런 제국 침략의 논리가 대한제국에 본격적으로 알려지기 시작한 것은 광무연간이었다. 유길준(1856~1914), 서재필(1864~1951)과 같이 미국에서 유학을 했던 사람들이나, 유학을 하지 않았더라도 국내에서 각종 서적과 독립협회의 활동 등을 통해 개화사상을 접하고 익힌 박은식 (朴殷植, 1859~1925) 같은 지식인을 통해서 수용되고 널리 알려졌다. 특히 박은식은 중국의 사상가인 량치차오(梁啓超, 1873~1929)가 소개한 사회진화론의 시각, 즉 약육강식, 우승열패의 설명과 함의에 동감했고, 이를 수용했고 널리 알렸다.2) 일본을 통해서도 우승열패의 논리는 유입 되었다.

중국, 일본, 그리고 대한제국 등 동아시아 3국에 소개된 사회진화론은 나라마다 받아들이는 태도와 목적에 따라 다르게 읽혔고, 해석에도 차이가 있었다.3) 일본에서는 제국주의, 신민주의 논리의 토대가 되었다. 일본과는 달리 중국에서는 청일전쟁 패전을 수용하는 과정에서 받아들 여졌다. 청일전쟁의 패전에 황망해 하던 그들은 1890년대 이전의 양무운 동 방식으로는 서양 과학을 제대로 수용할 수 없고 능력 양성도 되지 않는다고 반성했다. 특히 이른바 중국의 도와 체제 그리고 정신은 그대로 두고 서양의 과학과 기술만을 받아들이겠다는 중체서용(中體西用)의 한 계를 느낀 캉유웨이(康有爲, 1858~1927), 량치차오와 같은 지식인들은 법과 제도를 서양과 같게 하고 그들의 학문을 그대로 수용해 힘을 기르자 는 변법자강운동을 전개했는데 이 논리의 토대로 사회진화론을 차용했다.

---

2) 박은식은 『서우』에 4회에 걸쳐 양계초의 글을 번역해 실었다. 박은식, "학교총 론", 『서우 제2호』(1907. 2. 1) ; 제3호(1907. 3. 1) ; 제4호(1907. 4. 1) ; 제5호 (1907. 5. 1). 한편 이 글들에서 박은식은 이를 극복하기 위한 양계초의 '학문'에 관한 의견에도 수용했다. 또 양계초의 이 글은 홍필주가 1908년 5월 2호부터 9월호인 6호까지 6회에 걸쳐 『대한협회회보』에 역술해 연재했다. 홍필주 역술, "氷集節略", 『대한협회회보』 제2호(1908. 5. 25) ; 홍필주 역술, "학교총론", 『대 한협회회보』, 제3호(1908. 6. 25) ; 제4호(1908. 7. 25) ; 제5호(1908. 8. 25) ; 제6 호(1908. 8. 25).

3) 김욱동, 『번역과 한국의 근대』(소명출판, 2010), 251쪽, 262쪽.

대한제국의 지식인 역시 이런 중국인들의 논리와 인식에 동의했다. 그들 역시 실력양성론으로 사회진화론을 해석했다. 동도서기의 방식을 탈피하고 국민을 근대 교육을 통해 새롭게 무장시키고 계몽시켜 강력한 힘을 기르자는 생각이었다. 이는 자주적이고도 강력한 힘을 지닐 수 있게 되고 이를 무기로 일본의 침략에 맞서며 독립국가로 거듭날 수 있을 것이라는 기대로 이어졌다.

제국 침략의 논리인 적자생존, 우승열패의 사회진화론이 청일전쟁의 패배와 일본의 강압적 태도에 의해 중국과 대한제국의 지식인에게는 힘을 양성해 국가를 지켜야 한다는 방어기제나 생존의 논리, 저항 담론으로 재구성되었다.4) 하지만 이런 식으로 인식된 사회진화론을 다시 생각하면 자연계에서 힘이 없는 생물들이 자연에서 도태되듯이 힘이 없는 나라가 망하는 것을 기정사실로 받아들이는 패배주의를 배태했다.

이런 분위기 속에서 서양의 학문은 강력한 '애국'의 도구가 되었다. 사물을 아는 것 자체가 애국을 위한 힘을 키우는 작업이었고, 나라를 지키는 길이라는 논의가 활발하게 진행되었다. 사회진화론을 주장하는 사람들은 이미 서구 열강에 의해 어려움을 겪은 인종들을 예로 들면서

---

4) 채성주, "근대적 교육관의 형성과 '경쟁' 담론", 『한국교육학연구』(2007), 47~66쪽 ; 전복희, "사회진화론의 19세기말부터 20세기초까지 한국에서의 기능", 『한국정치학회보』제27집 제1호(1993), 405~425쪽 ; 전복희, "애국계몽기 계몽운동의 특성", 『동양정치사상사』vol. 2, no. 1(2003), 93~115쪽 ; 박찬승, "사회진화론 수용의 비교사적 검토 한말 일제시기 사회진화론의 성격과 영향", 『역사비평』1996년 봄호(34호, 1996), 339~354쪽 ; 허동현, "1880년대 개화파 인사들의 사회진화론 수용양태 비교 연구―유길준과 윤치호를 중심으로", 『사총』vol. 55, no. 0(2002), 169~193쪽 ; 박성진, "한국사회에 적용된 사회진화론의 성격에 대한 재해석", 『현대사연구』제10호(1998), 11~36쪽 ; 김경일, "문명론과 인종주의, 아시아 연대론", 『사회와역사』제78집(2008), 129~167쪽 ; 장현근, "유교근대화와 계몽주의적 한민족국가 구상", 『동양정치사상사』제3권 제2호(2003), 139~168쪽.

서양 학문을 수용하고 학습해야만 이 경쟁 사회에서 국가를 보존하고 도태되지 않을 것이라고 했다. 이 논의들에 의하면 서양의 학문을 수용하지 않아 홍인종은 화를 당했고, 흑인종은 노예가 되었다.[5] 국가적 민족적 모멸과 수모를 당하지 않고 또 노예로 전락하지 않으려면 서양 학문을 학습하면서 실력을 배양해야 한다고 강조했다. 매우 위협적인 결론들이 부각되곤 했다. 철저히 강자의 논리를 그대로 약자가 수긍한 결과이며 이는 서구 문명을 받아들이지 않아 도태된 인종의 길을 걸을 수밖에 없다는 패배주의를 잉태한 일이기도 했다.

대한제국의 지식인들은 조국의 생존을 위해 힘을 길러야 한다고 주장하면서 이 실력을 배양하기 위해 서양 학문과 체제에 주목했다. 이 새로운 학문, 특히 과학기술을 도입하고 학습해 힘을 양성하자고 강조했던 것이다. 근대 과학이 강력한 힘을 가지게 된 데에는 일본으로 유학 갔던 청년들도 크게 영향을 미쳤다.

힘을 가진 서양 세력이 가진 신학문에서 현실 문제의 해결 방안을 찾으려 경주했다. 그리고 계몽운동기 지식인들은 실제 과학을 포함한 신학문을 공부하고 가르치려 했다. 이런 모색은 다양한 학회의 설립으로 나타났다. 국내에서는 호남학회, 서북학회, 기호흥학회와 더불어 대한자강회와 그 후신인 대한협회와 같은 계몽운동 단체를 결성하는 데에 중요한 배경이 되었다. 이 단체들은 주로 서울과 경기 등지에서 조직되었고 지방 곳곳에 지회를 두었다. 그리고 기관지를 발행했다. 『기호흥학회월보』, 『대동학회월보』, 『대한자강회월보』, 『대한협회회보』, 『서북학회월보』, 『서우』 등이 그것이다.

일본 유학생들 역시 암담한 현실을 과학기술을 포함한 서양 학문으로

---

5) 백성환, "학인불학인의 궐계", 『대한협회회보』 제3호(1908. 6. 25).

타개하기 위해 학회들을 조직했고 학회지를 발행했다.[6] 일본 유학생들의 초기 단체는 1895년 고종의 '교육입국조서' 반포 이래 파견된 관비유학생들이 만든 '대조선인 일본 유학생 친목회'였다. 이 단체는『친목회회보』를 발행했다.[7] 이를 본뜬 단체가 1905년 이후에 설립되었다. 일본 유학생들은 협회들을 결성하고 기관지를 발행했다. 그 가운데 하나가 '태극학회'이다.[8] 이 단체에서는 학회지『태극학보』를 발행했다.[9] 또 1907년 3월 결성된 '대한유학생회'는 기관지『대한유학생회학보』를 창간했다.[10] 이후 '대한유학생회'는 '대한학회'로 재조직되었고 회보『대한학회월보』를 발간했다.[11] 그리고 1909년 1월에 '대한학회', '태극

---

6) 이에 대한 자세한 논의는 이면우, "초기 일본 유학생들의 학회활동을 통한 과학문화에의 기여 : 1895~1910",『일본문화연구』16(2005), 109~132쪽을 참조할 것.

7) 이 잡지는 매호마다 100~250여 쪽 규모에 이르렀다. 하지만 이 회보에 등장하는 자연과학과 관련한 기사는 단 두 건에 불과했다. 그 가운데 변학선의 "물리약술"에서는 물질의 3태를 설명하면 분자 개념을 설명했다. 이 잡지는 오래 지속 되지 못하고 친목회의 활동의 중지와 더불어 통권 3호로 폐간되었다.

8) 태극학회는 본회의 회원수는 279명, 지회의 회원까지 합하면 600여 명에 달하는 대규모 학생모임이었다. 태극학회는 학회설립 초기부터 회원들의 교육에 관심을 기울여 어학강습소인 태극학교를 세웠다. 그리고 어학강습에 머무르지 않고 光武學校, 同寅學校를 세웠고, 이후에는 이 학교들을 靑年學院으로 발전시키는 등 교육 사업에 노력을 기울였다. 1907년 2월부터는 국내로 세력을 확장해 支會를 설치하기도 했다.

9)『태극학보』는 1906년 8월 24일 제1호를 창간한 이래 매년 8월을 제외하고 1908년 12월까지 27호를 발간했다.

10) 1904년 이후 일본 유학생들 사이에 출신 지역이나 구성원별로 많은 단체들이 설립되었다. 이렇게 많은 단체들의 설립은 회원들의 중복 가입 등에 따라 회비 갹출의 어려움을 겪게 되었고, 이로 인한 재정 운영의 어려움을 해결하기 위한 단체의 단일화가 요구되었다. 대한유학생회는 이런 필요에 의해 설립된 단체였다. 1906년 7월 大韓留學生俱樂部와 漢錦靑年會가 통합에 합의해 이 대한유학생회를 결성했다. 회장에는 尙灝, 부회장에는 崔麟이 선출되었다. 이 단체의 설립 목적은 회원 상호 간의 친목 도모와 학식 교환, 그리고 서양문물을 수용해 국가 실력을 향상하는 데 있었다. 학보의 간행은 이 단체의 가장 중요한 사업이었다.

학회', '대한공수회' 및 '연학회(研學會)'가 통합해 공식적으로 '대한흥학회'가 창립되었는데, 이 학회의 기관지는 『대한흥학보』였다. 이들이 펴낸 기관지들 역시 국내로 유입되었고, 계몽운동을 이끌었다.[12]

국내외 각 학회에서 발행한 기관지들은 새로운 서양 과학지식과 서양의 사유방식을 포함한 학문 상황과 관련 정보들을 내용으로 했다. 그리고 전국적으로 보급되었다. 이 기관지들에 실린 과학 기사는 매우 많다. 『대한자강회월보』 12건, 『서북학회월보』 41건, 『서우』 19건, 『호남』 11건, 『기호흥학회월보』 63건, 『교남교육회잡지』 14건이 실렸고 더불어 애국계몽단체와 결이 다른 '대동학회'의 『대동학회월보』에도 50건이 실린 것으로 보고되었다.[13] 이 기사들은 모두 230여 건에 달하는 방대한 규모였다.

이 보고에 일본 유학생 협회에서 발행한 기관지에서 다룬 과학기사를 더하면 과학 관련 기사의 규모는 더 늘어난다. 태극학회 기관지 『태극학보』는 모두 27호가 발행되었는데 80편의 과학 관련 기사가 실렸다. 『대한유학생회학보』에도 9건의 기사가 게재되었다. 『대한학회월보』는 1908년 2월 창간 이래 동년 11월 통권 9호로 폐간될 때까지 15편 정도의 과학 관련 기사를 실었다. 특히 위생 분야를 주로 다루어 10편에 이르는 수준이었다. '대한흥학회'의 기관지 『대한흥학보』는 1909년 3월 창간해

---

11) 『대한학회월보』는 9호가 발행되었고 26건의 과학기술 관련 기사 실렸다.

12) 대한흥학회는 '敎誼硏學', '국민의 智德啓發'과 같이 친목단결, 학술연마, 국민교육계몽 등 유학생 단체들이 공통으로 표방하던 목적을 그대로 계승, 수용했다. 이들은 인쇄기를 구입하여 동경유학생 감독부 내 대한흥학회 출판부를 만들고, 학보를 만들기도 했다. 그들은 1909년 3월 『대한흥학보』 1호를 창간한 이후로 1910년 5월 20일자 13호로 종간될 때까지, 매월 2,000부씩 발행해 대부분을 국내에 배부했다.

13) 이에 관한 논의는 이면우, "근대 교육기(1876~1910) 학회지를 통한 과학교육의 전개", 『한국지구과학회지』 22(2)(2001), 75~88쪽을 참조할 것.

이듬해 6월 일제에 의해 강제 해산될 때까지 모두 13권이 간행되었고 여기에는 과학 관련 논술은 20건이 실렸다.

국내외에서 발행된 기관지들의 과학 관련 기사들을 모두 정리하면 공업 3건, 농학을 포함한 농업 관련 기사 20건, 임업 관련 7건, 수산 관련 통계 1건, 물리학 26건, 화학 26건, 수학 6건, 박물학 88건(광물 11건, 동물 14건, 식물 24건, 생리 및 위생 55건)[14], 지리학 48건(일반지리학 설명 10건, 자연지리 18건, 천문지리 20건)[15], 교육론 및 문명론을 포함한 일반론 108건 등 모두 350여 건에 달한다.[16]

이런 단체들의 결성과 기관지의 발행은 앞에서도 언급한 대로 사회진화론의 영향을 크게 받았고 이는 각각의 기관지 곳곳에 드러나 있다. 사회진화론은 '경쟁', '적자생존'과 같은 핵심어를 제목으로 해 피력되거나[17] 국가론, 위생론을 다루면서 국가의 경쟁력을 키우기 위한 방안들과 더불어 소개되었다.[18]

---

14) 박물의 범주는 "지리학 속", 『서북학회월보』 제10호(1909. 3. 1)을 기준으로 삼아 기사들을 분류 배속했다.

15) 지구과학 분야의 구분은 최생, "地理學分類表", 『대한유학생학회보』 제2호 (1907. 2. 4)의 기사를 기준으로 했다. 그는 지리학을 "지구에 관한 만반현상을 고구(考究)하는 학문"으로 규정하고 이를 자연지리와 지문학으로 구분했다. 자연지리는 "地球表面에 起흔 天然現象을 考究흐는 者"로 한정해 水陸氣界의 區別, 水陸의 位置, 形勢, 廣狹, 分布, 水와 空氣의 運動, 地球上 各地의 氣候, 生物과 鑛物의 分布, 地球上의 變動(火山地震等)의 理法, 因果, 關係 等을 포함시켰다. 地文學에 數理地理(천문지리), 地文學, 人文地理, 政治地理, 商業地理, 工業地理를 포함시켰다. 이 글에서는 정치지리, 상업지리를 제외시켰다.

16) 이 기사들을 분류 정리해 2부 4장에 실었다.

17) 포우생, "경쟁의 근본", 『태극학보』 제22호(1908. 6. 24) ; 김영기, "적자생존", 『대한흥학보』 제1호(1909. 3. 20) ; KM 생, "생존경쟁담", 『대한흥학보』 제13호 (1910. 5. 20).

18) 최석하, "국가론", 『태극학보』 제1호(1906. 8. 24) ; 박상용, "교육이 불명이면 생존을 부득", 『태극학보』 제10호(1907. 5. 24) ; 회원 김봉관, "위생부", 『서우』 제7호(1907. 6. 1) ; 이승교, "실업논", 『서우』 제17호(1908. 5. 1).

2) 과학의 이해 : 신학문으로서의 과학의 수용

(1) '신학'과 '과학'의 등장

계몽운동기, 이전 시대 과학을 지칭했던 '격치'의 의미하는 바에 큰 변화가 생겼다. 이 용어의 함의와 내포가 달라진 것이다. 가장 눈에 띄는 것은 또 조화옹, 창조주, 신의 설계와 같은 의미를 찾을 수 없게 되었다는 점이다. 또 완벽한 근대 과학의 의미로 전이를 이룬 것은 아니어서 애국계몽운동기에 활동했던 필자들이나 학회지 등에 나타난 기사들에 따라서는 여전히 특정한 분야, 예를 들면 동양에서도 깊은 전통을 찾을 수 있는 수학 분야에서는 '서학의 중국기원설'의 흔적이 남겨져 있다.[19] 또 전통적 학문과의 연관을 찾으려는 시도도 지속되고 있음을 볼 수 있다. 예를 들면 격치를 육예로 주장하는 기사들이다. 특히 『대한자강회월보』에 홍필주가 쓴 "신학육예설"에서 이런 인식이 피력되었다. 홍필주(洪弼周, 1855~1917)는 이 글에서 새로운 학문을 배워야 할 것을 강조했지만, "도덕인의는 이(理)요 육예(六藝)는 기(器)이며, 도덕인의는 모두 육예에서 나왔다"는 주장을 폈다. 비록 그가 "만약 기를 버리고 이(理)만 한다면 이(理)는 장차 어디에 기대어야 하는가"라며 이와 기가 서로 보완 관계임을 강조했지만 그는 도덕의리가 육예보다 상위의 개념으로, 기를 길러 이(理)에 이르는 것을 '하학이 상달'하는 것으로 여겼다. 그는 전통적 육예, 즉 예(禮), 악(樂), 사(射), 어(御), 서(書), 수(數)를 신학문이나 근대 서양문물에서 찾아 비교했다. 예(禮)는 서양의 교역에서 정확하고 번잡스럽지 않은 문장을, 악은 교인(敎人)들의 장중한

---

19) 김낙영, "동서양 양인의 수학사상 3", 『태극학보』 제10호(1907. 5. 24.).

음악을, 활쏘기는 총통으로 겨냥하여 사격하는 일을, 말타기는 기선과 철도로 목적지에 도달함을, 서는 서로 다른 언어를 번역해 통할 수 있게 함을, 마지막으로 수는 삼각함수의 정밀함을 들어 서양의 문물과 학문과 비교했다. 이렇게 육예로 이와 기로 분류해 서양 과학을 학문의 상하 관계 속에서 파악했다. 또 격치를 서양 근대 기술로 지칭하기도 했다. 이 글은 1년 후 김윤식(金允植, 1835~1922)에 의해 한문으로 번역되어 『대동학회월보』에 다시 실리기도 했다.[20] 육예설의 필자들이 모두 그들의 20, 30대에 새롭게 조선에 소개된 한역 근대 과학기술서적을 탐독했음을 감안하면 그 영향에서 벗어나기가 쉽지 않음을 보여준다.[21]

하지만 애국계몽운동기 이런 경향, 즉 이(理)와 기(器)를 나누고 격치를 대응해 위계를 설정하려는 시도들은 이미 주류에서 벗어나 있었음을 볼 수 있다. 이 시기 '격치'에 포함시켰던 분야를 새로운 차원에서 이해하려는 분위기가 형성되었고 이런 생각들이 광범위하게 전해졌다. 물론 여병현 처럼 측후(기상), 광학과 같이 산업을 발달시키는 분야를 격치라고 인식한 사람도 있었다.[22] 또 학문이나 과학의 범주와 함의를 규정하거나 설명함에 있어 전통과 명쾌하게 분리하지 않은 기사도 있었다.[23] 여전히 많은 기관지들에서 '격치'를 많이 사용했고 심지어 같은 기관지 내 격치, 신학, 과학 등이 혼용되기도 하며 한 개인이 이를 섞어 사용하기도 했다. 그밖에 격치를 의도적으로 쓰지 않기 위해 문학, 물질학 등을

20) 홍필주, "신학육예설", 『대한자강회월보』 제10호(1907. 4. 25) ; 『대동학회월보』 제6호(1908. 7. 25).
21) 이와 유사한 기사는 신기선(申箕善, 1851~1909)의 글에서도 볼 수 있다. 신기선, "학문신구(전호속)", 『대동학회월보』 제6호(1908. 7. 25).
22) 呂炳鉉, "殖産部", 『대한자강회월보』 제2호(1906. 8. 25).
23) 呂炳鉉, "格致學의 功用", 『대한협회회보』 제5호(1908. 8. 25) ; 6호(1908. 9. 25) ; 7호(1908. 10. 25).

사용하기도 했다. 이런 혼용, 혹은 격치의 사용은 격치의 내포가 명확하게 달라졌음에도 격치를 완벽하게 대체할 새로운 용어들을 발견하지 못했던 상황을 반영한다. 새로운 단어들을 제시하는 필자들은 대부분 그 함의와 범주 등을 정의하는 일로 시작했다. 무엇보다 이 격치를 지속적으로 사용하는 이 시기의 필자들은 여전히 중국 근대 한역과학서의 영향에서 자유롭지 못했고, 그만큼 이 서적들이 대한제국의 지식 사회에 깊숙하게 자리잡았다고 할 수 있다.

이런 격치의 내포가 바뀌는 분위기 속에서 여기에 묻어 있는 이전 시대의 의미를 탈각하기 위한 시도들이 전개되었다. 격치 대신 '서양 물질적 신학(新學)'이라면서 '신학'이라는 단어가 사용되기 시작했다.[24] '신학'이란 말이 1890년대에도 사용되기는 했다. 대표적으로 1897년 6월에 발행된 『대조선독립협회회보』 14호의 "흥신학설(興新學說)"을 제목으로 하는 기사를 들 수 있다.[25] 이 기사에서 '신학'은 통상적으로 서양의 학문 일반을 지칭했다. 이 기사는 신학의 의미나 특성, 범주, 혹은 방법론을 설명하지는 않고 단지 정부에서 신학을 가르칠 새로운 학교를 개설했음과 서양에서 이루어지는 각급 학교의 교과과정을 소개하는 정도에 지나지 않았다.

1905년이 지나며 등장하는 신학은 '흥신학설'과는 달랐다. 신학과 관련한 이 기사들은 신학을 소개하는 데에 그치지 않고 신학 자체에 대한 설명, 함의, 목적, 분과 학문과의 위계 및 범주 등등 신학에 관한 포괄적인 설명을 제시했다. 물론 신학을 소개하면서 여전히 "일(事)은 지금을 스승으로 삼고 이(理)는 옛것을 스승 삼아 서로 마땅히 함께 하고 한쪽으로 치우칠 수 없다"라면서 이(理)가 구학에 있으므로 '온고이

---

24) 朴海遠, "新舊學辨", 『대한협회회보』 제2호(1908. 3. 25).
25) "흥신학설", 『대조선독립협회회보』 제14호(1897. 6. 15).

지신(溫故而知新)'의 자세를 가질 것을 요구한 기사가 없지 않았다.26) 하지만 이 시기 신학을 다루는 기사들 대부분은 신학을 "만리(萬理)를 필거(畢擧)"하는 것으로 소개하는 한편 구학과는 차원이 다른 분야로 차이를 두었고 이를 견지했다.27) 예를 들어 '신학과 구학의 구별'라는 제목의 기사에 의하면 신학은 "광대무변(廣大無邊)혼 우주를 우리들의 작은 뇌에 압적(壓積)"하는 요체였다. 신학은 "경제, 정치, 농학, 공학, 화학, 이학(理學)과 기타 종신학"으로 그 이치를 상세히 연구하는 분야였고, 문명열강의 나라가 이미 그 효력을 본 문명의 핵심이라는 것이다. 그리고 구학으로서는 신학이 이룬 단 하나의 일도 이룰 수 없다고 단언하기까지 했다. 이 기사에 의하면 이(理)의 구학, 일의 신학의 구분은 무의미하며 신학만이 '시대의 생활'을 스스로 도모할 수 있게 했다.28)

박은식도 유사한 논지를 전개했다. 그는 중국 상해에서 활동하는 미국인 이가백이라는 사람의 글을 번역해『서우』에 실었다.29) 이 글은 "신학을 넓힘으로써 구학을 돕는다"를 제목으로 하고 있지만, 중국의 오랜 경서와 학설들이 낡아 더 이상 자연과 사회의 현상들을 설명하지 못한다는 것이 이 글의 주제였다. 그가 보기에 신학이 나라를 부강하게 하고 증기선과 기차를 달리게 하는 바탕이었다. 신학만이 국가의 부강과 문명의 증진에 유용했다.

신학에 관한 주장이 분과 학문 설명을 포함하면서 전국 곳곳으로 확산되었다. 이런 주장들을 담은 기관지들이 각종 단체의 지회를 통해 배포되었고, 이 기관지들이 전국의 사립학교 교육의 교과서로 사용되었

---

26) "新學과 舊學의 關係",『대동학회월보』제2호(1908. 3. 25).
27) 究新子, "신학과 구학의 구별",『서북학회월보』제8호(1909. 1. 1).
28) 위의 글.
29) 박은식 역술, "廣新學以輔舊學說",『서우』제3호(1907. 2. 1).

음을 감안하면, 신학은 전통적 격치와는 전혀 다른 분야로 인식되고 학습되는 지형이 마련되었다고 할 수 있다. 더 나아가 이제 전통의 상호감응하고 유기적 연관을 가진 천지인의 세계는 해체되고, 서양 박물학과 물리학, 화학에 의해 자연 만물 생성과 변화의 원리를 설명하는 체제로 본격적으로 이행되기 시작했다고 할 수 있다.

(2) '과학'의 활용

앞에서 살펴본 대로 이 시기 발행된 각종 기관지 및 학회지에서 보이는 격치의 의미는 이전 시기와 용법과 함의가 달랐다. 기술, 산업과 완전히 분리되지는 못했을지라도 동양 전통의 그림자에서는 탈피했다고 할 수 있다. 또 더 이상 창조주, 조화옹의 그림자를 찾을 수 없었다는 점도 이전 시대와의 중요한 차이라 할 수 있다.

무엇보다 '신학'이라는 용어와 더불어 '과학'이라는 단어가 본격적으로 사용되기 시작했음을 볼 수 있다. 이 시기 과학이라는 말은 분과 학문으로서의 의미도 있었지만 새롭게 정의되고 범주가 규정되고 활동 방식과 연구 방법, 목적을 포함하는 용어로 등장했다. 전국으로 배포되었던 학회지들의 필자들 가운데에는 '과학'이라는 용어를 자유롭게 구사하는 사람들이 늘어나고 있음을 볼 수 있다. 『서북학회월보』 11호에 실린 "제학석명절요(諸學釋名節要)"라는 기사는 과학이 영어로 '사이엔쓰'임을 밝히는 소절로 글을 시작했다. 이 기사에 의하면 과학은 "계통적 학리(學理)를 유(有)한 학문"이었다.[30] 전향적으로 과학 자체를 내세워 글을 전개한 기사들도 있다. 1906년에는 장응진이 "과학론"을, 1908년에

---

30) "諸學釋名 節要", 『서북학회월보』 제11호(1909. 4. 1). 이 글도 '과학'을 내세우며 諸學釋名 節要를 제목으로 서양 학문을 분류해 소개했다.

는 김영재가 "과학의 급무"를 제목으로 삼은 글을 실었다.31) 또 같은
해 이창환은 "철학과 과학의 범위"를 써서『대한학회월보』에 실었다.32)
'과학'을 표제로 내세운 그들은 과학이라고 하는 새로운 단어를 매우
자유자재로 구사했다.

　이런 기사들에서 '과학'의 개념들이 제시되곤 했다. "제학석명절요"
에 의하면 과학은 "계통적 학리(學理)를 유(有)한 학문"이었다. 김영재는
"과학(科學)은 실학(實學)이니 공리공론(空理空論)도 아니며 상상(想像)도
아니오, 실제(實際)의 학문(學問)"이라고 과학을 정의했다. 그에 의하면
과학이라는 학문을 실제상(實際上)에 응용(應用)하면 국가 사회의 각종
사업을 발달하게 함과 동시에 일반 국민의 상식을 발달시키는 기초
지식이었다. 그의 과학의 효용은 국가와 사회, 국민과 같은 집단적 범주
로만 끝나지 않았다. 그는 과학으로 인해 "(개인으로는) 각자의 사업경영
(事業經營)이 완전히 성행하고 부력(富力)이 증식(增殖)한다"고 보았다.33)

　자유롭게 과학이라는 용어를 사용하면서 과학의 학문적 특징을 설명
하고 학문의 위계를 소개한 기사도 나타났다. 필명을 죽포생(竹圃生)으로
쓰는 필자는 학문의 위계를 과학이라는 용어를 사용해 설정하고 학문의
구조를 검토했다.34) 그에 의하면 가장 상위를 차지하는 것은 지식(智識)
이며 그의 증손자뻘이 자연과학이었다. 즉 지식의 아들이 학문이며,
학문의 아들이 과학이라는 것이다. 과학은 형식적 과학과 실질적 과학이
라는 두 아들을 거느리는데, 형식적 과학은 순수한 산학만을 포함했다.
실질적 과학은 정신적 과학과 자연적 과학과 같은 두 아들이 있으며

31) 張膺震, "科學論",『태극학보』제5호(1906. 12. 24) ; 金英哉, "科學의 急務",『태극
　　학보』제20호(1908. 5. 24).
32) 이창환, "철학과 과학의 범위",『대한학회월보』, 제5호(1908. 6. 25).
33) 김영재, 앞의 글.
34) 죽포생, "學問의 要路",『서북학회월보』제14호(1909. 7. 1).

정신적 과학에는 심리학, 사회학, 교육학, 윤리학, 논리학, 정치학, 법률학, 산학, 경제학, 사학 등이 속하고, 자연적 과학에는 물리학, 화학, 식물학, 동물학, 지리학, 생리학 등이 속했다.[35] 과학의 연구 방법들도 함께 설명했다. 이 분류에 따르면 현재 자연적 과학에 속하는 산학이 정신적 과학에 속한다는 차이는 있지만, 이 기사는 '학문'을 분류하면서 '과학'이라는 용어를 분과로서가 아니라 범주로 과감하게 사용했다. 비록 이 기사에서 분류의 기준까지 제시한 것은 아니지만, 이 기사에서는 격치는 없었고, 과학이라는 단어는 매우 익숙하고 빈번하게 사용되었다.

과학이 다루는 연구 대상과 인간과의 관계를 설정한 글도 애국계몽기에 등장했다. '과학론'에서 필자 장응진은 "인류는 지구상에 영물(靈物)이오 생물계의 패왕(覇王)"이라고 인간의 자연계에서의 위계를 제시하면서 이런 지위를 지닌 인간은 지력이 발달했기 때문에 지구상의 만물을 지배하며 자연계 현상을 어느 정도 이해하고 연구해 더 나은 생활을 향유할 수 있고, 여러 편리한 규범을 만들어 이를 통해 인류공동의 행복을 확보할 수 있다고 설파했다.[36] 이 생각의 바탕에는 17세기 영국의 베이컨(F. Bacon, 1561~1626)의 주장이 담겨 있다. 베이컨이 '지식의 공효성'을 주창한 이래 자연을 통제하고 제어해 인류 복지에 이바지하는 자연 지식을 확보하는 일은 광범위하게 받아들여진 인간의 자연에 대한 권리였다.[37] 인간이 자연을 통제하고 관련한 다양한 자연 현상을 연구해 원리를 파악해 인류의 공영에 기여해야 한다는 관념은 서양

---

35) 같은 글. 한편 이 기사에는 정신적 과학과 물질적 과학이 잘못 게재되어 있다.
36) 장응진, 앞의 글(『태극학보』 제5호, 1906. 12. 24).
37) 베이컨은 자연과 관련한 지식을 '이용후생지도(利用厚生之道)'로 전개했다. 그는 자연을 통제하는 자연 지식, 인류 복지 증진에 기여하는 힘을 가진 실제적 지식이라고 주장하면서 당시 존재하던 다양한 지식형태들을 동굴, 극장, 종족, 시장 등 네 개의 우상으로 비판했다.

근대 과학혁명 이래 자연 과학의 목적으로 중요하게 자리 잡았다. 사회진화론과도 맥이 닿아 있는 이런 목적을 장응진은 과학의 핵심으로 파악했다. 장응진은 또 '자연과학' 혹은 '사실과학'이라는 개념을 사용하면서 전통 자연관, 즉 인간과 하늘과 땅의 자연만물이 서로의 상태가 서로 영향을 미치는 유기체라고 하는 세계관과는 전혀 다른 통제 가능한 대상으로서의 자연을 제시했다. 이는 분해되고 재현되며 장악당하는 대상인 자연과 그 통제자이자 주도자 인간이라는 관계 정비를 위한 시도였다. 자연에 대한 실제적 힘을 가지는 베이컨의 주장은 장응진뿐만 아니라 여러 필자들을 통해 애국계몽기의 학회지들에 소개되었다. 이 주장은 대한제국의 지식인들에게 또 다른 의미, 즉 나라를 지키는 힘으로 변형되었다. 동시에 근대 과학은 '힘을 가진 학문'으로 거듭났다. 이런 논의들의 기본바탕에는 신학문, 혹은 과학의 도구적 성격이 강조되어 있었고 이런 경향은 애국계몽운동의 방향과도 일치했다.

　사회진화론적 경향이 강했던 시기임에도 미미하지만 또 다른 조류도 형성되기 시작했음을 볼 수 있다. 서북학회회원인 필명 백남산인은 신학문을 "사물, 공기의 구성, 물질의 변화, 변화의 작동을 궁구하는" 분야로 규정했는데 이는 다른 사람들과 크게 다르지는 않지만 유난히 차이가 나는 지점이 있었다. 그것은 그가 "최대흔 목적은 자기의 능력을 십분 발달식힘에 재(在)ᄒ니 입신출세(立身出世)던지 혹은 사회를 익(益)ᄒ게 하는 거슨 다만 이(此)를 수반ᄒᄂ 바 사물쑨이라"고 진술했다는 점이다.[38] 이전 시대 심지어 동시대에도 부국강병의 도구로 여겨지던

---

38) 백남산인, "국민학과 물질학", 『서북학회월보』 제7호(1908. 12. 1). 그는 신학을 국민학과 물질학의 대 범주를 설정하고 과학을 물질학 범주에 귀속시키는 한편 그 목적을 실업발전과 이용후생으로 설정했다. 이 기사에서 물질학은 "국력의 건강과 민산(民産)의 부성(富盛)은 전(專)히 실업발전(實業發展)에 재(在)ᄒ고 실업 발전은 물질학을 연구ᄒ야 이용후생의 물품을 다산홈에 재(在)"하는

분야가 자아의 개발과 육성이 목적이라는 주장은 매우 특별했다. 더 나아가 입신출세나 사회에의 기여는 수반되는 일에 불과하다고 하면서 신학문의 목적이 아니라는 점을 분명히 밝히기도 했다.[39] 여기서 그치지 않고 그는 학문이 융성한 같은 문명국 중에도 학문 연마의 목적과 태도가 다르다고 하면서 영국과 미국, 그리고 독일을 비교하기도 했다. 그에 의하면 영국과 미국은 실제상 사물에 응용하여 이익을 얻는 것을 목적으로 삼지만 독일은 "학문은 학문이라 하야 수(修)하는 고로 그 결과가 여하(如何)흔 것에 너무 주의(注意)치 아니"했다. 그런데 오히려 학문을 통해 실리를 추구하는 영국과 미국보다 학문 자체를 귀하게 여기는 독일에서 성과가 더 탁월하게 나타났다고 판단했다. 그는 독일이 학문 그 자체를 비상하게 충실히 연구하는 태도를 높이 평가했다. 이처럼 애국계몽운동기에 학문의 한 분야로 등장한 과학은 그 자체 연구가 목적일 수 있다는 가능성이 제기되어 부국강병이나 약육강식과 같은 시대적 기치로부터 탈피할 수 있는 기반이 조성되기 시작했다.

과학, 신학문에 관한 논의들이 전개되면서 동시에 과학 분야 학문의 대상에 대한 설명도 제시되었다. 특히 장응진은 자연과학의 연구 대상을 "우주 간 만물이 천연적(天然的)으로 호상간(互相間)에 기작(起作)흐는 사실(事實)"로 규정했다.[40] 그가 사용한 '천연'은 중국의 계몽주의자 엄복 (嚴復, 1853~1921)이 진화의 의미를 내포하는 자연을 의미하는 용어로 새롭게 조성한 바 있다.[41] 또 일본에서도 자연의 대체하는 말로 재정의한

데에 목적이 있다고 밝히기는 했지만, 과학을 아우르는 신학문의 목적을 이용후 생에만 국한시키지 않았다.
39) 研究生, "學問의 目的", 『태극학보』 제17호(1908. 1. 24).
40) 장응진, 앞의 글(『태극학보』 제5호 1906. 12. 24).
41) 한림대학교 한림과학원 편집부, 『두 시점의 개념사—현지성과 동시성으로 보는 동아시아 근대』(푸른역사, 2013), 77쪽.

천연을 사용하기도 했다. 장응진이 엄복의 것을 차용했는지 혹은 일본에서의 용법을 사용했는지 알려지지 않았지만 그는 과학 탐구의 대상이 천연임을 명확하게 했다. 이 천연은 해와 달, 별들이 허공에 떠 있고, 쉬지 않고 움직여 낮이 가고 밤이 오거나, 계절이 일정한 법칙으로 서로 교대하며 계절에 따른 동식물, 기상 변화, 열매가 땅으로 떨어지는 공간이었다. 그리고 풍선이 허공으로 날아가며 물이 위에서 아래로 향하는 현상을 의미했다. 무엇보다 만물이 서로 일으키고 만들어내는 공간이었다. 이런 현상들은 모두 관찰 가능했고, 천연은 이 모두를 포괄했다. 원래부터 그러한 우주에서 물질들만이 상호 작동하며 서로에게 영향을 미치는 세계였다. 과학은 "천연이 어떻게 시작되었는지"와 같은 탄생의 기원보다는 현상들 자체를 연구했다. 이 천연의 공간에는 인위적이거나 초자연적인 힘이 작동하지 않았다. 조선 전통의 재이설의 민심도, 기독교의 하느님도 영향력을 행사하지 못하는 세계였다. 이런 세계를 연구 대상으로 삼은 과학은 "천문학, 지리학, 박물학(博物學), 물리학, 화학, 심리학 기타 종종"으로 구분되었다. 그의 이런 과학 연구의 대상을 부여하는 작업은 이전에는 별로 제시되지 않았던 새로운 움직임이었다.

(3) 새로운 과학 세계로의 진입

앞에서 살펴본 대로 이 시기 과학은 새로운 위상과 목적을 확보할 수 있는 의미 있는 변화를 겪기 시작했다. 새로운 학문으로서 정의되었고, 연구 대상도 제시되었다. 여기에 더해 연구 방법에 관한 논의도 전개되었음도 중요한 전환이라 할 수 있다. 전통 사회에서 학문의 방법으로 인식되기는커녕 장인들의 영역이었던 손과 도구를 이용한 대상물 변형이 과학의 중요한 방법이라고 주장된 것이다. 바로 실험이었다.

실험과 관련한 의견은 베이컨의 주장이 수용된 것인데, 장응진은 추상적이고 공허하며 사색적인 것이 아닌 관찰과 실험에 기반을 둔 학문이 필요함을 주장했다. 동시에 이런 목적을 가진 지식을 연구하는 학회의 설립이 필요하다고 강조했다.[42] 그는 "경험상 대개 일정한 법칙"으로서의 과학은 "종종(種種)의 현상을 우리가 사실로 연구ᄒ야 차간에 일정ᄒ 공통의 법칙을 발견하는 것"이라고 보았다. '종종의 현상을 연구'함으로써 '일관된 공통의 법칙으로 발견하는 것'이 바로 과학이며, 그가 보기에 이 현상들을 연구하기 위해서는 관찰과 실험이 필요했다. 이 방법들로 얻어진 정보들을 분류하고 현상을 해명할 수 있는 원리들을 구비하는 과정이 과학이었다.

이 시기 장응진처럼 관찰과 실험을 통해 일정한 법칙을 유도하는, 즉 귀납을 학문의 방법으로 내세운 사람들이 등장하기 시작했다. 죽포생은 학문의 연구 방법으로 연역법과 귀납법을 들어 설명하면서 과학이 귀납법으로 연구되어진다고 했다. 그에 의하면 이론학파는 연역 방법으로 추리를 주장하고, 사실학파는 귀납 방법으로 실험을 주장한다는 것이다.[43] 특히 '신학'에서 '실험'이 중요하다고 강조했다.[44] 이론 분야

---

42) 여병현, "격치학의 공용(속)", 『대한협회회보』 제7호(1908. 10. 25) ; 하지만 계몽운동기 설립된 단체의 성격은 베이컨의 학회와는 많이 다르다. 베이컨이 언급한 단체는 자연에 힘을 가지는 지식을 생산해 인류 복지에 이바지하는 학술 단체를 의미했다. 그가 생각한 학회는 지속적인 연구 활동을 위해 국가는 이 단체에 정치적 자유가 제공되어야 하며, 이 학회가 생산하는 지식이 인류 발전에 이바지하는 공효적 성격을 가지는 까닭에 국가가 이 연구 활동을 재정적, 제도적 지원을 해야 했다.

43) 竹圃生, 앞의 글.

44) 하지만 그는 연역의 방법과 귀납의 방법이 모두 동양에서 예부터 사용했던 방법임을 지적하면서 "정주(程朱)의 학(學)은 연역적 방법에 속한 자라 격물치지(格物致知)로 성의정심(誠意正心)에 이르게(及) 하엿시나 왕명학(王明學)은 귀납적 방법에 속한 자라 성의정심으로 격물치지에 급(扱)케 하"엿다고 보면서 이 두 방법이 모두 학문연구의 중요한 길이라고 주장하기도 하면서 전통 학문

로 알려진 물리학 내의 소리, 열, 빛, 자기, 전기 등의 현상을 연구하기 위해서는 이들 현상과 기타 현상간의 관계를 구하고 이에 의한 결과는 "소수(少數)의 확실(確實)흔 실험상(實驗上) 사실(事實)로 허다(許多)한 현상(現象)을 설명(說明)흠을 목적(目的)"으로 한다고 설명했다. 사실과학의 중요한 연구 방법으로 주장된 실험은 당시 기관지들에서도 반복되었다. 특히 이미 실험과 관찰의 분야로 알려진 동식물학이나 화학만의 분야가 아니라 물리학에서도 연구 방법으로 제시된 것이다.45) 실험, 관찰이라고 하는 이전 시대 학문분야에서 존재하지 않았던 방법은 과학이라고 하는 새로운 학문에서 중요한 방법론으로 이해되고 수용되었다.

또 비록 전통적 용어인 산학이라는 말로도 지칭하기는 했지만 수학 역시 과학의 중요한 도구로 지목되었다. 여병현은 "격치자는 산학을 통달한 자이고, 산학은 격치에서 쓰이는 도구"라고 강조했다. 그만큼 산학을 격치의 중요한 도구로 인식했던 것이다. 더 나아가 동서의 격치에 힘쓰는 사람들은 산학으로 근본을 삼는 것이 마치 옥을 깎는데 크고 좋은 칼을 사용하는 것과 같다고 주장했다.46)

애국계몽운동기 각종 단체의 기관지에서 볼 수 있는 과학과 관련한 논의는 매우 활발하게 전개되었다. 그 과정에서 발견되는 과학은 격치도 아니었으며, 동양 전통의 자연관, 혹은 서양 선교사에 의한 혼종에서 벗어나 있음을 발견할 수 있다. 그리고 새로운 과학관과 더불어 연구 대상도 형성하기 시작했다. 과학혁명으로 구축된 서양 근대 과학의 전형, 즉 기계적 자연관, 연구 방법으로서의 실험, 언어로서의 수학 등과 일치하지는 않을지라도 제국의 침입이라는 당면과제를 해결하면

역시 학문 연구에서 중요한 선례를 남기고 있음을 보이려 했다.
45) 박한영, "물리학(속)", 『서북학회월보』 제17호(1909. 11. 1).
46) 여병현, 앞의 글(제7호, 1908. 10. 25).

서 새로운 변형들을 형성해가면서 새로운 과학으로 진입하고 있음을 보이는 일이었다.

3. 일본에 의한 또 다른 혼용 : 강화된 '실업'으로 재구성된 과학

하지만 애국계몽운동기에 이루어진 이런 전환은 더 이상 진행되지 못했다. 문명과 과학을 구국의 무기로 삼아 학교를 세우고 새로운 지식을 전파하며 자연관 전환의 계기를 형성했던 흐름은 더 이상의 성과를 도출하지 못했던 것이다. 이 전환은 문명의 전달자를 자임하며 대한제국 의 애국계몽운동을 회유하고 탄압했던 통감부의 교육 정책에 의해서 방해받았고, 끝내 좌절되었다.

통감부는 대한제국 지식인들의 애국계몽운동을 강력하게 저해하고 방해했다. 중요하게 동원된 방식은 새로운 학교제도의 통제 및 장악이었 다. 1906년 보통학교령을 시작으로 1908년 사립학교령, 학회령, 검정규 정, 1909년 출판법, 각종 학교령 개정, 실업학교령들이 잇달아 제정하면 서 통감부는 대한제국의 교육 내용과 수준을 통제했다. 그리고 이를 보다 더 효과적으로 진행하기 위해 교과서 검정도 실행했다. 1908년 사립학교령, 1908년 교과용 도서 검정규정 제정 공포 등에 따라 교과서를 검열하기 시작했다. 그들은 일제강점에 불만을 품는 '불량선인'을 양산 한다고 생각하는 교육기관 및 출판물을 강하게 제재했다. 그럼에도 검정 규정에 따른 과학교과서 가운데 불인가를 받은 도서는 모두 한국에 서 발행된『소물리학』과『신찬중등무기화학』, 그리고 중국에서 발행한 『격물질학』세 종에 불과했다. 이런 결과는 그들이 보기에 과학 관련

교과서의 경우 크게 질적으로 문제가 없었기 때문이었다. 그만큼 계몽운동기의 과학교과서들이 질적 수준을 확보했음을 의미했다.

하지만 점차 과학교육도 강력하게 통제해나가기 시작했다. 과학교육의 수준을 일제의 식민지 정책 속에서 조정했다. 과학교육을 제어하기위한 방식은 일차적으로 언어를 매개로 이루어졌다. 일제는 학부에일본인을 고용해 일본어로 교과서를 편찬하게 했고, 교육기관에서 이를우선적으로 사용하도록 규정했다. 기본적으로 대한제국 정부에 의해서설립된 교육기관들에서 수행되는 교육은 조선으로 이주해온 일본인들을 위한 것으로 탈바꿈되었다. 일어를 습득하지 못한 조선인의 접근은원천적으로 봉쇄되었다. 일어로 쓰인 이과서가 1910년부터는 무려 만권이나 넘게 발행되거나 대여된 데에 반해 국문으로 쓰인 검인정 승인비율이 1910년 71%에서 1915년 38%로 낮아졌다. 일어를 습득하지 못한조선인들은 학교교육 특히 이과 교육에서 배제되기 시작했고, 이 상황은점점 더 악화되었다.

교과서 검열을 통한 식민지교육도 더 강화되었다. 1915년까지 총독부로부터 과학교과서 가운데 불인가도서 3종, 검정무효 및 불허가도서16종으로 모두 19종이 사용금지되었다. 비록 발행금지 당한 것은 없었지만『개정중등물리학교과서』,『초등위생학교과서』,『중등생리위생학』,『초등용 간명 물리교과서』,『식물학』(현채)이 검정무효를 받았고, 동시에 검정불허가 및 불인가 처분을 받은 도서는『개정중등물리교과서』,『신찬지문학』,『중등생리위생학』,『소물리학』 등으로 늘어났다. 불인가는 정치적 교육적으로, 검정무효는 행정적 절차의 기준에 따라, 검정불허가는 행정적 교육적 기준에 따른 문제에 의해 내려지는 조처였다. 이사용금지 처분을 받은 과학교과서는 모두 한국에서 발행되었다. 당시발간된 과학교과서는 모두 138종으로 그 가운데 62종이 한국에서 발행

되었으나 그중 18종이나 과학교과서가 사용금지 당했던 것이다.[47] 이는
과학교육을 일제가 완벽하게 장악해 그 수준과 질을 통제했음을 의미하
는 것이었다.

이처럼 일본의 식민지배 강화를 위한 교육 장악 조처 가운데 과학과
관련해서는 매우 철저하게 진행되었다. 더불어 사회진화론에 근거한
이념 공세도 더해졌다. 조선 민족은 과학을 위한 가장 기본적인 언어인
수학을 할 수 없는 수준의 민족이어서 나라를 잃었다는 식의 수사가
난무했다.

반면 조선인의 저항 및 반감을 제거하고 조선인들을 회유하기 위한
여러 정책들도 동원되었다. 그 가운데 과학교육이 철저히 조선에 이주해
온 일본인을 위해 수행되었음에도 불구하고 조선인을 위한 것으로 포장
되었음을 들 수 있다. 대한제국이 이루어놓은 기술교육 학교들은 일본인
을 위해 재정비, 재편되었음에도 조선인의 입학을 허용했다. 하지만
농상공학교의 재편에 따라 설립된 농업학교 및 공업학교는 교육 수준에
문제가 내포되었다. 관립기술학교로 설립된 공업전습소는 당시 과학교
육 및 공업교육 수준과 견주면 비교적 고등의 내용으로 교과가 구성되기
는 했지만 엄밀한 의미에서 과학이나 공학이라고 부르기 어려운 수준의
교육만이 제공되었다. 그리고 실업학교로 불리는 학교들이 개설되기도
했지만, 이 학교들에서는 하급 기술자 정도가 양성되었다. 조선인을
이런 학교에 수용해 교육을 받게 한 것은 일본인 고급 기술자들이 귀환해
야 하는 상황이 닥쳤을 때에 한시적으로 기술 체계를 유지하고 운영하기
위해서였다.[48]

이런 상황에서 과학은 철저하게 실업으로 왜곡되었고 전반적인 자연

---

47) 이에 대한 자세한 논의는 박종석, 정병훈, 박승재, 앞의 글을 참조할 것.
48) 김근배, 『한국 근대 과학기술인력의 출현』(문학과 지성사, 2005), 144~145쪽.

관이나 세계관의 전환은 불가능했다. 그저 일본의 필요에 따라 제공되는 하급 기술 교육정도만이 과학교육을 표방하면서 수행되었을 뿐이었다.

4. 결론

애국계몽운동기 격치에서 신학문으로 전환한 과학은 이전과는 다른 차원의 내용을 내포하게 되었다. 구체적으로 과학 연구의 방법론이 제시되었고, 실험이 과학 연구에서 가지는 위치가 부여되었다. 무엇보다 한역 근대 과학기술서적의 영향에서 벗어나 있음을 볼 수 있다. 비록 그 서적들로 근대 과학을 접했던 지식인들이 애국계몽운동기 학술지 등의 대다수 필진을 형성했음에도 그들은 더 이상 이 서적들을 전재하지 않았고, 자유롭게 논지를 펼침으로써 그 이전 시대 격치를 포함한 용어들에 묻어 있던 전통 자연관 및 인식과 관련한 잔재들을 벗어났다. 또 더 이상 신에 의해 창조된 세상과 관련한 언급도 찾을 수 없었다. 비록 이 시기 그들이 '격치'라는 단어를 사용했을지라도 그 의미와 용법이 달랐다.

애국계몽운동기 필자들이 사용한 격치는 신학문이나 과학의 동의어였다. 신학문의 과학으로 인식했다는 것은 대한제국 시대에 과학을 서양에서 과학혁명으로 형성되고 조성된 근대 과학으로 수용했음을 의미했다.

이런 과학으로의 전환은 과학 연구 및 학습의 주요한 목적의 이행을 내포했다. 애국계몽운동기의 가장 강력한 과학의 이미지에는 개항 이래 조선 정부에 의해 부여된 부국강병의 도구, 사회진화론에 의한 구국의 도구라는 인식이 강조되어 있었다. 그런데 이 시기 여기에 더해 과학

자체, 학문 자체의 목적이 부여되기 시작했다. 과학을 포함한 학문의 연구로 개인의 능력이 개발될 뿐만 아니라 학문 그 자체가 발전한다는 점을 인식하기 시작했다. 과학이 학문 자체이며 그 연구 자체가 목적일 수 있다는 것이었다. 이런 주장들은 적어도 1900년 이전에는 나타나지 않았다. 이는 서양 학문이 동양의 전통 학문의 위상을 확보하게 되었음을 의미하며 특히 이전 시대 정부의 하위 부서에 존재하며 중인에 의해서 수행되었던 격치 분야가 학문과 동등한 지위를 차지하게 되었음을 의미했다.

애국계몽운동기 이처럼 신학문으로서의 '과학'을 발견하고 이해하고 학습하는 분위기가 연구로까지 이어지기는 어려웠다. 일본의 식민지배 야욕은 이런 활동을 통제했고, 이는 통감부 정책으로 드러났다. 그들은 검열을 통해 그들이 보기에 불량한 교과서들의 출판을 금지시켰고, 과학의 학습은 철저히 실업의 수준만을 허용했다. 대한제국의 과학은 억압적인 분위기 형성과 탄압, 그리고 경술국치로 이어지면서 과학은 실생활을 유용하게 하며 취업과 생업에 도움이 된다는 통감부에서 제공하는 실업으로 변용되었다.

제
2
부

제1장 고종 시대 수집된 한역 서양 과학기술서

1. 고종 시대 수집된 한역 서양 과학기술서 현황
   (청 및 일본으로부터의 수집 포함)
2. 한역 서양 과학기술서의 원저자, 원제, 소장 상황

1. 고종 시대 수집된 한역 서양 과학기술서 현황
(청 및 일본으로부터의 수집 포함)

---

1. 『內閣藏書彙編(이하 "내하서목")』, 『陰晴史』, 『譯書事略』, 『奎章閣圖書中國本綜合目錄』, 고려대학교, 서울대학교, 이화여자대학교 등의 중앙도서관 웹 사이트 (각 대학교 이름만 거론하는 것으로 약함) 및 숭실대학교 한국기독교박물관, 『한국기독교박물관 소장 과학기술 자료해제』(2009) 등을 참조.
2. 서명은 가나다순으로 배열함.
3. 소장처 및 분량/ 내하서목 유무 : 소장본이 소실된 경우는 ?로 표기함. 소장처 가운데 '규'는 규장각한국학연구원, '고'는 고려대학교 중앙도서관, '서'는 서울대학교 중앙도서관, '숭'은 숭실대학교 한국기독교박물관, '이'는 이화여자대학교 중앙도서관을 줄인 것임. "내하서목"에 존재하는 서명은 '내'로 표기함.
4. 대-중-소분류 분류중 1) 대분류 '수학 및 산학'은 수학으로 줄임. 2) 대분류 '예기 및 기술'은 예기로 줄임. 중분류 '기관·기기'는 기관으로 줄임, 소분류 '기관·기기'는 기관으로 줄임.
5. 저자 및 편·역자의 경우, 중국인의 국적은 따로 표기하지 않음.
6. '규장각 해제 유무'는 규장각한국학연구원 홈페이지의 관련 문헌에 관한 해제 유무를 의미함.

서목	소장처 및 분량/내하서목 유무	대-중-소분류	저자/편, 역자	발간/입수 연도	특기 사항	규장각 해제유무
開煤要法	규, 2책/내	예기-광학-채광	士密德(英) 編, 傅蘭雅(英) 譯	1871/1882.4, 10		있음
開方表	?, 1책	수학-산학		1874/1882.4	賈步緯의 『算學開方表』로 추정됨.	
格物入門	이, 7책/내	격치-총론-총서	丁韙良(美) 著	1866/	이대본은 1889년 간행. 저자 서문(1888) 있음.	
格物探原	규, 3권 3책(圖)	격치-총론-총서	韋廉臣(英) 著	1875/		
格致啓蒙	규, 4권 4책(圖)/내	격치-총론-총서	羅斯古(英) 著/ 林樂知(美), 鄭昌棪 同譯	1880/1882.4		
格致小引	규, 1책 23장	격치-총론-총서	赫施賚(英) 著/ 羅亨利(英), 瞿昻來 同譯			
格致彙編	규, 숭(1권제외)/내	격치-총론-잡지	傅蘭雅(英) 輯	1876.1-1882.12		
曲線須知	규, 1책 25장(圖)	수학-수학	傅蘭雅(英) 著	1888/		
攻守礮法	규, 10책/내	무비-병술-조포·포술	軍政局(布) 編 金楷理(美) 譯, 李鳳苞 정리	1875/	克虜伯腰箍礮說, 克虜伯礮架說, 克虜伯船礮操法, 克虜伯螺礮架說 합본	있음
工業新書	?, 2책/내	예기-기술				
工學必攜	?, 1책/내	예기-기술				
礦石圖說	규, 1책 38장	예기-광학-채광	傅蘭雅(英) 著	1884/		있음
光學 附 視學諸器圖說	규, 2책. 附 1책/내	격치-격치-광학	田大里(英) 輯, 附 西里門(英) 金楷理(美) 趙元益 정리			있음
光學須知	숭, 39장	격치-격치-광학	傅蘭雅(英) 著	1890/		있음
句股六術	?, 1책	수학-산학	項名達 著	1874/1882.4		
句股義(中西算學四種)	규, 1책 33장/내	수학-산학	徐光啓 著/ 李善蘭 校正			
九數外錄	규, 1책 58장	수학-산학	顧觀光 著	1877/1882.4		
九數通考	규, 10권5책	수학-산학	屈曾發 輯	1887		
臼砲器械	?, 1책/내	무비-병술-조포·포술			『臼砲器械與裝放法』(奎11487)로 추정.	
克虜伯礮說	규, 4권1책 83장/내	무비-병술-조포·포술	軍政局(布) 編 金楷理(美) 譯, 李鳳苞 정리	1872/1882.4		있음
克虜伯礮準心法	규, 1책 51장/내	무비-병술-조포·포술	軍政局(布) 編 金楷理(美) 譯, 李鳳苞 정리	1872/1882.4		
克虜伯礮彈附圖	규, 1책 50장/내	무비-병술-조포·포술	軍政局(布) 編 金楷理(美) 譯, 李鳳苞 정리	1872/1882.4		
克虜伯礮彈造法	규, 2책/내	무비-병술-조포·포술	軍政局(布) 編, 金楷理(美) 譯, 李鳳苞 정리	1872/1882.4		
克虜伯礮表	규, 1책 60장	무비-병술-조포·포술	軍政局(布) 編 金楷理(美) 譯, 李鳳苞 정리	1872/1882.4		

서목	소장처 및 분량/ 내하서목 유무	대-중-소분류	저자/편, 역자	발간/입수 연도	특기 사항	규장각 해제유무
克鹿卜演畷彙譯	규, 1책 18장	무비-병술-조포·포술	泰晤士新報(英) 編			
汽機	?, 10책/내	예기-기관			『기기발인』,『기기신제』,『기기필이』합본으로 추정됨.	
機器論理	규, 1책 43장	예기-기관-기기	毛祥麟 著		William Alexander Parsons Martin(丁韙良 1827~1916) 등의 글을 모음.	있음
汽機發軔	규, 4책/내	예기-기관-기관	美以納(英) 著/ 偉烈亞力(英) 譯, 徐壽 逑	1871/1882.4, 10		있음
汽機新制	규, 숭(5-8권) 8권 2책/내	예기-기관-기관	白爾格(英) 著/ 傅蘭雅(英) 譯	1873/1882.4, 10		있음
汽機必以	규, 숭(6-9권, 부권) 12권 4책 附卷	예기-기관-기관	蒲而捺(英) 撰/ 傅蘭雅(英) 譯, 徐建寅 逑	1872/1882.4, 10		있음
機器火輪船源流考	규, 1책88장	예기-기관-기기	艾約瑟(英) 撰			있음
器象顯眞·圖	규, 2책	예기-기관-제도	傅蘭雅(英) 譯, 徐建寅 逑	1872,1879 (도)/1882.4, 10		있음
幾何原本	규, 3권2책	수학-수학	偉烈亞力(英) 譯, 李善蘭 逑		유클리드『원론』의 후반부 9권 완역.	있음
氣學須知	규, 1권	격치-격치-중학	傅蘭雅(英) 著	1886/		있음
金石識別	규, 숭(제5권), 12권 6책/내	예기-광학-분석	代那(美) 著/ 瑪高溫(美) 譯, 華蘅芳 逑	1871/1882.4		있음
內科新說	규, 1책 117장/내	의학-의술	合信(英) 著	1858/		있음
內科闡微	규, 1책 29장/내	의학-의술	嘉約翰(美) 著	1873/		없음
談天	규, 18권 附 포함 4책	격치-지리-천문	侯失勒(英) 著/ 偉烈亞力(英) 譯, 徐壽 逑	1859, 1879 /1882.4	1879년 6본으로 재출간.	없음
代微積拾級	규, 18권 3책/내	수학-수학	羅密士(美) 著/ 偉烈亞力(英) 譯, 李善蘭 逑	1859/		없음
代數難題解法	?, 4책	수학-수학	倫德(英) 編/ 傅蘭雅(英) 譯	1879/		
代數須知	규, 2책	수학-수학	傅蘭雅(英) 著	1887/		없음
代數術	규, 25권 6책	수학-수학	華里司(英) 輯/ 華蘅芳 譯	1872/1882.4		있음
對數表	규, 4권 4책/내	수학-산학	賈步緯 著	1873/1882.4		없음
對數表說	규, 1책 54장/내	수학-산학	賈步緯 著			없음
淘金略法	?/내	격치-격치-전기학			『鍍金略法』의 誤記인 듯함.	
董方立算書	규, 1책 89장	수학-산학	董祐誠 著	/1882.4		
量法代算	규, 1책 50장/내	수학-산학	賈步緯 著	1872	1875년 강남제조국에서 재출간.	
裹紮新法	규, 1책 21장/내	의학-의술	嘉約翰(美) 口譯	1875/		

서목	소장처 및 분량/ 내하서목 유무	대-중-소분류	저자/편, 역자	발간/입수 연도	특기 사항	규장각 해제유무
萬國航海圖	서/내	무비-해방-항해	庸普爾地(英) 著 /E.Schnell(蘭) 校, 武田簡吾 編	1858/		
煤藥記	?, 1본	예기-광학		/1882.10		
聞見彙撰	규, 1책 33장	격치-총론-총서			혜성에 대한 근대 천 문학적 견해 수록.	있음
微積溯源	규, 6본	수학-수학	華里士(英) 輯 傅蘭雅(英), 華 衡芳 同譯	1875/1882. 10		
微積須知	규, 1책 26장	수학-수학	傅蘭雅(英) 著	1888/		없음
博物新編	규, 3권 1책 80 장/내	격치-총론-총서	合信(英) 著	1855/		있음
發蒙益慧錄	규, 3책	격치-총론-총서	合巴禮瑾(美) 著	1881/		
防海	?, 5책	무비-해방				
防海紀略	규, 2권 2책	무비-해방-총론	王之春 編			있음
防海新論	규, 슝(6-7, 15- 18권) 18권 6책	무비-해방-총론	希理哈(布) 著/ 傅蘭雅 譯	1871/1882.4	『방해신론』의 발췌 정리한 문서 존재	
百工應用化學 編	서, 1책/내	예기-기술-기타			百科全書百工應用化學 篇(일 문부성, 1873) 서울대학교 중앙도 서관 고문헌실	
百工製作新書	?, 3책/내	예기-기술				
百科全書	?, 2책/내	격치-총론			1873년 일 문부성 편 찬으로 추정.	
兵船礮法	규, 슝(3-4권) 6권 3책/내	무비-해방-조포· 포술	水師書院(美)/ 金楷理(美) 譯	1876/		
餠藥造法	규, 1책 60장/내	무비-병술-화약	軍政局(布) 編	1872/1882.4		
富國策	규, 3권 3책/내	격치-총론-부국론	丁韙良(美) 撰			
婦嬰新說	규, 1책 62장 (圖)/내	의학-의술	合信(英) 著	1858/		있음
山微積溯元	규, 6책/내	수학-산학			華衡芳, 『微積溯源』으 로 추정.	
算法統宗	규, 12권 6책/내	수학-산학	程大位 著	1876/1882.4	『新增算法統宗大全』 으로 重刊(1883)	
算式輯要	규, 4권 2책(圖)	수학-산학	傅蘭雅(英) 譯, 江衡 述			
算學	?/내	수학-산학				
算學開方表	규, 1책 32장/내	수학-산학	賈步緯 編			
算學啓蒙	규, 3책/내	수학-산학	朱世傑 著	1874/1882.4	阮元, 羅士琳이 조선 본을 재출간.	있음
算學發蒙	규, 12책/내	수학-산학	潘逢禧 編	1882/		있음
算學遺珍	규, 1책 66장	수학-산학	梅毅成 著	1876/		있음
算學叢書	규, 32책	수학-산학	丁取忠 編	1874/	『白芙堂算學叢書』.	
三角數理	규, 12권 6책	수학-수학	海麻士(英) 輯 傅蘭雅(英), 華衡芳 同譯	1879/1882.4		
三角須知	규, 2책	수학-수학	傅蘭雅(英) 著	1888/		
三才紀要	?, 1본	격치-총론		1871/1882.4		

서목	소장처 및 분량/내하서목 유무	대-중-소분류	저자/편, 역자	발간/입수 연도	특기 사항	규장각 해제유무
西國近事巢彙	?	격치-지리		/1882.4	『西國近事彙編』으로 추정됨.	
西國近事彙編	규, 20책/내	격치-지리-방제	金楷理(美) 譯, 姚棻, 蔡錫齡 筆述			
西藥略釋	규, 3책/내	의학-제약	嘉約翰(美) 著/ 孔繼良 譯	1876, 1886/		있음
西洋百工新書 外篇	?, 3책/내	예기-기술-총론				
西洋百工新書	?, 2책/내	예기-기술				
西藝六冊	?, 6책/내	예기-기술	傅蘭雅(英) 等 著		『西藝知新』으로 추정됨.	
西藝知新	규, 숭(5-7권), 22권 14책/내	예기-기술-총론	諾格德(英) 撰 傅蘭雅(英) 譯. 徐壽 述	/1882.4		
西醫略論	규, 숭, 1책 184 장(圖) /내	의학-의술	合信(英) 著/ 管茂材 撰	1857/		있음
西學課程彙編	규, 1책 31장	격치-총론-총론	肄業局 譯, 沈敦和 校訂	1885/		
西學略述	규, 10권 15책 27장	격치-총론-총서	艾約瑟(英) 譯	1886/	11개 항목, 3개 방제 지리	
聲學	규, 8권2책	격치-격치-성학	田大里(英) 著/ 傅蘭雅(英), 徐建寅 述	1874/1882.4, 10		
聲學須知	규, 1책 26장	격치-격치-성학	傅蘭雅(英) 著	1887/		있음
水師操練	규, 숭(부권), 18권, 부록 합 3 책/내	무비-해방-총서	戰船部(英) 編/ 傅蘭雅(英)	1872/1882. 4, 10	『克虜伯曔說』에 딸린 책을 재간행	있음
數學啓蒙	규, 2권2책	수학-수학	偉烈亞力(英) 輯	1886/		있음
數學理	규, 9권4책	수학-수학	棣麼甘(英) 撰 傅蘭雅(英) 譯, 趙元益 述	1879/1882.4		있음
植物學	규, 8권 1책 100 장/내	격치-화학-동식물학	韋廉臣(英) 譯, 李善蘭 述			
雜工雛形	?, 2건 각2책/내	예기-기술			일본에서 발행한 건축학 서적.	
新刊地球全圖	?, 1첩/내	격치-지리-방제				
心算初學	규, 6권1책 77 장	수학-수학	哈邦氏(美) 輯/ 鄒立文 述			
眼科指蒙	규, 1책 40장	의학-의술	稻椎德(英) 譯			
冶金	?, 1책/내	예기-광학				
冶金錄	규, 2책/내	예기-광학-분석	阿發滿(美) 著/ 傅蘭雅(英) 譯	1873/1882.4		
量法須知	규, 1책 28장	수학-수학	傅蘭雅(英) 著	1887/		
洋算例題	?, 2책/내	수학-수학		/1886		
洋算例題續編	?, 2책/내	수학		/1886		
洋外砲具全圖	규, 1책 13장	무비-병술-조포·포술		/1884		

서목	소장처 및 분량/ 내하서목 유무	대-중-소분류	저자/편, 역자	발간/입수 연도	특기 사항	규장각 해제유무
御製數理精蘊	규, 8권 12책	수학-산학	聖祖 康熙帝 撰 梅瑴成·何國宗 等 奉勅 纂	1882/	그밖에 규장각에 8 권 40책. 40권 42책, 8권 45책, 2책 등 다 양한 판본 有)	있음
御製數理精蘊 表	규, 8권 8책	수학-산학	聖祖 康熙帝 撰			
御風要述	규, 3권 2책/내	무비-해방-항해	白爾特(英) 撰 金楷理(美) 譯, 華蘅芳 述	1873/1884. 10		있음
歷覽記略	규, 1책 20장	예기-기술-기타	傅蘭雅(英) 著	1881/	格致彙編 연재(1881. 6-1881.10. 4권5호-4 권10호)	있음
譯書事略	규, 1책 12장	격치-총론-총론	傅蘭雅(英) 著	1873, 1880/	1876.4(1권 3호) "西書 價目單"	있음
演砲圖說	?, 2책/내	무비-병술-조포· 포술				
演礮圖說輯要	규, 4권 2책	무비-병술-조포· 포술				
染工全書	?, 3책/내	예기-기술				
營壘圖說	규, 4책/내	무비-병술-축성	伯利牙芒(比) 著 /金楷理(美) 譯, 李鳳苞 정리	1876/		
營城揭要	규, 2책/내	무비-병술-축성	儲意比(英) 撰/ 傅蘭雅(英) 譯	/1882.4		
瀛環志略	서, 10책/내	무비-해방-총론				
郵便條例	?, 2책/내	예기-기술		/1884		
運規約指	규, 1책/내	무비-해방-항해		1871/1882.4		
圓錐曲線說	규, 3권 1책 46 장/내	수학-수학	艾約瑟(英) 譯, 李善蘭 述			
衛生要訣	규, 1책 32장	의학-위생	海得蘭(英) 著/ 傅蘭雅(英) 譯			
衛生要旨	규, 1책 42장	의학-위생	嘉約翰(美) 譯			있음
儒門醫學	규, 3권4책/내	의학-위생	海得蘭(英) 著/ 傅蘭雅(英) 譯	1876/	海得蘭 序(1867), 卷末: "Vocabulary of the Chinese names of medicine"	
輪船布陣·圖	규, 12권, 부록, 合 2冊/내	무비-해방-항해	裵路(英) 著/ 傅蘭雅(英) 譯	1873/1882.4		
醫範提綱圖	?, 1책/내	의학-의술				
易言	규, 2건 각 2책/ 내	격치-총론-부국론	杞憂生 著			있음
益智新錄	규, 3책	격치-총론-총서	艾約瑟(英) 譯	1877/	萬國公報館 펴냄	
匠家雛形	?, 6책/내	예기				
電氣鍍金	규, 1책 32장	격치-격치-전기학	傅蘭雅(英) 譯	1889/	.	있음
電氣鍍金略法.	규, 1권 1책	격치-격치-전기학	華特(英) 纂/ 傅蘭雅(英) 譯	1880년 이후/		있음
電氣鍍鏤	규, 1책 8장	격치-격치-전기학	傅蘭雅(英) 譯	1886/		있음
電氣圖說	?, 1책/내	격치-격치-전기학				
電氣鍍線	규, 1책 32장	격치-격치-전기학	傅蘭雅(英) 譯	1886	『전기도금약법』의 부록으로 쓰임	있음

서목	소장처 및 분량/내하서목 유무	대-중-소분류	저자/편, 역자	발간/입수 연도	특기 사항	규장각 해제유무
電碼	규, 1책 34장	격치-격치-전기통신			한문 전신부호집	
電報節略	규, 1책 26장(圖)/내	격치-격치-전기통신	俶爾賜(丁) 譯	1873/		있음
全體圖說	규, 1책 22장	의학-의술	稻椎德(英) 譯	1887/		
全體須知	고, 숭, 1책 40장	의학-의술	傅蘭雅(英) 譯	1894/		
全體新論	규, 숭, 1책 71장/내	의학-의술	合信(英) 著	1851/		있음
全體通考	규, 16책	의학-의술	德貞(英) 著	1886/		있음
電學	규, 10권, 合6책	격치-격치-전기학	瑙挨德(英) 著/ 傅蘭雅(英) 譯	1879/1882.4		있음
電學綱目	규, 1책 70장	격치-격치-전기학	田大里(英) 著/ 傅蘭雅(英) 譯, 周郇 述	1875/1894		있음
電學圖說	규, 5권 1책 72장	격치-격치-전기학	傅蘭雅(英) 譯	1887/		있음
電學須知	규, 숭, 1책 33장 圖	격치-격치-전기학	傅蘭雅(英) 著	1887/		있음
井礦工程	규, 3권 2책/내	예기-광학-채광	白爾捺(英) 輯/ 傅蘭雅(英) 譯	1879/1882.4		
製火藥法	규, 숭 3권 1책 85장, 圖/내	무비-병술-화약	利稼孫(英)·華得斯(英) 共輯 傅蘭雅(英) 譯	1871/		
造火藥法	?/내	무비-병술-화약		/1882.10	『製火藥法』과 같은 책으로 추정됨.	
中西聞見錄	규, 29책/내	격치-총론-잡지				있음
中西聞見錄进編	?, 4책/내	격치-총론				
中西聞見錄抄	?, 1책/내	격치-총론-잡지				
中西算學輯要	규, 6책	수학	朱熙 編	1881/		
重訂解體新書	?/내	의학				
重學	규, 20권 5책/내	격치-격치-중학	艾約瑟(英) 譯, 李善蘭 述	1866/		있음
重學圖說	규, 1책 28장	격치-격치-중학	傅蘭雅(英) 著			있음
重學須知	규, 1책 29장	격치-격치-중학	傅蘭雅(英) 著			있음
蒸氣器械書	규, 1책 14장/내	예기-기관-기관				있음
蒸氣器關問答	?, 1책/내	예기-기관				
地球鏡	?, 4환/내	격치-지리		/1환-1886, 3환-1883		
地球說略	규, 1책 21장	격치-지리-방제	褘理哲(美) 編	1878/		있음
地理須知	숭, 1책 26장	격치-지리-자연	傅蘭雅(英) 著			
地理志略	규, 1책 51장	격치-지리-자연	戴德江(美) 編	1882/		있음
知識五門	규, 1책 38장	의학	慕維廉(英) 著	1887/	사람의 다섯 감각 기관에 대한 설명	
地志須知	규, 숭, 2책 23장 (지도)	격치-지리-방제	傅蘭雅(英) 著	1882/		있음
地學須知	규, 3책 26장	예기-광학-지질	傅蘭雅(英) 著			있음
地學指略	규, 1책 81장	예기-광학-지질	文敎治(英) 著	1881/		있음

서목	소장처 및 분량/내하서목 유무	대-중-소분류	저자/편, 역자	발간/입수 연도	특기 사항	규장각 해제유무
地學淺釋	규, 숭, 30권 8책	예기-광학-지질	雷俠兒(英) 著/ 瑪高溫(美) 譯, 華蘅芳 述	1871/1882.4	서문은 1873년.	있음
智環啓蒙塾課	규, 1책 54장	격치-총론-총서	理雅各(英) 著	1883/	香港中華印務局.	있음
織衽工術	?, 1책/내	예기-기술				
槍礮操法圖說	?	무비-병술-조포·포술		/1884		
天文圖說	규, 1책 86장	격치-지리	柯雅各(英) 著/ 摩嘉立(美), 薛承恩(美) 同譯			
天文須知	규, 숭, 1책 27장	격치-지리-천문	傅蘭雅(英) 著			
推算錄	규, 1책 49장	수학-산학		1884/	조선인 편찬	있음
翠薇山房數學	규, 24책	수학-산학	張作楠, 江臨泰 同撰	1879/		
測地繪圖	규, 숭, 11권 4책/내	격치-지리-회도	富路瑪(英) 著/ 傅蘭雅(英) 譯	1876/	숭실대본은 6-8권만 있음.	
測候叢談	규, 4권 2책/내	격치-지리-자연	金楷理(美) 譯, 華蘅芳 筆述	1877/1882. 4		
則古昔齋算學	규, 13권 2책, 5책	수학-산학	李善蘭	1888, 1867/		
橢圓新術	?, 1책/내	수학-수학				
楕積比類	?, 1책/내	수학-수학				
八線簡表	규, 1책 90장	수학-산학	賈步緯 校述	1877/1882. 4		
八線對數簡表	규, 1책 90장	수학-산학	賈步緯 校述	1877/1882. 4		
平圓地球全圖	?, 3軸/내	격치-지리-방제	李鳳苞 著	1876/1882. 4		
礮圖	?, 3건	무비-병술-조포·포술				
砲術新編	?, 1책/내	무비-병술-조포·포술				
咆礮製造之論	?, 1책/내	무비-병술-조포·포술			克虜伯礮彈에 실려 있음	
爆藥紀要	규, 6권 1책/내	무비-병술-화약	水雷局(美) 編/ 舒高第 譯	1880/1882. 3	서문은 1875년.	
皮膚新編	규, 1책 53장/내	의학-의술				
筆算數學	규, 3책 24장	수학-수학	狄考文(美) 譯, 鄒立文 述	1875/		
學算筆談	규, 12권 4책	수학-산학	華蘅芳 編	1885/		
恒星算表	?, 1본	격치-지리-천문	賈步緯	1874/1882. 4		
恆河沙館算草	규, 1책 41장	수학-산학	華世芳 編	1885/		
航海簡法	규, 숭, 4권 2책 64장/내	무비-해방-항해	那麗(美) 著/金楷理(美), 王德均 同譯	1871/1882. 4		
航海新編	?, 6본	무비-해방		/1882.10		
海道圖說	?/내	무비-해방		/1882.4		
海國圖志續集	규, 25권2책 圖	무비-해방-총론	麥高爾(英) 輯譯/林樂知(美)·瞿昂來 同譯	1875/		
海軍蒸氣器械圖	규, 1책/내	무비-해방-조선				

서목	소장처 및 분량/ 내하서목 유무	대-중-소분류	저자/편, 역자	발간/입수 연도	특기 사항	규장각 해제유무
海塘	?, 2책/내	무비-해방				
海塘輯要	규, 10권 2책/내	무비-해방-축성	韋更琪(英) 著/ 傅蘭雅(英) 譯	1873/1882. 4		
海道	?, 10책/내	무비-해방				
海道圖說	규, 숭, 15권10 책/내	무비-해방-항해	金約翰(英) 輯/ 傅蘭雅(英) 譯	1874/	숭실대본은 13, 14권 만 있음.	
海上砲具全圖	?, 1책/내	무비-해방				
海戰用砲說	?, 1책 43장	무비-해방	金楷理(美), 顧祖榮 共譯			
行素軒算稿	규, 6권 6책	수학-산학	華蘅芳 學	1872, 1882 재출간/		
弦切對數表	규, 1책 135장	수학-산학	賈步緯 校述	1873/1882. 4	표지 서명 : 算學弦切 對數表	
形學備旨	규, 10권 2책	수학-수학	狄考文(美) 著/ 鄒立文 述	1885/		있음
畵器須知	고, 1책36장	예기-기관-제도	傅蘭雅(英) 著	1888/		
火器新式	규, 1책 9장 /내	무비-병술-조포· 포술			『萬國公報』와『初使泰 西記』에서 銃砲 등 軍 器에 관한 사항을 抄 譯	있음
火器眞訣	규, 1책 55장/내	무비-병술-조포· 포술	李善蘭 學/ 孫文川 等校		克虜伯礮彈 일부(克虜 伯礮彈造法과 함께 구 성됨)	
化學鑑原	규, 6권 4책/내	격치-화학-화학	韋而司(英) 著/ 傅蘭雅(英) 譯	1871/1882. 4, 10		있음
化學鑑原補編	규, 6권 부록 합 6책	격치-화학-화학	蒲陸山(英) 著/ 傅蘭雅(英) 譯	1871/		있음
化學鑑原續編	규, 24권 6책/내	격치-화학-화학	蒲陸山(英) 著/ 傅蘭雅(英) 譯	1875/1882. 10		있음
化學考質	규, 8권 6책	격치-화학-화학	富里西尼烏司 (獨) 著/ 傅蘭雅(英) 譯			있음
化學求數	규, 14권 15책	격치-화학-화학	富里西尼烏司 (獨) 著/ 傅蘭雅(英) 譯			있음
化學分原	규, 숭 8권 2책	격치-화학-화학	蒲陸山(英) 撰/ 傅蘭雅(英) 譯	1871/1882. 4. 10		있음
化學須知	규, 숭 1책 27장	격치-화학-화학	傅蘭雅(英) 著	1886/		있음
化學易知	규, 1책 94장/내	격치-화학-화학	傅蘭雅(英) 著	1881/		있음
化學衛生論	규, 2책	격치-화학-화학	傅蘭雅(英) 譯, 樂學謙 述	1881/		있음
化學闡原	규, 15권 16책/ 내	격치-화학-화학	畢利幹(佛) 譯	1882/		있음
化學初階	규, 4권 4책	격치-화학-화학	嘉約翰(美) 譯	1871/		있음
畵形圖說	?, 1책 19장	예기-기술	里察森(英) 著/ 傅蘭雅(英) 譯	1885/		
擴智新編	규, 1책 17장/내	예기-기술-기타				있음
繪地法原	규, 서 1책 63장/ 내	격치-지리-총론	金楷理(美) 譯, 王德均 述	1875/1882. 10		있음

2. 한역 서양 과학기술서의 원저자, 원제, 소장 상황

---

1. 이 표는 Adrian Bennett, John Fryer : The Introduction of Western Science and Technology into Nineteenth-Century China (Cambridge, MA : Harvard Universty Research Center, 1967)를 토대로 원본 소장처를 추적하여 정리함.
2. 소장처 중 대학의 도서관은 다음과 같이 줄여 씀 :

    Man. : Manchester(영)   Edi. : Edinburgh(영)   Ox. : Oxford(영)

    Cam. : Cambridge(영)   Aber. : Aberdeen(영)   Ke. : Keio(일)

서목	특기 사항 (저자, 원제 [원본 발행 연도]/원본 소장처, 기타)
開煤要法	Sir Warington Wilkinson Smyth, *Coal and Coal Mining* (1871)/Man. (1869년 판 소장)
格物入門	William A. P. Martin, *Natural Philosophy and Chemistry.*
格物探原	A. Williamson, *Natural Theology*
格致啓蒙	Henry Roscoe, *Science Primer* (1879)
曲線須知	*Conic Sections* (Outline seri.)
攻守礮法	Prussian Government, Gunnery, *Attack and Defense* (1876)
礦石圖說	*Handbook for Mineralogy Charts*
光學 附：視學 諸器圖說	John Tyndall, *Light* (1879).
光學須知	Wm. Lees (Handbook Series. London W. and A.K Johnston), *Optics* (1881)/ Cam (West room).
克虜伯礮說	The Firm of Friedrich Krupp (Prussian Government), *Krupp's Guns.*
克虜伯礮準心 法	The Firm of Friedrich Krupp (Prussian Government), *Krupp's Gun Trajectory of Projectiles*
克虜伯礮彈造 法	The Firm of Friedrich Krupp (Prussian Government), *Krupp's Gun, Prismatic Powder* (1877)
克虜伯礮表	The Firm of Friedrich Krupp (Prussian Government), *Krupp's Guns, Tables by the Firm of Friedrich Krupp*
機器論理	William A. P. Martin 등의 글을 모음.
汽機發軔	John Thomas Main, *Manual of the Steam Engine* (1871)
汽機新制	Nicholas P. Burgh, *Pocket-book of Practical Rules for the Proportion of the Modern Engine and Boilers for Land Marine Purpose*/http://solo.bodleian.ox.ac.uk/primo_library/libweb/action/dlDisplay.do?vid=OXVU1&docId=oxfaleph012828595/Ox.
汽機必以	John Bourne, *A Catechism of the Steam Engine, in Its Various Applications* (A catechism of the steam engine [electronic resource] : illustrative of the scientific principles upon which its operation depends, and the practical details of its structure, in its application to mines, mills, steam navigation and railways, with various suggestions of improvement)/Ox, Cam.
器象顯眞·圖	V. Leblanc and Jachues E. Armegaud, *The Engineer and Machinist Drawing Book* /Ox (1855년판 소장)
幾何原本	Euclid, *Elements*
氣學須知	John Fryer, *Pneumatic* (Outline seri, 1886)
金石識別	James Dwight Dana, *Mineralogy*
內科闡微	*Diagnosis*
談天	John Herschel, *The Outlines of Astronomy* (1851)
代微積拾級	Loomis, *Integral and Differential Calculus*

서목	특기 사항 (저자, 원제 [원본 발행 연도]/원본 소장처, 기타)
代數難題解法	Thomas Lund and James Wood, *A Companion to Wood's Algebra* (London ; Cambridge, 1878 ; 1879) /Edin. Ox(전자판), Cam(전자판)
代數須知	John Fryer, *Algebra* (Outline seri.) (1887)
代數術	Wm. Wallace, *Algebra* (In Encyclopaedia Britannica 8th. ed.)
微積溯源	Wm. Wallace, *Differential and Integral Calculus* (Encyclopaedia Britannica 8th. ed) (1874)
微積須知	John Fryer, *Calculus* (Outline seri.)
發蒙益慧錄	*Primer*
防海新論	Victor. E. K. R Von Scheliha, *A Treatise on Coast Defence* (London, 1868)
兵船礮法	Simpson, *Naval Gunnery* (1876)
富國策	William Alexander Parsons, Martin, *Political Economy*
算式輯要	Chas. H. Haswell, *Mensuration and Practical Geometry*(New york Harper and Bros.) (1863/ 1877)
三角數理	John Hymers, *A Treatise on Plane and Spherical Trigonometry* (London)(1858/1878)/Aber (Special collections)
三角須知	John Fryer, *Trigonometry* (1888) (Outline seri.)
西國近事巢彙	*Quarterly Summery of Foreign Events*
西藥略釋	*Materia Medica*
西藝知新	W. Henry Northcott, *Modern Arts and Manufacturing of the West* (London)-원저 *A Practical Workshop Companion for Tin, Sheet, Iron, and Copper Plate Workers* (1876/1877)
西學課程彙編	*Western School and Examination*
聲學	John Tyndall, *Sound*(london/longman)(1869/1874) /Ox (전자판) /http://solo.bodleian.ox.ac.uk/primo_library/libweb/action/dlDisplay.do?vid=OX VU1&docId=oxfaleph014632333
聲學須知	John Fryer, *Acoustics*(Outline seri) (1887)
水師操練	*Introduction for the Exercise and Service of Great Guns on Board Her Majesty's Ships* (London, Stationary Office) (1843/1872).
數學理	Augustus DeMorgan, *Elements of Arithmetic* (19th thousand, London) (1869/ 1879)/Cam. (전자판).
植物學	*Elements of Botany*
心算初學	*Mental Arithmetic*
冶金錄	Frederick Overman, *The Moulder's and Founder's Pocket Guide* (Philadelphia) (1873)
御風要述	Paul Bert, *Law of Storm* (1876)
歷覽記略	John Fryer, "Notes of Tour through Iron Manufacturing Districts" (1874 With Hsu Shou) A day-day account of a tour of British industrial establishment, Shipyards, etc. sept. 15-oct 21.
營壘圖說	Alexis H, Brialmont, *Improvised Fortification* (1876)
營城揭要	Jos. E. Portlock, *Fortification*(Encyclopaedia Britannica. 8th. ed.) (1876)

서목	특기 사항 (저자, 원제 [원본 발행 연도]/원본 소장처, 기타)
運規約指	Wm. Burchatt, *Practicals Geometry* (1855/1871)
儒門醫學	Frederick W Headlard, *A Medical Handbook with Hints to Clergymen and Visitor of the Poor* (London, 1861 ; 1876)/Man. Cam.
輪船布陣·圖	Pownoll Pellew, *Fleet Maneuvering* (London, 1868)/Cam(전자판). Man.
電氣鍍金	Alexander Watt, *Electro-Metallurgy*
電氣鍍金略法	Alexander Watt, *Electro-Metallurgy Practically Treated* (London, 1875 ; 1880)/Cam(전자판). Man.
電氣鍍鎳	Alexander Watt, *Nickel-plating*
全體圖說	*Handbook for Anatomy and Physiological Charts*
全體須知	*Physiology and Anatomy* (Outline seri.)
電學	Henry Noad, *The Student's Textbook of Electricity* (London, Lockwood, 1867 ; 1879)
電學綱目	John Tyndall, *Notes of a Course of Seven Lectures in Electricity Phenomenon and Theories* (1871)/ Man.
電學圖說	*Electricity and Magnetism* (Handbook seri.) (1887)
電學須知	John Fryer, *Electricity* (Outline seri) (1887)
井礦工程	Oliver Byrne, *Boring and Blasting* (London) (1879)
製火藥法	Richardson and Henry Watts, *Gunpowder in Chemical Technology*, vol.1. pt 4 (London, 1871)
重學	Whewel, *Mechanics*
重學圖說	John Fryer, *Properties of Matter* (Handbook seri.) (1885)
重學須知	John Fryer, *Mechanics* (Outline seri.) (1889)
地球說略	*Compendium of Geography*
地理須知	John Fryer, *Physical Geography* (Outline seri.)
地志須知	*Element of Physical Geometry*
地學須知	John Fryer, *Geology* (Outlines seri.) (1883)
地學淺釋	Charles Lyell, *Geology* (1873)/Cam. Ox.
天文須知	John Fryer, *Element of Astronomy* (Outline seri.)
測地繪圖	Col. Edward C. Frome, *Outline of the Method of Conducting a Trigonometrical Survey* (London) (1862/1876)/Ox. Edin. Cam (전자판)
測候叢談	*Meteorology* (Encyclopedia Britannica)
爆藥紀要	United States Government, *Fulminates and Explosive*
筆算數學	Calvin Wilson Mateer, *Practical Arithmetic*
航海簡法	John William Norie, *Short Epitome of Navigation* (1871)
海塘輯要	John Wiggins with note by Robert Mallet, *The Practice of Embanking Lands from the Sea with Examples and Particulars of Actual Embankments* (London)
海道圖說	The British Admiralty, *Sailing Direction for China and Neighboring Coasts* (1874)
形學備旨	*Geometry*
畵器須知	John Fryer, *Drawing Instrument* (Outline seri.)

서목	특기 사항 (저자, 원제 [원본 발행 연도]/원본 소장처, 기타)
化學鑑原	David Well, *Well's Principles and Application of Chemistry* (New york ; Chicago, 1865 ; 1871)
化學鑑原補編	Chas. L. Bloxam, *Chemistry, Inorganic and Organic, with Experiment and Comparison of Equivalent and Molecular Formulae* (london), pp. 435-635 (1880이후)/Cam (전자판)
化學鑑原續編	Chas. L. Bloxam, *Chemistry Inorganic and Organ, with Experiment and Comparison of Equivalent and Molecular Formulae* (London) with appendix (source unknown) (1875)/Cam (전자판)
化學考質	Karl. R Fresenius, ed. by S. W Johns, *Manual of Qualitative Chemical Analysis* (London) (1880년 이후)
化學求數	Karl. R Fresenius, ed. by A. Vacher (London), *Quantitative Chemical Analysis (6th. German) plus 1 table* (1880 이후)
化學分原	John Bowman, ed. Chas. L. Bloxam, *An Introduction to Practical Chemistry, Including Analysis* (4th American From 5th London ed. (Philadelphia)/Man. Edin. Aber. Cam (전자판)
化學須知	John Fryer, *Chemistry* (Outline. seri.) (1886)
化學易知	John Fryer, *Chemistry Textbook* (Handbook seri.)
化學衛生論	James. F. W. Johnston, *The Chemistry of Common Life* (Handbook seri.) (3 ; 1-12 : 1880, 4 ; 1-12 : 1881, reprint 1890)/Man. Ox. Edin. Aber. Cam(전자판)
化學闡原	*Advanced Chemistry*
化學初階	*Element of Chemistry*
畵形圖說	W. and A. K Johnston, *Aids to Model Drawing* (Edinburg, London) (1885)
繪地法原	British Admiralty, *Mathematical Geography* (1875?)/Ke.

제2장 『한성순보』『한성주보』
근대 과학기술 관련 기사

1. 화학
2. 지지(천문, 방제, 자연)
3. 의학
4. 무기
5. 도량형
6. 교통 통신
7. 광업
8. 1차 산업 : 농업, 잠업, 목축업 등등
9. 교육 및 개화, 부국론

1. 화학

간행일자	제목	내용	출처
순보 84. 3. 18.	化學功用	서양 화학의 융성함이 사물의 이치를 터득하고 그 근원을 궁리하여 거의 조물주의 신비까지 누설하게 되었다. 그러나 실로 세상에 공용됨이 있어 다만 현기하고 경이할 뿐만은 아니다.… 羽族의 알을 만들 수 있으니 반드시 산 짐승을 기를 필요가 없다.	호보
순보 84. 5. 25.	양기(산소)에 대한 논	양기(산소)에 대한 논 : 양기의 성질과 제법에 대한 설명. 발명자	化學鑑原
순보 84. 5. 25.	경기(수소)에 대한 논	경기의 성질과 제법에 대한 설명	화학감원
순보 84. 5. 25.	염기(질소)에 대한 논	염기의 성질과 제법에 대한 설명	화학감원
순보 84. 6. 4.	불을 채취하는 법	전기분해를 이용한 양기(산소)의 제법	중서문견록
순보 84. 6. 4.	논 녹기	셀레의 녹기(염소)의 발견과 염소화합물의 성질, 채취방법 염소산의 특징을 설명	화학감원
순보 84. 6. 4.	논 炭輕2氣	매탄의 제법과 특성을 설명	화학감원
순보 84. 6. 4.	23/452 논 탄기	탄기의 특성과 제법, 일산화탄소의 독성을 설명	화학감원, 박물신편
순보 84. 6. 4.	논 炭輕2氣	매탄의 제법과 특성을 설명	화학감원

2. 지지(천문, 방제, 자연)

간행일자	제목	내용	출처
순보 83. 10. 31.	지구론	천원지방은 천지의 道에 불과, 지구는 둥글고 평평하지 않음이 마치 공과 같다. 증거 : 수평선, 원점회귀, 해뜨는 시간의 차이, 북극성의 관찰이 북극, 적도, 남극이 다름, 월식	
순보 83. 10. 31.	지구도해	둥근 지구의 위도와 경도에 대한 설명 : 우리나라의 京都는 북위선 37도 39분이고 그리니치 동경선 1백27도	
순보 83. 11. 10.	지구의 운전에 대한 논	자전과 공전을 밝히고 이의 약사 소개, 천체와 태양계 설명	지구도해
순보 83. 12. 9.	화산폭발에 대한 자세한 서술	라카토의 화산 폭발	호보
순보 83. 12. 9.	홍광이 하늘을 비추다	홍광이 하늘을 비추다	상해신보
순보 83. 12. 20.	지진전음	터키의 지진	
순보 83. 12. 20.	홀발기광	남위선37도 동경선 163도48분의 바다에	

간행일자	제목	내용	출처
		서 태서의 전기등과 흡사한 빛을 보았다는 선주의 소식	
순보 83. 12. 20.	미국견혜	전일 24일 저녁 뉴질랜드 지방의 동북에 혜성이 나타났다	호보
순보 84. 1. 8.	중서시세론	태서의 격치학을 익혀서 오늘날 중국의 격치의 이용을 성취한다면 저들의 지난날 제작을 우리가 내버릴 수 있고 앞으로의 제작을 우리가 절취할 수 있으리니 이야말로 우리에게는 많은 재물이 축나지 않고 저들에게는 벌써 思慮를 다하게 될 것이다.	중국공보 관논설
순보 84. 1. 8.	詳述 天際 홍광	향항보에 실린 홍광에 대한 기사 전제	향항보
순보 84. 1. 8.	흑기선천	흑기선천	호보
순보 84. 1. 8.	地變誌異 : 신보	地變誌異	신보
순보 84. 1. 30.	지구환일도해	지구의 운동으로 인한 현상, 밤낮과 계절의 변화를 설명	
순보 84. 2. 7.	기구를 타고 하늘을 관측하다	대기의 관찰을 위한 기구, 높이에 따른 공기의 후박을 실험	비차측천 -화륜선 원류고, 정위량
순보 84. 2. 17.	지구가 태양을 돌며 절후를 이루는 도설	중국 通書의 四餘七政論에 지구의 움직임에 대한 논의가 있지만 전지구 만국의 이치를 알고 있던 것은 아니었다. 전호에 실린 지구 운동론에 대한 의문을 해결하고 이를 더 자세한 설명을 제시. 대화체. 질문과 답, 설명	
순보 84. 2. 27.	한성의 경위표	구미의 지리학자가 각국의 수도 소재를 측정하는 데 있어 맨 먼저 경도와 위도를 상고하였다.	
순보 84. 3. 8.	태서문학원류고	태서문학원류고	
순보 84. 3. 27	星學의 원류	성학은 여러 학문 중에서 가장 오래된 고증학이다.	
순보 84. 3. 27.	占星辨謬	상고세대에 문자가 없을 때에는 사람들은 언제나 천상을 관찰하여 별들의 나열된 것을 보고 어떤 때에는 이리저리 위치를 바꾸며 반드시 그것이 인사에 관계된다고 생각하여 드디어는 점설을 만들고,액화와 상복을 결정했다. 이런 것은 중국이나 태서에 통용되는 것으로 유행되어 그 유래가 오래되었다.… 차라리 신학을 독실하게 강	중서문견 록

간행일자	제목	내용	출처
		구하고 미루어 나가서 실리를 구하고 국민을 편안케 하는 좋은 계책을 하는 것만 못할 것이다.	
순보 84. 4. 16.	천시의 兩暘과 이상, 정상에 대한 考略	천시의 兩暘과 이상, 정상에 대한	중서문견록
순보 84. 5. 5.	행성론	행성들의 크기와 지구로부터의 거리	담천
순보 84. 5. 5.	測天遠鏡	미국 워싱턴에 설치된 천측망원경의 성능, 크기와 기제 소개	담천
순보 84. 5. 5.	헤셀의 원경에 대한 논	독일인 허셸이 망원경을 사용 제6 행성을 발견	담천
순보 84. 5. 5.	風雨鑑	풍우감은 제작방법, 풍우감 작동 원리, 사용처… 한서표의 작성	
순보 84. 5. 5.	寒署鑑	한서감의 모양, 제작 방법, 작동 원리, 영국의 온도계의 예, 화씨의 설명, 또 다른 한서감의 제작 방법(알콜 이용)	
순보 84. 5. 25.	동반구 분화산의 높이에 대한 설	지구 중심에 항상 불이 있다.	
순보 84. 6. 4.	천문대를 세우다	서국 사람들이 일찍이 천문대를 설치하여 풍우와 건만조와 한서, 지진의 모든 기후들을 맡아보게 해 항해하는 선박들을 풍파의 위험에서 보호	향항의 중외신문
순보 84. 6. 4.	恒星動論	행성과 항성의 차이, 항성의 등급 구분. 움직임	
주보 86. 9. 27.	行船測箕地球經緯圖表	근래 바다를 항해하는 서양 사람들은 반드시 천문학을 깊이 연구한다. 그러므로 아무리 넓은 바다에서 풍파에 밀려 수십 일을 표류하더라도 천상을 관찰하면 배의 현재의 위치기 지구 위 얼마의 거리에 있는 경위인가를 정확히 알 수 있다 한다. 그 원리 소개	
주보 87. 3. 7.	화산 譯略		호보
주보 87. 3. 14.	論風	바람이 생기는 원인, 지구의 바람의 방향	격치휘편
주보 87. 3. 21.	혜성서현	美利濱에 나타난 혜성 관찰	호보
주보 87. 3. 21.	同文館大考題	중국 동문관 수학학생이 본 시험 문제	호보
주보 87. 3. 28.	海風陸風	해풍과 육풍의 특징-	측후총담
주보 87. 3. 28.	溫帶內風改方向之利	모든 바람은 지구의 자전에 의해 생긴다. 온대, 열대 바람의 방향의 원인, 방향 설명	측후총담
주보 87. 3. 28.	폭풍	지구 각 지역 폭풍의 특징들에 대해 설명	측후총담
주보 87. 4. 11.	論空氣之浪	공기의 流行하는 모양에 대한 해설. 지표면	측후총담

간행일자	제목	내용	출처
		의 공기의 흐름과 일월의 인력에 의한 바람의 조속에 대한 설명	
주보 87. 4. 18.	논해수유행	해수의 흐름, 해류에 대한 설명	측후총담
주보 87. 4. 18.	논水氣凝이 강하	수증기에 대한 설명	
주보 87. 4. 25.	지진별해	지진이 발생하는 이치는 땅속의 불 때문	신보
주보 87. 4. 25.	論露	이슬이 만들어지는 이치	
주보 87. 4. 25.	成雲之理	구름이 형성되는 이치	
주보 87. 4. 25.	논霧	서리가 생기는 이치	
주보 87. 4. 25.	논散熱之霧及水面之霧	공기가 산 면에 접근되어 열이 감소, 이슬을 이룰 수 있는 온도에 이르면 공기 속에 남아 있는 수분이 하강해 이슬이 된다.-	
주보 87. 6. 20.	논日與恒星	태양과 지구에 대해 지구 각처에서 관찰한 것에 대해 해설	
주보 87. 6. 20.	논月幷月之動	제1장에서는 달과 달의 움직임	국문
주보 87. 7. 11.	세 번째 일월식에 대해 논하다	일월식이 일어나는 까닭	
주보 87. 7. 15.	論太陽所屬 天穹諸星	각 별의 내외 궤도에 대한 것	
주보 87. 7. 18.	네 번째 달의 체질에 대해 논하다		
주보 87. 8. 1.	각 행성에 대해 세 번째 논함	태양 여덟 개 행성의 특징	
주보 87. 8. 8.	四續軌道行星	四續軌道行星 : 전편에서 계속	
순보 83. 10. 31.	주양에 대해 논함	해륙 산천, 육대주 오대양의 분포와 인종, 종교	
순보 83. 11. 10.	유럽주	크기. 국가, 형세, 지리적 특징, 대서양과 통하는 바다, 기후, 산맥 등	
순보 83. 11. 20.	아메리카주		
순보 83. 11. 30.	아프리카주		
순보 83. 12. 9.	일본사략		
순보 83. 12. 9.	오세아니아주		
순보 83. 12. 20.	영국지략		
순보 84. 1. 30.	구라파사기		
순보 84. 2. 27.	우리나라의 인구 및 면적	일본 신문에 실린 우리나라 호구 일람표, 영국 政表에 역시 우리나라 인구, 호구가 게재. 그밖의 다른 나라의 인구와 호구	
순보 84. 2. 27.	미국지략		
순보 84. 3. 8.	구주와 아주의 비례설		
순보 84. 3. 8.	아세아주 총론	일본 金子彌의 兵衛 論	
순보 84. 3. 8.	미국지략속고		

간행일자	제목	내용	출처
순보 84. 3. 18.	법국지략		
순보 84. 4. 6.	독일국 지략		
순보 84. 7. 3.	아국지략		
순보 84. 7. 13.	아국지략속고		
순보 84. 8. 11.	伊國誌略		
순보 84. 8. 21.	화란지략		
순보 84. 8. 31.	지구양민관계	1881년 상해 격치관에서 고찰, 지구의 대륙 분포와 면적, 인종, 인구… 각 주의 특징… 바다와의 관련… 아프리카주	
순보 84. 9. 10.	지구양민관계 : 구라파주		
주보 86. 9. 20.	태평양군도考略		

3. 의학

간행일자	제목	내용	출처
순보 84. 3. 18.	일본관의원	일본 공사관에서 의원을 공사관 곁에 개설하고 우리나라 사람들까지 치료하게 하고 있다.	
순보 84. 3. 27.	西醫學堂 설립	각해구에 마땅히 西醫學堂 설립해야한다는 논	
순보 84. 5. 5.	만국위생회	이태리가 제안, 구미 제국의 허락을 얻어 만국위생회 설립… 병을 발생시키는 원인이 음식, 공기, 기후, 행위와 유전, 감염이다. 각각에 대한 설명	
순보 84. 6. 23.	英國癲狂院	정신병원 설립과정과 현재 환자 수, 처우 등에 대한 설명.	
순보 84. 6. 23.	일본군의	일군의의 의료사고에 대한 기사, 일의의 변명	
순보 84. 8. 1.	논향강정결지방	전염병의 잔염경로와 이에 대한 예방을 위해 인구조밀지역과 주택과밀지역의 정결을 요망. 중외신문	중외신문
주보 87. 3. 14.	診氣를 詳述함	일본에서 지난 해 유행한 병의 전말을 조사 : 발생 년월일, 媒孽의 원인, 전염의 완급, 유행의 속도, 윤술경로, 처무조약, 시행요령, 규칙, 주무사 훈령, 관아조회, 인민보고, 예방소독의 성적, 치료방법, 소비금액…	

4. 무기

간행일자	제목	내용	출처
순보 83. 10. 31.	유지공록	기기창 설립을 위한 화륜기기 상해에서 수입	
순보 84. 2. 7.	논 중국 戰船	상해 논설 : 복주 선정국에서 만든 병선이 수십척 이상인데 끝내 견고하거나 편리하지 못해 외국제만 못한데도 비용은 적지 않다고 한다. 일본의 예…, 중국이 참으로 일본처럼 해군을 잘 정비했다면 배가 견고하고 포가 커서 전처럼 프랑스 배들이 중국의 선박을 나포하면 중국 역시 프랑스의 배를 나포하면 되지…	
순보 84. 2. 27.	서양인이 중국 기기국을 논하다	서양인이 중국기기국을 논하다 : 군장국에는 船澳(오)(선박수리소)와 제창국, 철기기를 녹여 만드는 국 등이 있다. 멀지 않은 곳에 화약과 탄환제조국이 있다. 톈진 기기창 설명	향항 순환보가 번역한 波路美路 官報
순보 84. 3. 18.	化學功用	서양 화학의 융성함이 사물의 이치를 터득하고 그 근원을 궁리하여 거의 조물주의 신비까지 누설하게 되었다. 그러나 실로 세상에 공용됨이 있어 다만 현기하고 경이할 뿐만은 아니다. 羽族의 알을 만들 수 있으니 반드시 산 짐승을 기를 필요가 없다.	호보
순보 84. 5. 5.	미국의 利名登 製造廠에 대하여	서국들에서는 국가에서 각종의 군장기기를 제조하는 국을 설립한 것도 있고 민간에서도 역시 군계와 화기 등을 제조하는 창을 개설한 것도 있는데 여기게 미국에서 제일 큰 창을 소개. 레밍턴(리명등)공사. 미국 상인. 이곳에서 생산되는 무기, 농기 등등을 소개	中國公報
순보 84. 5. 15.	태서의 제철법		중서문견록 5호
순보 84. 5. 25.	제조에 畏難하는 것은 불가하다는 논설	군기 제작에 대한 논설, 프랑스, 독일과 중국을 비교	
순보 84. 8. 1.	歷覽英國鐵廠記略	본관 주인이 8년전 영국의 각종 총기를 제조하는 공장을 두루 돌아보고 중국에 돌아와 편집한 내용	格治彙編 제4편 제5호
순보 84. 8. 11.	歷覽英國鐵廠記略	전권의 계속	格治彙編 제4편 제5호

간행일자	제목	내용	출처
순보 84. 9. 19.	歷覽英國鐵廠記略	전권의 계속	格致彙編 제4편 제5호
순보 84. 9. 29.	歷覽英國鐵廠記略	전권의 계속	格致彙編 제4편 제5호
주보 86. 2. 22.	製造氣球	러시아사람이 프랑스의 총병 연나를 본따 기구 제작	상해 도서신보.
주보 86. 9. 6.	독일氣球隊	독일 기구대를 편성 적진을 저격	일일신문의 보도
주보 86. 9. 27.	飛舟奇製	비행선 실험 소개.	호보
주보 87. 1. 24.	천진무비학교 시험	천진무비학교 시험 문제	
주보 87. 4. 18.	천진무비학당대고제 속고	천진무비학교 시험 문제	
주보 87. 7. 18.	덕국의 철도	철도와 변방 경비 확보를 위한 국회 의결 사항	일본보

5. 도량형

간행일자	제목	내용	출처
순보 84. 1. 8.	각국도량형표	일본, 영국, 러시아	
순보 84. 1. 8.	도량형 비교표	일본, 프랑스 영국, 약제, 곡식, 주류 등 거리, 넓이 등등에 대한 표준도량형	
순보 84. 4. 6.	칭법을 논함	각종 칭량법, 도량형	화륜선원류고
주보 86. 2. 15.	만국도량형회의	천하 각국의 도량형을 균평하게 하기 위한 회의를 매년 한 번씩 프랑스 파리에서 개최	

6. 교통 통신

간행일자	제목	내용	출처
순보 83. 11. 3.	정군문이 우리나라 수도에 전선을 설치하려 하다		
순보 83. 11. 30.	전기를 논함	전기란 음양 두 기운을 합하여 하나가 되는 데 物마다 없는 것이 없으며 어느 때고 없을 때가 없다.	
순보 84. 1. 18.	미국철도	국내에 화륜철로가 사통팔달한 곳으로는 북미국을 으뜸으로 친다.	일본 시사신보
순보 84. 1. 18.	일본철도	일본 철도 통계	日本近信

간행일자	제목	내용	출처
순보 84. 1. 18.	전보설	1.전지, 2.전약	
순보 84. 1. 18.	각국의 육지 전선		
순보 84. 1. 18.	각국의 해저 전신 사립회사		
순보 84. 1. 18.	각국의 해저전선	각국의 해저전선 통계	
순보 84. 1. 30	각국공역휘보	구미 각국에는 동서양이 상통한 이후로 큰 공역 세가지가 있으니 하나는 수에즈운 하이고 하나는 구미 양주 사이의 해저에 전선을 설치하는 것이다. 이것이 대서양전 선이며, 또 하나는 합중국 동안 및 서안의 육지에 철로를 창설하는 것인데 이것이 소위 태평양철도이다.	일본근보, 상 해신보
순보 84. 2. 7.	懸空鐵路	뉴욕의 고가철로	外洋電信
순보 84. 2. 7.	전보신식	근래 각국이사용하는 전보가 모두 수목으 로 字를 대하고 逐字로 傳遞하는 데 요즘 태서의 격치사가 새로 한 기계를 제조한 바 약수로 서찰을 써서 기내에 넣을 경우 기가 움직이면서 서찰이 저절로 전해져 매분종마다 2천5백자나 되는 많은 글자를 전달할 수 있다고 한다.	서보
순보 84. 2. 7.	입수신법	새롭게 개발된 잠수복에 대한 소개	중서문견록
순보 84. 2. 17.	태서의 運輸論	운수술이 사회에 공헌하는 바가 매우 큼을 설명. 국내 물산의 교환이 이것으로 인하여 성행하며 피차간의 인간 친목이 이것을 연유하여 더욱 독실하며 부국강병의 책이 이것으로 인해 점점 더 성취되므로 문명개 화의 근원이 이것을 인하여 점점 발전된다.	
순보 84. 2. 27	태서운수론속고	구주 각국의 도로 사정. 도로 발달사. 운수 방법의 발달.	
순보 84. 2. 27	각국화차철로표	각국화차철로표	
순보 84. 3. 8.	중국의 전선설치	중국의 전선설치상황에 대한 기사	
순보 84. 3. 8.	화륜선원류고	증기선	화륜선원류 고, 중서문견 록, 5호
순보 84. 3. 18.	1882년 전기사	4, 5년 이래 전기학이 크게 발달하여 이용 에 편리한 바 되었다, 요즈음 어떤 사람이 특히 심력을 기울여 과학이 날로 발전하고 있으니 이 모든 것이 부강책에 도움을 주는 것이다. 전기에 대한 역사	

간행일자	제목	내용	출처
순보 84. 3. 18.	태서 郵遞	대저 우정은 나라의 급무이기 때문에 예나 지금이나 나라를 세우고 도읍을 정한 임금은 이걸 먼저 설치한다.	
순보 84. 4. 6.	논 土路 화차	흙길을 다니는 화차의 제조는 전의 불통차와 비교하면 더욱 편리한 것	중서문견록 5호
순보 84. 4. 6.	신식철로	신식철로	
순보 84. 4. 6.	화기신식		정위량
순보 84. 5. 5.	해저를 뚫어 길을 내다	영국과 프랑스 사이의 해협. 물밑으로 굴을 파서 길을 만드는 것은 현재 공법이 진행 중에 있다.	
순보 84. 5. 25.	태서河防	준하(강, 바다 밑을 파서 선박의 통행을 자유롭게 하는 일)의 이치	중서문견록 2호
순보 84. 6. 4.	장교를 바다 위에 놓다	미국 뉴욕지방과 브루클린이 해면으로 떨어져 있는데 배편으로 아무리 편리하다 해도 항상 파도 때문에 고심 그래서 교량을 놓기로 의논했다. 이 다리는 1870년부터 83년에 이르러 완공	향항 화자일공
순보 84. 6. 4.	솜씨가 造化를 능가하다	윤선을 건조하여 물 위를 달리는 바 인력이 필요하지 않는 것도 이미 기이하다고 하겠는데 또 다시 윤선을 만들어서 물밑으로 달릴 수 있게 한다.	維新일보
순보 84. 6. 23.	독일 세무사 최림이 중국 총리아문에 철로개설을 요청하여 조목별로 진술하다	중국이 부강하여지는 대책은 윤선보다 철도가 좋다. 태서의 각국이 나날이 부강을 꾀하지 않음이 없는데 그들의 부강하여지는 것은 윤선을 만들어서 무역의 이익을 유통시키며 철로를 창설하여 수송수단을 편리하게 하는 것이니… 태서의 부강은 마침내 천하의 제일이 되었는데 윤선의 이익은 외부서의 부강을 철로의 이익은 내부에서의 부강을 이루니 두가지 중 하나도 피할 수 없다.	
순보 84. 7. 13.	각국철도공채통계	각국 철도 부설을 위한 공채 통계 상황	
순보 84. 7. 13.	항해설	예부터 연해 각국이 부강하게 된 이유는 세 가지. 해율이 잘 정리, 선박이 많았고, 항해술이 점차로 정밀해져	
순보 84. 8. 21.	법국航業	프랑스가 1881년 정한 선박을 보호하는 제도	일본 관보
순보 84. 8. 21.	아국철도	아국 철도 총연장 길이와 공사비, 미국과 벨기에 등등의 국가와의 비교	일본 시사신보

간행일자	제목	내용	출처
순보 84. 8. 21.	獨國의 鐵道	鐵道 : 독일 철도국관리국 통계표에 따른 독일의 철도	
순보 84. 9. 10.	화륜선 속력설	기선의 속력 증진에 대한 기록	
순보 84. 9. 19.	전선에 대한 공정	전보국 개설을 위한 전선 공정에 대한 보고 -중국	신보
주보 86. 9. 20.	각국창도철로 연표 譯略		
주보 86. 9. 27.	飛舟奇製	비행선(기구) 실험 소개.	호보
주보 87.1.24,	船政館	관과 민이 설치하는 선정관, 관은 수사, 武弁을 연습, 영국 프랑스에는 선무관이 많다.	
주보 87. 2. 28.	태서윤차철로고	운송 수단의 변천과 동력원에 대한 설명	신보
주보 87. 4. 4.	일본철도표	일본 철도 건설 현황	
주보 87. 4. 11.	철로先聲	중국 해군아문 황대신의 철로 개축의 소장 에 대한 曾紀澤의 찬성하는 소장	호보
주보 87. 4. 18	철로개공	증극 기륭부터 淡水까지의 철로 공사 착공	신보
주보 87. 6. 20.	철로批示	철로 공사 관련 보상	신보
주보 87. 6. 20.	철로요문	津沽에서 河東의 소경묘와 화신묘까지 철 로 개설한 뒤에 가옥이 모두 철거의 대상, 이에 대한 보상이 필요	신보
주보 87. 6. 27.	미국철도	미국의 가장 긴 철도	
주보 87. 7. 4.	전기행차	미국 디트로이트 시 철로에서 전기를 이용 한 차 운행됨	일본보
주보 87. 7. 4.	미국철도	미국에서는 공업을 장려하는 자금 5분의 1을 철로 가설에 투입하였고 이에 소요된 인부는 모두 65만명	
주보 87. 7. 4.	일본철도	일본 동해도의 철도 상황	
주보 87. 7. 4.	대미국의 기사 易滋 君의 略傳		
주보 87. 7. 11.	대만에 대한 紀要	대만의 풍부한 자원을 이용한 산업이 번창. 이는 다 철로에서 기인	
주보 87. 7. 18.	덕국의 철도	덕국 철도와 변방 경비 확보를 위한 국회 의결 사항	일본보
주보 87. 7. 18.	철도가 준공되다	영국의 속지 연납덕 지방의 철도 준공	일본보

7. 광업

간행일자	제목	내용	출처
순보 83. 12. 9.	신강풍토기	신강 금은강철의 무진장 매장. 지나가는 서양인들이 감탄. 태서의 기계를 도입하여 개발할 것을 주장	상해신보
순보 84. 5. 5.	지하 유정에 대하여	예부터 각국에서 유천이 있다는 것을 익히 알고 있으니 이것은 땅속에서 서서히 흘러 나와서 수면에 뜨게 되는데 불을 접하면 연소가 되었기로 사람들은 그것이 기름이란 것을 알면서도 그것을 채집하여 가공해서 인간이 사용할 줄 알지 못했거니와 또 샘처럼 파서 그것을 취하여 큰 이익을 도모할 줄을 더욱 알지 못했다. 유정채굴시작으로 이익을 보게 됨 중국에도 이 지유가 많다고 한다.	
순보 84. 5. 5.	地蠟	파라핀 석탄 津液에 岸素와 淡素의 2氣가 합해서 이루어졌을 뿐이다.	중국공보
순보 84. 5. 5.	미국의 金山	캘리포니아. 금광 농장의 성업	
순보 84. 9. 19.	개광할 기를 미리 구입하다		중외신보
순보 84. 9. 19.	광무를 정돈하다	개평의 煤광국이 저질탄으로 정비	신보
주보 86. 6. 27.	광산개설을 논함	제1 부강의 방법은 재용을 날로 넉넉하게 하는 데에 있다. 재용을 생산하는 방법은 천연자원의 잇점을 인하여 補相裁成하는 것일 뿐. 고금의 훌륭한 이익이 땅에서 나오지 않는 것이 없다.	
주보 86. 9. 13.	논개광	토지에서 생산되는 물자는 그 근원이 장구하고 공간에서 취하는 것은 그 이익이 매우 많다. 하늘이 化生시켰고 땅에 저장되어 있는 것으로서 무진장 많고 금지하거나 고갈된 염려가 없는 것은 광물뿐인 것이다. 광물을 개발하는 데에 네 가지 요점이 있다. 1.광무국 개설, 2.광사를 고용 생도를 교수, 3. 광묘를 취급, 4. 토민에게 사적으로 광산을 개발하도록 준허해야.	
주보 86. 10. 11.	礦學校	호보의 玉芍棠선생의 광학교에 대한 글 전제 … 서학은 본래 중국의 학에서 나왔으므로 유자가 부끄러이 여길 바가 아니다. 화학, 의학, 언어, 문자, 법례 등의 학을 배워야	호보(玉芍棠)
주보 87. 1. 24.	광산총액	프랑스 경제 잡지 인용해 영국의 구리, 석탄의 채굴량 소개	일본관보
주보 86. 10. 4.	寶石奇製	인공보석에 대해	호보
주보 87. 3. 14	電石이 새로 나오다	카바이트	

8. 1차산업 : 농업, 잠업, 목축업 등등

간행일자	제목	내용	출처
순보 84. 1. 18.	미국 인쇄국 : 독일신문	미국인쇄국, 독일신문 : 워싱턴 최대의 인쇄국	
순보 84. 1. 18.	일본수산	일본수산 생산 동향	동경일일신보
순보 84. 2. 7.	製火油新法	성질이 유한 화유를 일본의 某甲이 제조	畫圖新報
순보 84. 3. 18.	상피면	뽕나무로 옷감 면을 만든 사람이 있다.	
순보 84. 3. 18.	송재면	독일에서 소나무잎으로 면을 만들어 베를 짰다	
순보 84. 3. 18.	촬영국, 장춘국, 광인사		
순보 84. 3. 27.	미국이 날로 번성해지다	미국의 산업발달사	
순보 84. 4. 16.	제당은 반드시 장려해야 한다	국가가 강할수록 국민이 풍부하며 국민이 부할수록 설탕의 소비도 날로 많아지고 있다.	
순보 84. 7. 13.	누에의 種子를 받는 方法		잠상촬요
주보 87. 6. 27.	논공상勝	구미 각국의 산업 구조	
주보 87. 7. 18.	교사를 초빙하여 농업을 진흥시키다	일본 북해도청장이 미국의 농학 학교교사 2명을 초빙. 불법 유출되는 곤포의 폐단 방지 위해 곤포검사소를 두어 엄격한 구례 새웠다.	일본보
순보 84. 3. 27.	俄國농업	러시아 정부가 농무국을 두어 농업을 적극 권장. 격물치지가 나라와 백성에 도움을 준다는 말이 과연 믿어야 할 말	
순보 84. 4. 6.	농상신법	내아문 농상사에서 각도에 명령하여 보를 쌓고 뽕나무를 심기에 모든 방법을 다 쓰도록 하고 또 각국에서 수입된 농상에 관한 신서를 배포할 예정	
순보 84. 7. 13.	잠상撮要	농상의 분류법, 桑木을 접붙이는 방법, 뽕나무를 심고 가지 치는 방법	잠상촬요
주보 86. 9. 20.	목마통계	耕耘에 말이 소보다 낫다.… 마정의 요체는 양종을 택해 정성을 다해 길러야 한다.… 목양법에는 두 가지 있으니 하나는 가양으로 우리 속에 가두어 기르는 것	
주보 87. 7. 18.	교사를 초빙하여 농업을 진흥시키다	일본 북해도청장이 미국의 농학학교 교사 2명을 초빙. 불법 유출되는 곤포의 폐단을 방지하기 위해 곤포검사소를 두어 엄격한 규례 세웠다.	일본보

9. 교육 및 개화, 부국론

간행일자	제목	내용	출처
순보 84. 1. 8.	중서시세론	태서의 격치학을 익혀서 오늘날 중국의 격치의 이용을 성취한다면 저들의 지난날 제작을 우리가 내버릴 수 있고 앞으로의 제작을 우리가 절취할 수 있으리니 이야말로 우리에게는 많은 재물이 축나지 않고 저들에게는 벌써 思慮를 다하게 될 것이다.	중국공보관 논설
순보 84. 2. 7.	중서관계론	영국에 비해 옛날에는 중국이 부강했는데 현재는 영국이 훨씬 더 부강하다. 통상의 예를 들어 이 점을 설명, 중국을 옛날 규범만을 그대로 지킬 뿐 변화하기를 좋아하지 않는다. 이것이 중국이 가난하고 약한 원인이다.… 변혁은 오직 제도를 변혁하는 것일 뿐 효제, 충신, 예의, 염치 등은 만세 불변하는 것임을 두가 의심하겠는가. 충에 대해 논해보자. 반역하는 자를 활로 쏘는 것보다 총으로 쏘는 것이 쉽다.… 육로의 병법, 선박, 이밖에 군사와 관련된 것은 전보.』-화서인 자역 각서목표	林樂知의 책에서 전하기를 『중서관계약론』 화서인 자역 각서목표 역서사략-만국공보에도 실린 내용
순보 84. 3. 18.	박람회설	모든 물건이 갖추어지면 재산이 날로 부해지고 물건을 많이 보면 지혜가 날로 발달된다. 재산이 날로 늘어나고 지혜가 날로 발달되면 오대주와 경쟁하기도 어렵지 않고 세계 열강과 겨룰 수 있다. 그렇기 때문에 구미 각국에서는 박람회를 실시하여 과학이 날로 성하고 박물관을 건립하여 날로 부강하고 있으니 세운이 활짝 열리는 방법이다	
순보 84. 3. 27.	西醫學堂 개설 논	각 해구에 마땅히 西醫學堂을 설립해야한다	
순보 84. 4. 16.	기예원, 격물원	덕국학교론略	1873 花之安, 『서국학교』
순보 84. 4. 16.	영국서적박물원		만국공보
순보 84. 4. 25.	덕국지략의 續稿	교육면에서는 전국의 국민이 모두 독서와 습자를 할 수 있으며… 대학교는 모두 21개 처인데 모두 고상한 학술을 가르쳤으며 학과를 4개로 나누었는데 教意, 法理, 理學, 醫術등이다. 각처에 있는 학교마다 이 4과를 설비하지 않는 곳이 없었다.	1873 花之安, 『서국학교』
순보 84. 5. 25.	부국설 상	나라를 강하게 하려면 반드시 먼저 부로부터 시작해야 된다.	만국공보.

간행일자	제목	내용	출처
순보 84. 6. 4.	부국설 하	과학의 실용성 강조	만국공보
순보 84. 6. 14.	일본製筆	나라를 부강하게 하기 위한 일본의 기술 교육 설명 및 교과과목 소개	
순보 84. 6. 14.	아리스토텔레스 전	아리스토텔레스의 생애와 업적에 대한 전기	중서문견록-애약슬 書 중 서문견록으 로 출처가 나 와 있으나 찾 을 수 없음
순(교외) 84. 7. 3.	직공학교규칙	일본에 신설된 직공학교의 규칙	
순보 84. 8. 31.	태서각국소학교	소학교 제도에 대한설명, 운영, 교수 내용	
주보 86. 1. 25.	論學政 제1	나라를 다스리는 방법은 교화를 먼저 하는 것이 제일이고 교화시키는 방법은 먼저 학교 를 세우는 것보다 더 중요한 것이 없다. 현재 구주의 여러 나라들이 유독 부강을 과시하고 있는 것은 전혀 교화를 나라 다스리는 요점으 로 삼은 때문. 3등급으로 나눈다.	
주보 86. 1. 25.	論學政 제2	저 백성을 교화시키는 방법은 백성으로 하여 금 일정한 산업을 가지게 하는 데 달렸다… '맹자 인용' 대체로 백성의 산법을 제정하는 법은 네 가지, 농, 焱, 공, 商… 산업을 제정하여 재화를 증식시키는 기술은 창의와 모방 이 두 가지에 불과	
주보 86. 1. 25.	論學政 제3	유럽의 학제와 학교의 종류, 기능 설명	
주보 86. 8. 23.	소학교에서 지리 규정 초록. 소개 예정	소학교에서 지리 규정 초록. 소개 예정	
주보 86. 10. 11	廣學校	호보 玉芍棠 선생의 광학교에 대한 글 전제… 서학은 본래 중국의 학에서 나왔으므로 유자 가 부끄러이 여길 바가 아니다. 화학, 의학, 언어, 문자, 법례등의 학을 배워야	호보
주보 87. 1. 24	구주학교	프랑스 문부경이 대의원과 의논하여 소학교 육의 규제를 선정 고람애 대비하여 놓고 있다. 내용은 유럽 각국 소학교의 다소 및 학비	일본관보
주보 87. 1. 24.	천진무비학교 시험		
주보 87. 2. 28.	서학원류	서학의 기원과 발전, 변화에 대한 설명	
주보 87. 3. 7.	續錄西學源流	기하학과 대수학의 시작과 발전. 격치학, 화 학, 지학, 동식물학, 박물학, 진화론 등의 소개	

간행일자	제목	내용	출처
주보 87. 3. 14.	덕국 학교	베를린의 학교가 번창하여 유학생들이 늘고 있다. 모두 5,357명	
주보 87. 3. 21.	同文館大考題	중국 동문관 수학학생에 대한 시험 실시, 그 문제 기록	호보
주보 87. 4. 18.	천진무비학당대 고제속고		
주보 87. 8. 1.	덕국학교	대학생 수 13,505명. 그러나 그 나라 인구가 해마다 늘고 생도 수도 늘고 있다. 지방 대학은 거의 정부의 지원을 받고 있다.	일본관보

제3장 대한제국기 한역 근대 과학기술서의 이용

1. 『대조선독립협회회보』 과학기술 관련 기사
2. 『중서문견록』 목차
3. 『격치휘편』 목차

1. 『대조선독립협회회보』 과학기술 관련 기사

(출처 : 한국역사통합정보시스템 http://www.koreanhistory.or.kr/directory.do)

필자	기사제목	잡지	No.	연기	기사구분
피 제손	공긔	대조선독립협회회보	제1호	1896. 11.30	잡저
피 제손	공긔 젼호연속	대조선독립협회회보	제2호	1896. 12.15	잡저
	독 격치휘편	대조선독립협회회보	제3호	1897. 1. 1	논설
빈톤	사람마다 알면 좋을 일 : 보온. 비	대조선독립협회회보	제4호	1897. 1. 15	논설
	격치휘편의 속이라(논霧雲露)	대조선독립협회회보	제4호	1897. 1. 15	잡저
	수론	대조선독립협회회보	제4호	1897. 1. 15	잡저
남하학농 제주인	농업	대조선독립협회회보	제5호	1897. 1. 31	논설
빈톤	사람마다 알면 좋을 일 : 빛	대조선독립협회회보	제5호	1897. 1. 31	잡저
지석영	상잠문답	대조선독립협회회보	제6호	1897. 2. 15	잡저
	풍논	대조선독립협회회보	제6호	1897. 2. 15	잡저
	설빙 급 동빙리의 논	대조선독립협회회보	제6호	1897. 2. 15	잡저
安昌善	교육의 급무	대조선독립협회회보	제7호	1897. 2. 28	논설
부난아	기기사와특전	대조선독립협회회보	제8호	1897. 3. 15	잡저
	논전(電)여 뢰(雷)	대조선독립협회회보	제9호	1897. 3. 31	잡저
	방적기기설	대조선독립협회회보	제10호	1897. 4. 15	잡저
	금광	대조선독립협회회보	제10호	1897. 4. 15	잡저
	광학논	대조선독립협회회보	제10호	1897. 4. 15	잡저
	전기학공효세(부우피련숙법)	대조선독립협회회보	제11호	1897. 4. 30	잡저
	광학논(금광)전호의 속	대조선독립협회회보	제11호	1897. 4. 30	잡저
	打米기기도설	대조선독립협회회보	제11호	1897. 4. 30	잡저
	국가와 국민의 흥망	대조선독립협회회보	제11호	1897. 4. 30	논설
	은광	대조선독립협회회보	제11호	1897. 4. 30	잡저
	대포여철갑논	대조선독립협회회보	제12호	1897. 5. 15	잡저
	논 인질(燐質)(화학편)	대조선독립협회회보	제12호	1897. 5. 15	잡저
	은광논	대조선독립협회회보	제12호	1897. 5. 15	잡저
	생기세	대조선독립협회회보	제12호	1897. 5. 15	잡저
	동광논	대조선독립협회회보	제12호	1897. 5. 15	잡저
	성인신(成人身)지원질	대조선독립협회회보	제13호	1897. 5. 31	잡저
	用木屑作饅頭之法	대조선독립협회회보	제13호	1897. 5. 31	잡저
	人身之血與鯨魚之血輪流之數相比	대조선독립협회회보	제13호	1897. 5. 31	잡저
	毛與髮合硫黃	대조선독립협회회보	제13호	1897. 5. 31	잡저
	口津之用	대조선독립협회회보	제13호	1897. 5. 31	잡저
	廢布變爲糖之法	대조선독립협회회보	제13호	1897. 5. 31	잡저

필자	기사제목	잡지	No.	연기	기사구분
	人身能納大熱	대조선독립협회회보	제13호	1897. 5. 31	잡저
	흥신학설	대조선독립협회회보	제14호	1897. 6. 15	논설
	논학교	대조선독립협회회보	제14호	1897. 6. 15	논설
	철광론	대조선독립협회회보	제15호	1897. 6. 30	잡저
	創造鐵路宜先使民人咸知利益	대조선독립협회회보	제16호	1897. 7. 15	잡저
	환유지구잡기	대조선독립협회회보	제17호	1897. 7. 31	잡저
	지리초광	대조선독립협회회보	제17호	1897. 7. 31	잡저

2. 『중서문견록』 목차

권호/발행연월	기사제목	특기사항
제1호 1872. 7	地學指略	
제1호 1872. 7	泰西河防	『漢城旬報』1884년 5월 25일
제1호 1872. 7	俄人寓言	
제1호 1872. 7	論土路火車 幷圖	『機器火輪船源流考』, 『漢城旬報』1884년 4월 6일
제1호 1872. 7	某客 問 旱磨	
제1호 1872. 7	西國數目字巧	
제1호 1872. 7	交食解 幷圖	
제2호 1872. 8	論 琉璃 幷圖	
제2호 1872. 8	地學指略	
제2호 1872. 8	某客 駁磨 某客 論讀書法	
제2호 1872. 8	泰西河防	『漢城旬報』1884년 5월 25일
제2호 1872. 8	星學原流	『漢城旬報』1884년 3월 27일
제2호 1872. 8	瓦爾巴雷廈城奇聞	
제2호 1872. 8	游學西國	
제2호 1872. 8	日本近事(國主城方)	
제3호 1872. 9	日本防牛疫	
제3호 1872. 9	地圓考證	
제3호 1872. 9	地球指略 幷圖	
제3호 1872. 9	答河洛五行說	
제3호 1872. 9	賣驢喪驢 幷圖	
제3호 1872. 9	續 論 琉璃 幷圖	
제3호 1872. 9	泰西河防	
제3호 1872. 9	考數根法	
제4호 1872. 10	各國近事	
제4호 1872. 10	亞爾奇默德傳	
제4호 1872. 10	蒸汽機印字捐疊 幷圖	
제4호 1872. 10	地球指略 幷圖	
제4호 1872. 10	某客 駁磨 某客 論讀書法	
제4호 1872. 10	明燈有益	
제5호 1872. 11	正洪範五行說	
제5호 1872. 11	橡樹乘戒	
제5호 1872. 11	車輪軌道	『機器火輪船源流考』 『漢城旬報』1884년 2월 7일
제5호 1872. 11	天文館難題	
제5호 1872. 11	各國近事-英國近事, 探尋尼祿河源, 英國顧狂院, 補防牛疫	

권호/발행연월	기사제목	특기사항
제5호 1872. 11	泰西製鐵之法 幷圖	『機器火輪船源流考』 『漢城旬報』1884년 5월 15일
제5호 1872. 11	輪船源流考 幷圖	『機器火輪船源流考』 『漢城旬報』1884년 3월 8일
제6호 1872. 12	各國近事-英國近事 六則, 季秋人民生死數目, 阿爾蘭德書院人數	
제6호 1872. 12	聊齊辨解	
제6호 1872. 12	立天元一	
제6호 1872. 12	日本貨幣考 幷圖	
제6호 1872. 12	續 泰西製鐵法 幷圖	『機器火輪船源流考』 『漢城旬報』1884년 5월 15일
제6호 1872. 12	泰西河防	『漢城旬報』1884년 5월 25일
제7호 1873. 1	日本新貨幣考 下側 幷圖	
제7호 1873. 1	各國近事-英國近事 球生獎勵	
제7호 1873. 1	新開地中河記 幷附 二圖	
제7호 1873. 1	續論立天元一源流考	
제7호 1873. 1	壬申年同文館歲考題	빈수
제7호 1873. 1	壬申歲同文館試券	
제7호 1873. 1	洗寃新說	
제8호 1873. 2	天文館難題圖說-數學會友 算學難題	
제8호 1873. 2	都伯林城衛奇會圖說	
제8호 1873. 2	阿爾熱巴喇附攷	
제8호 1873. 2	壬申歲同文館試券 幷圖	
제8호 1873. 2	續泰西河防論圖 幷說	
제8호 1873. 2	復 聞見錄公局書	
제8호 1873. 2	希臘數學攷	
제9호 1873. 3	蕷粟木說	
제9호 1873. 3	鏡影燈說 幷圖	
제9호 1873. 3	天時雨暘異常考略	『漢城旬報』1884년 4월 16일
제9호 1873. 3	入水新法 幷圖	『機器火輪船源流考』 『漢城旬報』1884년 2월 7일
제9호 1873. 3	脫影奇觀之原序 此書業已廢刻不日卽出而問世	
제9호 1873. 3	鯊鱺相關	
제9호 1873. 3	西醫考證	
제9호 1873. 3	愼刑	
제9호 1873. 3	聘盟日記 幷序	
제10호 1873. 4	製鋼器新法	
제10호 1873. 4	續 聘盟日記	

권호/발행연월	기사제목	특기사항
제10호 1873. 4	海中驗光	
제10호 1873. 4	地蠟	
제10호 1873. 4	鐵索運物 幷圖	
제10호 1873. 4	各國近事	
제10호 1873. 4	碎石補路 幷圖 英瑞民壽	
제10호 1873. 4	養氣石精之光 幷圖	
제10호 1873. 4	古格傳	
제10호 1873. 4	鐵路有益說	
제10호 1873. 4	英瑞民壽	
제10호 1873. 4	天文館難題	
제10호 1873. 4	壯士制獅	
제10호 1873. 4	生人之形狀	
제10호 1873. 4	相驗識別 續 洗寃新說	
제11호 1873. 5	續 鐵路 有益說(下 貨價表 附)	
제11호 1873. 5	鐵路 火輪車 載 貨價植表	
제11호 1873. 5	二氣燈之光 鏡影燈 續稿 竝圖	이전 글 제목 鏡影燈說(제9호 1873. 3) ;『漢城旬報』1884년 4월 25일
제11호 1873. 5	句股新術 圖解 竝圖	
제11호 1873. 5	旅宿被驚	
제11호 1873. 5	袋鼠護子 鮑老國(摘墨餘錄 一則)	
제11호 1873. 5	? 入山	
제11호 1873. 5	獵犬 捕賊	
제11호 1873. 5	雜記 續 紀臘學院(竝圖) 都魯衛學院. 玻璃 飾目, 父子 擒熊	
제11호 1873. 5	各國近事	
제12호 1873. 6	同文館四月課 醫學試券	
제12호 1873. 6	雜記 四則-義女遭患, 冒寒拯飢, 危身救人, 姦徒現報	
제12호 1873. 6	洗寃新說 續稿-死人之形狀, 生人之年貌	
제12호 1873. 6	星命論	
제12호 1873. 6	寓言 二則 滴雨落海, 踏穲寓言	
제12호 1873. 6	威內薩記略 幷圖	
제12호 1873. 6	鐵針衝奇	
제12호 1873. 6	鏡影燈 續稿 幷圖-顯微鏡影燈 萬花鏡影燈, 幻化鏡影燈, 三楞折光幻化鏡影燈, 二氣陰陽燈, 坐視幻化之燈	
제13호 1873. 7	蒸氣論	

권호/발행연월	기사제목	특기사항
제13호 1873. 7	雜記 四則	
제13호 1873. 7	虎穴逃生記	
제13호 1873. 7	英國水晶宮	『漢城旬報』1884년 6월 4일
제13호 1873. 7	要隘堅城 幷圖	
제13호 1873. 7	牛痘考	『漢城旬報』1884년 4월 25일
제13호 1873. 7	各國近事	
제13호 1873. 7	磯那治瘧	
제13호 1873. 7	論 煤鐵出處及運行法	
제14호 1873. 8	各國近事	
제14호 1873. 8	防地震法	
제14호 1873. 8	雜記 美國鐵路考略, 論 英國致富之術	
제14호 1873. 8	埃及古王墓	
제14호 1873. 8	洗冤新說 續稿-死人生貌 -審辨生者之疑似, 審辨死者之疑似(並男女尻骨盤圖 中國洗冤錄骨格全圖, 另附西國全體骨格圖	
제14호 1873. 8	爭新島記略	
제14호 1873. 8	牛痘考續稿	
제15호 1873. 9	雜記 四則 輪船安危考略 隱士寓話, 런던 生師冊記, 合銅新法	
제15호 1873. 9	日晴論 幷圖	
제15호 1873. 9	天文館難題 作法 十號第一幷圖	
제15호 1873. 9	續 星命論, 巧對保命 不嗜殺人	
제15호 1873. 9	翠微山名辨	
제15호 1873. 9	金星過日 幷圖	
제15호 1873. 9	各國近事-美國近事 飛車過海	
제15호 1873. 9	續論 出處及運行法	
제16호 1873. 10	日國舊官圖說 幷圖	
제16호 1873. 10	慧后感王	
제16호 1873. 10	二蛙寓話	
제16호 1873. 10	續論煤鐵	
제16호 1873. 10	句股題	
제16호 1873. 10	三神寓話 瑞典鯨魚	
제16호 1873. 10	目晴論續稿 幷圖	
제16호 1873. 10	各國近事	
제16호 1873. 10	海防攷略	
제16호 1873. 10	考丐詩 丐婦傳	
제16호 1873. 10	中西祀典異同略論	
제17호 1873. 11	述千父長白君事	

권호/발행연월	기사제목	특기사항
제17호 1873. 11	權量新法	『漢城旬報』 1884년 3월 27일
제17호 1873. 11	圓徑求周 幷圖	
제17호 1873. 11	瓜爾佳孝婦詩	
제17호 1873. 11	各國近事：法國近事 圃漁遺蹟, 延請法師, 運果英國, 英國近事 博物會, 探訪氷洋, 備鐵路攻敵, 防守要隘	
제17호 1873. 11	印書新機 幷圖	
제17호 1873. 11	哈婁論	
제18호 1873. 12	論光遠近乘方轉比	
제18호 1873. 12	各國近事：國債巨款,颶風爲患, 因酒病狂, 民徒他國	
제18호 1873. 12	日耳蔓農婦圖說	
제18호 1873. 12	權量表 續前	
제18호 1873. 12	陰陽平悞作上下平攷	
제18호 1873. 12	體情斷案	
제18호 1873. 12	雜記 五則：火輪車安危考略, 濬 河泥船 幷圖, 英國列爵, 製造銅筆, 英京報房	
제18호 1873. 12	各國泉布	
제18호 1873. 12	尙書尙字攷辨	
제18호 1873. 12	程烈婦詩	
제19호 1874. 1	雜記：歐洲鐵甲船數, 久交不忘, 英國稅課	
제19호 1874. 1	續 各國泉布	
제19호 1874. 1	各國近事	
제19호 1874. 1	蓄膺 寓言	
제19호 1874. 1	自行撤水機 幷圖	
제19호 1874. 1	拘士受困	
제19호 1874. 1	句股略述 幷圖	
제19호 1874. 1	遊侯氏別墅記：附徐茶農孝廉遊半畝園記 秘魔崖石栢無存記	
제19호 1874. 1	擬請設華官於外國保衛商民論	
제19호 1874. 1	節救時揭要	
제19호 1874. 1	賢將勵兵	
제19호 1874. 1	那佰里城	
제20호 1874. 2	各國近史：日本近事-南境民變, 通商奧國, 英國近事-相國退位 帽子詐産, 印度近事：覓路通華, 賑濟災民	
제20호 1874. 2	泰西大臣進謁紀略	
제20호 1874. 2	論心 幷圖	

권호/발행연월	기사제목	특기사항
제20호 1874. 2	癸酉年同文館歲考題	
제20호 1874. 2	格物試卷	
제20호 1874. 2	勾脚新術細草	
제21호 1874. 3	元代西人入中國述	
제21호 1874. 3	잡기 삼측	
제21호 1874. 3	天文館 難題 二則 又題	
제21호 1874. 3	勘察煤山	
제21호 1874. 3	寓話 五則：驢馱聖物, 金卵鷄, 忘恩狼, 狐狸觀葡萄 獻物示警	
제21호 1874. 3	論音樂	
제21호 1874. 3	英京書籍博物院論	
제21호 1874. 3	捕鯊圖說 幷圖	
제21호 1874. 3	德國綠起擇要	
제21호 1874. 3	德國學校論略序	서울대 중앙도서관-표제: 서국학교
제22호 1874. 4	美國金山 幷圖	
제22호 1874. 4	運血之隧圖 幷圖	
제22호 1874. 4	雜記 二則 馬識地理 新婦妨家謬說	
제22호 1874. 4	俄國大臣進謁紀略	
제22호 1874. 4	續論音樂	
제22호 1874. 4	探尋鐵山記	
제22호 1874. 4	雜記 三則：貪財亡命 兩脚書厨, 賣胳膊 賣髓	
제22호 1874. 4	柔勝剛寓話	
제22호 1874. 4	各國近事	
제23호 1874. 5	各國近事：西班牙近事 起船海底	
제23호 1874. 5	獸力各不同	
제23호 1874. 5	論保命局	
제23호 1874. 5	飛車測天 幷圖	『機器火輪船源流考』 『한성순보』1884년 2월 7일 (그림은 없음)
제23호 1874. 5	格物試卷	
제23호 1874. 5	西國各國煤鐵論	
제23호 1874. 5	雜記 三則 古國 遺蹟, 失少得多 老人婚配	
제23호 1874. 5	官如驛吏如車夫	
제23호 1874. 5	論 古今讀書異同	
제24호 1874. 6	各國近事 救生公局	
제24호 1874. 6	雷圖糾謬	
제24호 1874. 6	論 運血之器 幷圖	

권호/발행연월	기사제목	특기사항
제24호 1874. 6	中西各國煤鐵論	
제24호 1874. 6	雜記 父狂子頑 馬車鐵路 勸婺改適	
제24호 1874. 6	彗星論 幷圖	
제25호 1874. 7	金星過日 續	
제25호 1874. 7	臺灣公案 三則	
제25호 1874. 7	候氏遠鏡論 幷圖	『漢城旬報』 1884년 5월 5일
제25호 1874. 7	雜記 五則：負債潛逃 白首重婚 在理不堅, 各實顚倒 駁倒命數	
제25호 1874. 7	煤氣新錄 幷圖	
제25호 1874. 7	格物測算題 水力運機	
제25호 1874. 7	各國近事 美國近事 新制電機	
제26호 1874. 8	脈論	
제26호 1874. 8	英國農政	
제26호 1874. 8	雜咏五首	
제26호 1874. 8	寓言	
제26호 1874. 8	臺灣公案 辨略	
제26호 1874. 8	雜記 三則	
제26호 1874. 8	各國近事：美國近事-金山新報. 丹國近事-君遊氷洋	
제26호 1874. 8	懸橋論略 幷圖	『漢城旬報』 1884년 2월 7일
제27호 1874. 9	歐洲蠶款	
제27호 1874. 9	救生總會略述 幷圖	
제27호 1874. 9	三孟論文舉隅	
제27호 1874. 9	遊覽測天所略述	
제27호 1874. 9	救生船略	
제27호 1874. 9	論 英國發信法	
제27호 1874. 9	雜記 丹書奇字 木皮詞 妙對 螺異	
제27호 1874. 9	續脈論	
제27호 1874. 9	雜記 四則：同國二賢 緩以救急 歐洲各國兵額海鹹之故	
제28호 1874. 10	각국近事：英國近事 東學文會 火藥傷人, 法國近事-八旬佳人 三瞽奇聞	
제28호 1874. 10	光熱電吸新學攷	
제28호 1874. 10	續脈論 幷圖	
제28호 1874. 10	富翁遺産記 幷圖	
제28호 1874. 10	天津 鄕冠記略	
제28호 1874. 10	米利堅 卽 美國志 序	
제28호 1874. 10	天文館 新術	

권호/발행연월	기사제목	특기사항
제29호 1874. 11	各國近事：法國近事-海口通商, 俄國近事 二則 節法國 新聞紙	
제29호 1874. 11	緯緯 天下無不是 的 父母之說非非	
제29호 1874. 11	大美國慶百年大會 序	
제29호 1874. 11	光熱電吸新學攷	
제29호 1874. 11	續脈論 幷圖	
제29호 1874. 11	占星辨謬	『漢城旬報』1884년 3월 27일
제29호 1874. 11	僞金鷄 口納 說	

3. 『격치휘편』 목차

호수	발행연월	기사제목	특기사항
1	1876 vol. 1. no. 1 광서2년 1월(1876. 2)	격치휘편 서	『대조선독립협회회보』 제3호 (1896.12.31.)
1	1876 vol. 1. no. 1 광서2년 1월(1876. 2)	格致略論：自 英國幼學格致中 譯出此書 共有三百款以後於每 卷絡續印之 제1장 萬物之寬廣 제2장 論星 제3장 太陽 行星彗星, 제4장 地球圍行星 제5장 太陽 日蝕月 蝕	'格致略論'을 제목으로 vol. 1, no. 12까지 연재
1	1876 vol. 1. no. 1 광서2년 1월(1876. 2)	丙子年春季七政衡伏同度日時	
1	1876 vol. 1. no. 1 광서2년 1월(1876. 2)	算器圖說：自造算器家書中譯 出	
1	1876 vol. 1. no. 1 광서2년 1월(1876. 2)	日本教學西國工藝：自英國貿 易編譯出	
1	1876 vol. 1. no. 1 광서2년 1월(1876. 2)	汽錘略論：自英國格物類編譯 出	
1	1876 vol. 1. no. 1 광서2년 1월(1876. 2)	韌性琉璃：自英國格物月報中 編譯出	
1	1876 vol. 1. no. 1 광서2년 1월(1876. 2)	印布機器：自英國格物類編譯 出	
1	1876 vol. 1. no. 1 광서2년 1월(1876. 2)	有益之水易地遷栽	『대조선독립협회회보』 제3호 (1896.12.31.)
1	1876 vol. 1. no. 1 광서2년 1월(1876. 2)	輪鋸圖說	
1	1876 vol. 1. no. 1 광서2년 1월(1876. 2)	造糖需用器五種	
1	1876 vol. 1. no. 1 광서2년 1월(1876. 2)	算學奇題	
1	1876 vol. 1. no. 1 광서2년 1월(1876. 2)	號上問答	
1	1876 vol. 1. no. 1 광서2년 1월(1876. 2)	격물잡설：無火之燈	
1	1876 vol. 1. no. 1 광서2년 1월(1876. 2)	격물잡설：向日葵之用	『대조선독립협회회보』 제3호 (1896.12.31.)
1	1876 vol. 1. no. 1 광서2년 1월(1876. 2)	고백	

호수	발행연월	기사제목	특기사항
2	1876 vol. 1. no. 2 광서2년 2월(1876. 3)	格致略論 : 續 제1권 論 體質及 攝力 動力之例	
2	1876 vol. 1. no. 2 광서2년 2월(1876. 3)	汽體要說	
2	1876 vol. 1. no. 2 광서2년 2월(1876. 3)	西國瓦器原流	
2	1876 vol. 1. no. 2 광서2년 2월(1876. 3)	算學奇題	
2	1876 vol. 1. no. 2 광서2년 2월(1876. 3)	號上問答	
2	1876 vol. 1. no. 2 광서2년 2월(1876. 3)	격물잡론 : 花穀等種久理不死	
2	1876 vol. 1. no. 2 광서2년 2월(1876. 3)	격물잡론 : 便用 水龍說	수룡 : 펌프
2	1876 vol. 1. no. 2 광서2년 2월(1876. 3)	격물잡론 : 城市多種樹木之益	『대조선독립협회회보』 제3호 (1896.12.31.)
2	1876 vol. 1. no. 2 광서2년 2월(1876. 3)	격물잡론 : 辯 大地 球形之據	
2	1876 vol. 1. no. 2 광서2년 2월(1876. 3)	격물잡론 : 熱水泉	
2	1876 vol. 1. no. 2 광서2년 2월(1876. 3)	격물잡론 : 大蓮花	
2	1876 vol. 1. no. 2 광서2년 2월(1876. 3)	격물잡론 : 古人善打熟鐵	
2	1876 vol. 1. no. 2 광서2년 2월(1876. 3)	격물잡론 : 造假寶石	
2	1876 vol. 1. no. 2 광서2년 2월(1876. 3)	고백	
3	1876 vol. 1. no. 3 광서2년 3월(1876. 4)	格致略論 : 續 제2권 論 地質土 石礦	
3	1876 vol. 1. no. 3 광서2년 3월(1876. 4)	論 輕氣球	
3	1876 vol. 1. no. 3 광서2년 3월(1876. 4)	西國瓦器原流	
3	1876 vol. 1. no. 3 광서2년 3월(1876. 4)	印書機器圖說	
3	1876 vol. 1. no. 3 광서2년 3월(1876. 4)	壓水櫃	

호수	발행연월	기사제목	특기사항
3	1876 vol. 1. no. 3 광서2년 3월(1876. 4)	丙子年夏季七政衡伏同度日時	
3	1876 vol. 1. no. 3 광서2년 3월(1876. 4)	自記風雨表圖說	
3	1876 vol. 1. no. 3 광서2년 3월(1876. 4)	水雷說	
3	1876 vol. 1. no. 3 광서2년 3월(1876. 4)	號上問答	
3	1876 vol. 1. no. 3 광서2년 3월(1876. 4)	算學奇題	
3	1876 vol. 1. no. 3 광서2년 3월(1876. 4)	醫學論	徐雪村 來稿
3	1876 vol. 1. no. 3 광서2년 3월(1876. 4)	강남제조국총국번역각종 西書價目單在·격치서원기서	단행본 출간, 조선정부 입수 (서명『역서사략』, 규장각 소장)
3	1876 vol. 1. no. 3 광서2년 3월(1876. 4)	격물잡설：大千里鏡	
3	1876 vol. 1. no. 3 광서2년 3월(1876. 4)	격물잡설：噴砂器	
3	1876 vol. 1. no. 3 광서2년 3월(1876. 4)	고백	
4	1876 vol. 1. no. 4 광서2년 4월(1876. 5)	格致略論：續 제3권(地層)	
4	1876 vol. 1. no. 4 광서2년 4월(1876. 5)	論鑽地覓煤法	
4	1876 vol. 1. no. 4 광서2년 4월(1876. 5)	論 風車圖說	
4	1876 vol. 1. no. 4 광서2년 4월(1876. 5)	汽車水龍圖說	
4	1876 vol. 1. no. 4 광서2년 4월(1876. 5)	養蜂獲利：自美國格致新報譯出	
4	1876 vol. 1. no. 4 광서2년 4월(1876. 5)	力儲于매	
4	1876 vol. 1. no. 4 광서2년 4월(1876. 5)	號上問答	
4	1876 vol. 1. no. 4 광서2년 4월(1876. 5)	格物論質：自 美國 有學格致中譯出 (范約翰)	
4	1876 vol. 1. no. 4 광서2년 4월(1876. 5)	算學奇題	

호수	발행연월	기사제목	특기사항
4	1876 vol. 1. no. 4 광서2년 4월(1876. 5)	격물잡설 : (蜘蛛누에) 生絲	
4	1876 vol. 1. no. 4 광서2년 4월(1876. 5)	격물잡설 : 哺育 駝鳥	
4	1876 vol. 1. no. 4 광서2년 4월(1876. 5)	격물잡설 : 영국倫頓 근래 造 新式民房	
4	1876 vol. 1. no. 4 광서2년 4월(1876. 5)	격물잡설 : 脚踏車與馬相此賽	
4	1876 vol. 1. no. 4 광서2년 4월(1876. 5)	격물잡설 : 動物活理不死	
4	1876 vol. 1. no. 4 광서2년 4월(1876. 5)	고백	
5	1876 vol. 1. no. 5 광서2년 5월(1876. 6)	格致略論 續 제4권	
5	1876 vol. 1. no. 5 광서2년 5월(1876. 6)	起水機器	
5	1876 vol. 1. no. 5 광서2년 5월(1876. 6)	新法開河機器船	
5	1876 vol. 1. no. 5 광서2년 5월(1876. 6)	造馬口鐵法	
5	1876 vol. 1. no. 5 광서2년 5월(1876. 6)	遊覽東洋日記	
5	1876 vol. 1. no. 5 광서2년 5월(1876. 6)	算學奇題	
5	1876 vol. 1. no. 5 광서2년 5월(1876. 6)	號上問答	
5	1876 vol. 1. no. 5 광서2년 5월(1876. 6)	격물잡설 : 美國尾法大地方多 産硼砂	
5	1876 vol. 1. no. 5 광서2년 5월(1876. 6)	격물잡설 : 추 時務	
5	1876 vol. 1. no. 5 광서2년 5월(1876. 6)	격물잡설 : 運動機器不必借乎 汽力	
5	1876 vol. 1. no. 5 광서2년 5월(1876. 6)	격물잡설 : 吸鐵器之最靈者爲 馬掌鐵之形	
6	1876 vol. 1. no. 6 광서2년 6월(1876. 5)	格致略論 속 제5권 : 논 地面之 形狀	
6	1876 vol. 1. no. 6 광서2년 6월(1876. 5)	化學器具圖說	

호수	발행연월	기사제목	특기사항
6	1876 vol. 1. no. 6 광서2년 6월(1876. 5)	量度大熱之表	
6	1876 vol. 1. no. 6 광서2년 6월(1876. 5)	汽機命各說 (徐壽)	
6	1876 vol. 1. no. 6 광서2년 6월(1876. 5)	東方各國仿效西國工藝總說	『대조선독립협회회보』 제7호 (1897.2.28)
6	1876 vol. 1. no. 6 광서2년 6월(1876. 5)	算學奇題	
6	1876 vol. 1. no. 6 광서2년 6월(1876. 5)	號上問答	
6	1876 vol. 1. no. 6 광서2년 6월(1876. 5)	격물잡설-상해격치서원	
6	1876 vol. 1. no. 6 광서2년 6월(1876. 5)	고백	
7	1876 vol. 1. no. 7 광서2년 7월(1876. 8)	格致略論 : 續 제6권 : 論雪與 氷及凍氷之理, 論光, 論電氣與 鐵氣 論風	續 제6권 : 논雪與氷及凍氷之理, 논風『대조선독립협회회보』 제6호(1897.2.15)
7	1876 vol. 1. no. 7 광서2년 7월(1876. 8)	化學器具圖說	
7	1876 vol. 1. no. 7 광서2년 7월(1876. 8)	寫字機器	
7	1876 vol. 1. no. 7 광서2년 7월(1876. 8)	造氷器具	
7	1876 vol. 1. no. 7 광서2년 7월(1876. 8)	棉花工藝源流	
7	1876 vol. 1. no. 7 광서2년 7월(1876. 8)	格致理論 : 此稿尙有續印	(慕維廉)
7	1876 vol. 1. no. 7 광서2년 7월(1876. 8)	격물잡설 : 논 格致志學, 園球 地新法	
8	1876 vol. 1. no. 8 광서2년 8월(1876. 9)	格致略論 : 續 제7권 : 論舞雲 雨露, 論水, 論 體質之原	『대조선독립협회회보』 제4호 (1897.1.15.)
8	1876 vol. 1. no. 8 광서2년 8월(1876. 9)	西國 造針法圖說	
8	1876 vol. 1. no. 8 광서2년 8월(1876. 9)	論 牙齒	
8	1876 vol. 1. no. 8 광서2년 8월(1876. 9)	開設 棉花去子之廠	
8	1876 vol. 1. no. 8 광서2년 8월(1876. 9)	格致理論	

호수	발행연월	기사제목	특기사항
8	1876 vol. 1. no. 8 광서2년 8월(1876. 9)	算學奇題	
8	1876 vol. 1. no. 8 광서2년 8월(1876. 9)	號上問答	
8	1876 vol. 1. no. 8 광서2년 8월(1876. 9)	격물잡설 : 免蝗災之法	
9	1876 vol. 1. no. 9 광서2년 9월(1876. 10)	格致略論 : 續 제8권 : 論植物學	
9	1876 vol. 1. no. 9 광서2년 9월(1876. 10)	西國 開煤略法	
9	1876 vol. 1. no. 9 광서2년 9월(1876. 10)	去子廠 各器價值- 接續 開設 棉花 去子之 廠	
9	1876 vol. 1. no. 9 광서2년 9월(1876. 10)	測月新論	
9	1876 vol. 1. no. 9 광서2년 9월(1876. 10)	격물잡설 : 西瓜糖	
9	1876 vol. 1. no. 9 광서2년 9월(1876. 10)	論 新譯西藥略釋-此書刊於在上海美華書館奇價格洋五角	
9	1876 vol. 1. no. 9 광서2년 9월(1876. 10)	海洋所見巨動物	
9	1876 vol. 1. no. 9 광서2년 9월(1876. 10)	격물잡설 : 美國開金礦	
9	1876 vol. 1. no. 9 광서2년 9월(1876. 10)	算學奇題	
9	1876 vol. 1. no. 9 광서2년 9월(1876. 10)	號上問答	
9	1876 vol. 1. no. 9 광서2년 9월(1876. 10)	격물잡설 : 合植物能睡	
9	1876 vol. 1. no. 9 광서2년 9월(1876. 10)	격물잡설 : 桃樹去蟲法	
9	1876 vol. 1. no. 9 광서2년 9월(1876. 10)	격물잡설 : 螞蟻性情	
9	1876 vol. 1. no. 9 광서2년 9월(1876. 10)	격물잡설 : 英國大鐵甲船受危險事	
10	1876 vol. 1. no. 10 광서2년 10월(1876. 11)	格致略論 : 續 제9권 : 論植物學	
10	1876 vol. 1. no. 10 광서2년 10월(1876. 11)	紡絲廠各機器 接續 去子廠 各器價值	

호수	발행연월	기사제목	특기사항
10	1876 vol. 1. no. 10 광서2년 10월(1876. 11)	西國養蜂法	
10	1876 vol. 1. no. 10 광서2년 10월(1876. 11)	打椿汽機	
10	1876 vol. 1. no. 10 광서2년 10월(1876. 11)	算學奇題	
10	1876 vol. 1. no. 10 광서2년 10월(1876. 11)	號上問答	
10	1876 vol. 1. no. 10 광서2년 10월(1876. 11)	격물잡설：睡能補腦力	
10	1876 vol. 1. no. 10 광서2년 10월(1876. 11)	격물잡설：外科奇事	
10	1876 vol. 1. no. 10 광서2년 10월(1876. 11)	격물잡설：用砲打鯨魚法	
10	1876 vol. 1. no. 10 광서2년 10월(1876. 11)	고백：본관고백	
11	1876 vol. 1. no. 11 광서2년 11월(1876. 12)	格致略論：續　제10권：論動物學	
11	1876 vol. 1. no. 11 광서2년 11월(1876. 12)	英國救生局救溺法	
11	1876 vol. 1. no. 11 광서2년 11월(1876. 12)	西國養蜂法 續　제10권	
11	1876 vol. 1. no. 11 광서2년 11월(1876. 12)	論 脈-此脈之全身易言 舒高第 口譯	-
11	1876 vol. 1. no. 11 광서2년 11월(1876. 12)	紡絲機器價値 續　제10권	
11	1876 vol. 1. no. 11 광서2년 11월(1876. 12)	格致理論-慕維廉稿	
11	1876 vol. 1. no. 11 광서2년 11월(1876. 12)	算學奇題	
11	1876 vol. 1. no. 11 광서2년 11월(1876. 12)	號上問答	
11	1876 vol. 1. no. 11 광서2년 11월(1876. 12)	격물잡설：出痘易殺人	
11	1876 vol. 1. no. 11 광서2년 11월(1876. 12)	격물잡설：工匠房屋	
11	1876 vol. 1. no. 11 광서2년 11월(1876. 12)	격물잡설：砑蘭米忠	

호수	발행연월	기사제목	특기사항
12	1876 vol. 1. no. 12 광서2년 12월(1877. 1)	格致略論：續 제11권：논人 類性情之源流, 논 人之靈性	此卷格致略論之 終卷
12	1876 vol. 1. no. 12 광서2년 12월(1877. 1)	西國養蜂法 續 제11권	
12	1876 vol. 1. no. 12 광서2년 12월(1877. 1)	論 脈- 第11 此脈之全身易言 舒 高第 口譯	
12	1876 vol. 1. no. 12 광서2년 12월(1877. 1)	西國 救火梯	
12	1876 vol. 1. no. 12 광서2년 12월(1877. 1)	算學奇題	
12	1876 vol. 1. no. 12 광서2년 12월(1877. 1)	號上問答	
12	1876 vol. 1. no. 12 광서2년 12월(1877. 1)	격물잡설：救服鴉片煙毒方法 啓-美國醫師 馬高溫來稿	
12	1876 vol. 1. no. 12 광서2년 12월(1877. 1)	격물잡설：戒吸鴉片方法啓- 美國醫師 馬高溫來稿	
13	1877 vol. 2. no. 1 광서3년 정월(1877. 3)	美國百年大會記略	
13	1877 vol. 2. no. 1 광서3년 정월(1877. 3)	上海格致書院 (木疑)設鐵嵌瑠 璃房爲博物館	
13	1877 vol. 2. no. 1 광서3년 정월(1877. 3)	美國 傅蘭克倫專(플랭클린)	
13	1877 vol. 2. no. 1 광서3년 정월(1877. 3)	作 荷蘭水器具	
13	1877 vol. 2. no. 1 광서3년 정월(1877. 3)	過氷山之險	
13	1877 vol. 2. no. 1 광서3년 정월(1877. 3)	西國百姓 喜劇格致記	
13	1877 vol. 2. no. 1 광서3년 정월(1877. 3)	西洋養蜂法 續 제1년 제12권	
13	1877 vol. 2. no. 1 광서3년 정월(1877. 3)	論 脉(脈) 續 제1년 제12권	
13	1877 vol. 2. no. 1 광서3년 정월(1877. 3)	說 蟲(날 수 있는 벌레)	
13	1877 vol. 2. no. 1 광서3년 정월(1877. 3)	論代筆新機	덕삼 정위량
13	1877 vol. 2. no. 1 광서3년 정월(1877. 3)	號上問答	

호수	발행연월	기사제목	특기사항
13	1877 vol. 2. no. 1 광서3년 정월(1877. 3)	격물잡설 : 占風雨 新法	印虎患
13	1877 vol. 2. no. 1 광서3년 정월(1877. 3)	격물잡설 : 印度虎患	
14	1877 vol. 2. no. 2 광서3년 2월(1877. 3)	火車與鐵道略論	
14	1877 vol. 2. no. 2 광서3년 2월(1877. 3)	西洋養蜂法 續 제2년 제1권	
14	1877 vol. 2. no. 2 광서3년 2월(1877. 3)	論 脉(脈) 續 제2년 제1권	
14	1877 vol. 2. no. 2 광서3년 2월(1877. 3)	格致新法 總論	필자 : 募維廉
14	1877 vol. 2. no. 2 광서3년 2월(1877. 3)	號上問答	
14	1877 vol. 2. no. 2 광서3년 2월(1877. 3)	격물잡설 : 美國時辰表公司	
14	1877 vol. 2. no. 2 광서3년 2월(1877. 3)	격물잡설 : 天下最大之鐘	
15	1877 vol. 2. no. 3 광서3년 3월(1877. 4)	西船略論-西國造船法	
15	1877 vol. 2. no. 3 광서3년 3월(1877. 4)	續 格致新法	
15	1877 vol. 2. no. 3 광서3년 3월(1877. 4)	西國養蜂法	
15	1877 vol. 2. no. 3 광서3년 3월(1877. 4)	論 舌(自西國內科書 譯出)	
15	1877 vol. 2. no. 3 광서3년 3월(1877. 4)	化分中國鐵礦	
15	1877 vol. 2. no. 3 광서3년 3월(1877. 4)	산학기제	
15	1877 vol. 2. no. 3 광서3년 3월(1877. 4)	호상문답	
15	1877 vol. 2. no. 3 광서3년 3월(1877. 4)	격물잡설 : 操鍊身體有益	
15	1877 vol. 2. no. 3 광서3년 3월(1877. 4)	격물잡설 : 戰陣間人心易亂	
15	1877 vol. 2. no. 3 광서3년 3월(1877. 4)	격물잡설 : 奇兵之長	

호수	발행연월	기사제목	특기사항
16	1877 vol. 2. no. 4 광서3년 4월(1877. 5)	農事略論	
16	1877 vol. 2. no. 4 광서3년 4월(1877. 5)	紡織總說 續 제1년 11권	
16	1877 vol. 2. no. 4 광서3년 4월(1877. 5)	格致理論-地球大體	
16	1877 vol. 2. no. 4 광서3년 4월(1877. 5)	호상문답	
16	1877 vol. 2. no. 4 광서3년 4월(1877. 5)	산학기제	
16	1877 vol. 2. no. 4 광서3년 4월(1877. 5)	격물잡설 : 格致家病癲	
16	1877 vol. 2. no. 4 광서3년 4월(1877. 5)	격물잡설 : 生齒日繁	
16	1877 vol. 2. no. 4 광서3년 4월(1877. 5)	격물잡설 : 火油增價	
16	1877 vol. 2. no. 4 광서3년 4월(1877. 5)	격물잡설 : 火油燈償目	
16	1877 vol. 2. no. 4 광서3년 4월(1877. 5)	격물잡설 : 런던 死亡之數	
16	1877 vol. 2. no. 4 광서3년 4월(1877. 5)	격물잡설 : 生髮便方	
16	1877 vol. 2. no. 4 광서3년 4월(1877. 5)	격물잡설 : 脚踏批	
17	1877 vol. 2. no. 5 광서3년 5월(1877. 6)	李壬叔	이선란의 서
17	1877 vol. 2. no. 5 광서3년 5월(1877. 6)	入水衣略論	『중서문견록』의 입수신법 보 다 전문적 내용(잠수구의 원리 등을 설명)
17	1877 vol. 2. no. 5 광서3년 5월(1877. 6)	望好角開金剛石	
17	1877 vol. 2. no. 5 광서3년 5월(1877. 6)	疾飲辨	
17	1877 vol. 2. no. 5 광서3년 5월(1877. 6)	論呼吸氣·접 속 전고	
17	1877 vol. 2. no. 5 광서3년 5월(1877. 6)	號上問答	
17	1877 vol. 2. no. 5 광서3년 5월(1877. 6)	산학기제	

호수	발행연월	기사제목	특기사항
17	1877 vol. 2. no. 5 광서3년 5월(1877. 7)	격치잡설 : 喫人草	
17	1877 vol. 2. no. 5 광서3년 5월(1877. 7)	격치잡설 : 格致家成會慾繞地球遍覽	
17	1877 vol. 2. no. 5 광서3년 5월(1877. 7)	격치잡설 : 格致家成會慾繞地球遍覽	
18	1877 vol. 2. no. 6 광서3년 6월(1877. 7)	西砲略説-附砲紀略, 八十一頓砲 鳥令砲, 回特活德銅砲論	대포여철갑『대조선독립협회회보』제12호
18	1877 vol. 2. no. 6 광서3년 6월(1877. 7)	호상문답	
18	1877 vol. 2. no. 6 광서3년 6월(1877. 7)	산학기제	
18	1877 vol. 2. no. 6 광서3년 6월(1877. 7)	격치잡설 : 鐵丸論	
18	1877 vol. 2. no. 6 광서3년 6월(1877. 7)	격치잡설 : 燈論	
19	1877 vol. 2. no. 7 광서3년 7월(1877. 9)	西國 錬鐵法 略論	
19	1877 vol. 2. no. 7 광서3년 7월(1877. 9)	防火論	江筆湘自氣氏來稿
19	1877 vol. 2. no. 7 광서3년 7월(1877. 9)	中國欽差在英國查農器之事	
19	1877 vol. 2. no. 7 광서3년 7월(1877. 9)	混沌説	
19	1877 vol. 2. no. 7 광서3년 7월(1877. 9)	貿易穏法	
19	1877 vol. 2. no. 7 광서3년 7월(1877. 9)	論 煤氣燈-	등대
19	1877 vol. 2. no. 7 광서3년 7월(1877. 9)	測風器	
19	1877 vol. 2. no. 7 광서3년 7월(1877. 9)	論蒼蠅	
19	1877 vol. 2. no. 7 광서3년 7월(1877. 9)	造琉璃法	
19	1877 vol. 2. no. 7 광서3년 7월(1877. 9)	格致新法 : 心中儀象或名諸疑大源 제2관	필자 : 募維廉
19	1877 vol. 2. no. 7 광서3년 7월(1877. 9)	號上問答	

호수	발행연월	기사제목	특기사항
19	1877 vol. 2. no. 7 광서3년 7월(1877. 9)	격물잡설 : 電氣鋸(전기톱)木	
19	1877 vol. 2. no. 7 광서3년 7월(1877. 9)	격물잡설 : 法京有木濁之患	
19	1877 vol. 2. no. 7 광서3년 7월(1877. 9)	격물잡설 : 物各誤說	
20	1877 vol. 2. no. 8 광서3년 8월(1877. 10)	西國造瓷器器	
20	1877 vol. 2. no. 8 광서3년 8월(1877. 10)	紡織廠圖說 續-제2년 4권	
20	1877 vol. 2. no. 8 광서3년 8월(1877. 10)	格致新法-僞學數等 三段	필자 : 募維廉
20	1877 vol. 2. no. 8 광서3년 8월(1877. 10)	原質化合愛力對 소설(?)-從化 學前書搞譯	
20	1877 vol. 2. no. 8 광서3년 8월(1877. 10)	英國新史略論	애약슬
20	1877 vol. 2. no. 8 광서3년 8월(1877. 10)	中國多聘西人查礦說略	
20	1877 vol. 2. no. 8 광서3년 8월(1877. 10)	裝運鷄蚕之穩法	
20	1877 vol. 2. no. 8 광서3년 8월(1877. 10)	深井起水之筒	
20	1877 vol. 2. no. 8 광서3년 8월(1877. 10)	號上問答	
20	1877 vol. 2. no. 8 광서3년 8월(1877. 10)	算學奇題	
20	1877 vol. 2. no. 8 광서3년 8월(1877. 10)	격물잡설 : 金剛石炭質所成	
20	1877 vol. 2. no. 8 광서3년 8월(1877. 10)	격물잡설 : 受大冷則欲睡之死	
20	1877 vol. 2. no. 8 광서3년 8월(1877. 10)	격물잡설 : 西國醫學年精一年	
20	1877 vol. 2. no. 8 광서3년 8월(1877. 10)	격물잡설 : 人身加血之法	
21	1877 vol. 2. no. 9 광서3년 9월(1877. 10)	徐雪村先生 序	
21	1877 vol. 2. no. 9 광서3년 9월(1877. 10)	西國 造橋論	

호수	발행연월	기사제목	특기사항
21	1877 vol. 2. no. 9 광서3년 9월(1877. 10)	潮水論-美國格致新書 譯出	
21	1877 vol. 2. no. 9 광서3년 9월(1877. 10)	成氷機器	
21	1877 vol. 2. no. 9 광서3년 9월(1877. 10)	格致新法：推論新法略論-7단	필자：募維廉
21	1877 vol. 2. no. 9 광서3년 9월(1877. 10)	墨書哥古欲井序 善譯法文兵	
21	1877 vol. 2. no. 9 광서3년 9월(1877. 10)	論 隣質	『대조선독립협회회보』 제12호(1897.5.15.)
21	1877 vol. 2. no. 9 광서3년 9월(1877. 10)	격물잡설：成人身之原質	『대조선독립협회회보』 제13호(1897.5.31.)
21	1877 vol. 2. no. 9 광서3년 9월(1877. 10)	격물잡설：人身之血與鯨魚之 數相此	『대조선독립협회회보』 제13호(1897.5.31.)
21	1877 vol. 2. no. 9 광서3년 9월(1877. 10)	격물잡설：毛與髮含硫質	『대조선독립협회회보』 제13호(1897.5.31.)
21	1877 vol. 2. no. 9 광서3년 9월(1877. 10)	격물잡설：用木屑作饅頭之法	『대조선독립협회회보』 제13호(1897.5.31.)
21	1877 vol. 2. no. 9 광서3년 9월(1877. 10)	격물잡설：口津之用	『대조선독립협회회보』 제13호(1897.5.31.)
21	1877 vol. 2. no. 9 광서3년 9월(1877. 10)	격물잡설：廢布變爲糖之法	『대조선독립협회회보』 제13호(1897.5.31.)
21	1877 vol. 2. no. 9 광서3년 9월(1877. 10)	격물잡설：食糖有害于牙齒	
21	1877 vol. 2. no. 9 광서3년 9월(1877. 10)	격물잡설：前人作奇怪之時辰 鐘	
21	1877 vol. 2. no. 9 광서3년 9월(1877. 10)	격물잡설：象牙中遇鉛丸，人 身能納大熱	『대조선독립협회회보』 제13호(1897.5.31.)
21	1877 vol. 2. no. 9 광서3년 9월(1877. 10)	격물잡설：古時大鳥之骨	
21	1877 vol. 2. no. 9 광서3년 9월(1877. 10)	號上問答	
22	1877 vol. 2. no. 10 광서3년 10월(1877. 12)	西國 造磚法	
22	1877 vol. 2. no. 10 광서3년 10월(1877. 12)	簡便汽車鐵路	
22	1877 vol. 2. no. 10 광서3년 10월(1877. 12)	製鈕法	

호수	발행연월	기사제목	특기사항
22	1877 vol. 2. no. 10 광서3년 10월(1877. 12	鑿石機器	
22	1877 vol. 2. no. 10 광서3년 10월(1877. 12)	石板印刷法	
22	1877 vol. 2. no. 10 광서3년 10월(1877. 12)	軋摩尼輪	
22	1877 vol. 2. no. 10 광서3년 10월(1877. 12)	號上問答	
22	1877 vol. 2. no. 10 광서3년 10월(1877. 12)	算學奇題	
22	1877 vol. 2. no. 10 광서3년 10월(1877. 12)	격물잡설 : 種樹不但有利於己 而有益於人	
23	1877 vol. 2. no. 11 광서3년 11월(1877. 12)	滅火氣說略	
23	1877 vol. 2. no. 11 광서3년 11월(1877. 12)	測繪器具	
23	1877 vol. 2. no. 11 광서3년 11월(1877. 12)	論 土星	
23	1877 vol. 2. no. 11 광서3년 11월(1877. 12)	腫脹辨-昆生末是	
23	1877 vol. 2. no. 11 광서3년 11월(1877. 12)	號上問答	
23	1877 vol. 2. no. 11 광서3년 11월(1877. 12)	격물잡설-격치가星廻慾環地 球大便覽	
24	1877 vol. 2. no. 12 광서3년 12월(1878. 1)	격치휘편 擬停 一年告白	
24	1877 vol. 2. no. 12 광서3년 12월(1878. 1)	磨麵器	
24	1877 vol. 2. no. 12 광서3년 12월(1878. 1)	傳聲器像聲器 二則	
24	1877 vol. 2. no. 12 광서3년 12월(1878. 1)	西國造碑酒法	
24	1877 vol. 2. no. 12 광서3년 12월(1878. 1)	起水機器	
24	1877 vol. 2. no. 12 광서3년 12월(1878. 1)	汽機測驗諸器 汽機必以摘要	
24	1877 vol. 2. no. 12 광서3년 12월(1878. 1)	近時戰船論-自英國倫頓某造船 家作之書 譯出	

호수	발행연월	기사제목	특기사항
24	1877 vol. 2. no. 12 광서3년 12월(1878. 1)	生氣說	『대조선독립협회회보』 제12 호(1897.5.15.)
24	1877 vol. 2. no. 12 광서3년 12월(1878. 1)	格致彙編論-自申報抄錄	
24	1877 vol. 2. no. 12 광서3년 12월(1878. 1)	號上問答	
24	1877 vol. 2. no. 12 광서3년 12월(1878. 1)	격치잡설	
25	1880 vol. 3. no. 1 광서6년 정월(1880. 2)	格致彙編續輯告白 格致說器總論-제1부 測候器 총인 제1류 측	
25	1880 vol. 3. no. 1 광서6년 정월(1880. 2)	電氣鍍金 序	단행본 출간, 규장각 소장
25	1880 vol. 3. no. 1 광서6년 정월(1880. 2)	電氣鍍金略法	단행본 출간, 규장각 소장
25	1880 vol. 3. no. 1 광서6년 정월(1880. 2)	화학위생론 서	단행본 출간, 규장각 소장
25	1880 vol. 3. no. 1 광서6년 정월(1880. 2)	擬請 中國嚴政武備說	
25	1880 vol. 3. no. 1 광서6년 정월(1880. 2)	號上問答	
25	1880 vol. 3. no. 1 광서6년 정월(1880. 2)	算學奇題	
26	1880 vol. 3. no. 2 광서6년 2월(1880. 2)	格致說器總論-제1부 測候器- 測算風雨表 眞空含風雨表 論 寒暑表	
26	1880 vol. 3. no. 2 광서6년 2월(1880. 2)	電氣鍍金略法-속 제1권 논 鍍銅 造模法	단행본 출간, 규장각 소장
26	1880 vol. 3. no. 2 광서6년 2월(1880. 2)	化學衛生論 속 제1권	단행본 출간, 규장각 소장
26	1880 vol. 3. no. 2 광서6년 2월(1880. 2)	擬請 中國嚴政武備說	
26	1880 vol. 3. no. 2 광서6년 2월(1880. 2)	巴司礛拉記	프랑스식
26	1880 vol. 3. no. 2 광서6년 2월(1880. 2)	號上問答	
27	1880 vol. 3. no. 3 광서6년 3월(1880. 4)	格致說器總論-제1부 測候器- 重熱寒暑表	

호수	발행연월	기사제목	특기사항
27	1880 vol. 3. no. 3 광서6년 3월(1880. 4)	電氣鍍金略法-속 제2권 론 鍍銅 造模法	단행본 출간, 규장각 소장
27	1880 vol. 3. no. 3 광서6년 3월(1880. 4)	화학위생론	단행본 출간, 규장각 소장
27	1880 vol. 3. no. 3 광서6년 3월(1880. 4)	論血內鐵質之功用	
27	1880 vol. 3. no. 3 광서6년 3월(1880. 4)	擬請 中國嚴政武備說	
27	1880 vol. 3. no. 3 광서6년 3월(1880. 4)	號上問答	
27	1880 vol. 3. no. 3 광서6년 3월(1880. 4)	算學奇題	
28	1880 vol. 3. no. 4 광서6년 4월 (1880. 5)	格致說器總論-제1부 測候器 제7류 測空中電氣對電臭之氣, 辨天時表	
28	1880 vol. 3. no. 4 광서6년 4월 (1880. 5)	電氣鍍金略法-속 제3 논 鍍銅 造模法	단행본 출간, 규장각 소장
28	1880 vol. 3. no. 4 광서6년 4월 (1880. 5)	화학위생론 속 제3	단행본 출간, 규장각 소장
28	1880 vol. 3. no. 4 광서6년 4월 (1880. 5)	日本國 新訂草木圖說	
28	1880 vol. 3. no. 4 광서6년 4월 (1880. 5)	擬請 中國嚴政武備說 속 제3권	
28	1880 vol. 3. no. 4 광서6년 4월 (1880. 5)	號上問答	
29	1880 vol. 3. no. 5 광서6년 5월(1880. 6)	格致釋器 제2부 : 화학기 1천 여도 제1류 備料之器	단행본 출간
29	1880 vol. 3. no. 5 광서6년 5월(1880. 6)	電氣鍍金略法-속 제4	단행본 출간, 규장각 소장
29	1880 vol. 3. no. 5 광서6년 5월(1880. 6)	화학위생론	1850년 영국화학가, 麥그림, 단 행본 출간, 규장각 소장
29	1880 vol. 3. no. 5 광서6년 5월(1880. 6)	강남제조국 번역서사략(미 완)	단행본 출간, 조선정부 입수 (서명『역서사략』, 규장각 소 장)
29	1880 vol. 3. no. 5 광서6년 5월(1880. 6)	俄國誌略	단행본 출간,『한성순보』1884 (윤)5월 11일 ; 7월 22일 ; 6월 1일 전재

호수	발행연월	기사제목	특기사항
29	1880 vol. 3. no. 5 광서6년 5월(1880. 6)	擬請 中國嚴政武備說	
29	1880 vol. 3. no. 5 광서6년 5월(1880. 6)	號上問答	
30	1880 vol. 3. no. 6 광서6년 6월(1880. 7)	格致釋器 제2부 : 속제5권	단행본 출간
30	1880 vol. 3. no. 6 광서6년 6월(1880. 7)	電氣鍍金略法-속 제5	단행본 출간, 규장각 소장
30	1880 vol. 3. no. 6 광서6년 6월(1880. 7)	화학위생론 - 속 제5	단행본 출간, 규장각 소장
30	1880 vol. 3. no. 6 광서6년 6월(1880. 7)	강남제조국 번역서사략(미완)	단행본 출간, 조선정부 입수 (서명 『역서사략』, 규장각 소장)
30	1880 vol. 3. no. 6 광서6년 6월(1880. 7)	擬請 中國嚴政武備說	
30	1880 vol. 3. no. 6 광서6년 6월(1880. 7)	俄國誌略	단행본 출간, 『한성순보』1884년 (윤)5월 11일 ; 7월 22일 ; 6월 1일 전재
30	1880 vol. 3. no. 6 광서6년 6월(1880. 7)	號上問答	
31	1880 vol. 3. no. 7 광서6년 7월(1880. 8)	格致釋器 제2부 : 속제6권 제2류 托器之架	단행본 출간
31	1880 vol. 3. no. 7 광서6년 7월(1880. 8)	電氣鍍金略法-속 제6	단행본 출간, 규장각 소장
31	1880 vol. 3. no. 7 광서6년 7월(1880. 8)	화학위생론 - 속 제6	단행본 출간, 규장각 소장
31	1880 vol. 3. no. 7 광서6년 7월(1880. 8)	강남제조국 번역서사략(미완)	단행본 출간, 조선정부 입수(서명 『역서사략』, 규장각 소장)
31	1880 vol. 3. no. 7 광서6년 7월(1880. 8)	俄國志略	단행본 출간, 『한성순보』1884년 (윤)5월 11일 ; 7월 22일 ; 6월 1일 전재
31	1880 vol. 3. no. 7 광서6년 7월(1880. 8)	西國 植物學	필자 家林娜斯(瑞曲國人, 1707년)
31	1880 vol. 3. no. 7 광서6년 7월(1880. 8)	考證律呂說	
31	1880 vol. 3. no. 7 광서6년 7월(1880. 8)	號上問答	
32	1880 vol. 3. no. 8 광서6년 월(1880. 9)	格致釋器 제2부 : 속제7권 제5류 求流質重之器	단행본 출간

호수	발행연월	기사제목	특기사항
32	1880 vol. 3. no. 8 광서6년 월(1880. 9)	電氣鍍金略法-속 제7	단행본 출간, 규장각 소장
32	1880 vol. 3. no. 8 광서6년 월(1880. 9)	강남제조국 번역서사략(미 완)	단행본 출간, 조선정부 입수 (서 명『역서사략』, 규장각 소장)
32	1880 vol. 3. no. 8 광서6년 월(1880. 9)	俄國志略	단행본 출간, 『한성순보』1884 년 (윤)5월 11일 ; 7월 22일 ; 6 월 1일 전재
32	1880 vol. 3. no. 8 광서6년 월(1880. 9)	英將戈登上合肥李爵相書稿	
32	1880 vol. 3. no. 8 광서6년 월(1880. 9)	號上問答	
33	1880 vol. 3. no. 9 광서6년 9월(1880. 10)	格致釋器 제2부 측루부표 - 속 제8권 제1류 抽氣筩	단행본 출간
33	1880 vol. 3. no. 9 광서6년 9월(1880. 10)	電氣鍍金略法 - 속 제8권	단행본 출간, 규장각 소장
33	1880 vol. 3. no. 9 광서6년 9월(1880. 10)	照像略法	단행본 출간
33	1880 vol. 3. no. 9 광서6년 9월(1880. 10)	電學問答-天津水雷局	
33	1880 vol. 3. no. 9 광서6년 9월(1880. 10)	號上問答	
34	1880 vol. 3. no. 10 광서6년 10월(1880. 11)	格致釋器 : 속제9권 小抽氣筩, 제7류 生熱容熱之器	(爐)단행본 출간
34	1880 vol. 3. no. 10 광서6년 10월(1880. 11)	照像略法 -제5장 鏡箱, 제7장 顯鏡藥	
34	1880 vol. 3. no. 10 광서6년 10월(1880. 11)	電學問答-天津水雷局	
34	1880 vol. 3. no. 10 광서6년 10월(1880. 11)	號上問答	
35	1880 vol. 3. no. 11 광서6년 11월(1880. 12)	格致釋器 : 속 제10권	
35	1880 vol. 3. no. 11 광서6년 11월(1880. 12)	화학위생론 - 속 제10권(7, 8, 9를 볼 수 없음)	
35	1880 vol. 3. no. 11 광서6년 11월(1880. 12)	鍊銅鑄銅軋銅版鑄銅管抽銲銅 管各法	
35	1880 vol. 3. no. 11 광서6년 11월(1880. 12)	號上問答	

호수	발행연월	기사제목	특기사항
35	1880 vol. 3. no. 11 광서6년 11월(1880. 12)	照像略法	단행본 출간
35	1880 vol. 3. no. 11 광서6년 11월(1880. 12)	電學問答-天津水雷局	
36	1880 vol. 3. no. 12 광서6년 12월(1881. 1)	俄國邊界圖幷中俄條約說	
36	1880 vol. 3. no. 12 광서6년 12월(1881. 1)	格致釋器 : 續 제11권	단행본 출간
	1880 vol. 3. no. 12 광서6년 12월(1881. 1)	照像略法 續 全篇	단행본 출간
36	1880 vol. 3. no. 12 광서6년 12월(1881. 1)	화학위생론 : 속 제11권	단행본 출간, 규장각 소장
37	1881 vol. 4. no. 4 광서7년 3월(1881. 11)	格致釋器 : 제2부 화학기 속 전권	단행본 출간
37	1881 vol. 4. no. 4 광서7년 3월(1881. 11)	화학위생론 - 속 전권	단행본 출간, 규장각 소장
37	1881 vol. 4. no. 4 광서7년 3월(1881. 11)	火藥機器	
37	1881 vol. 4. no. 4 광서7년 3월(1881. 4)	地球養民關係	
37	1881 vol. 4. no. 4 광서7년 3월(1881. 4)	水雷外賣 造法	
37	1881 vol. 4. no. 4 광서7년 3월(1881. 4)	科倫布探新州記略	『한성순보』 1884년 4월 25일 (음) ; 4월 1일
38	1881 vol. 4. no. 5 광서7년 5월(1881. 6)	格致釋器 : 제2부 화학기 속 전권	단행본 출간
38	1881 vol. 4. no. 5 광서7년 5월(1881. 6)	화학위생론 - 속 전권	단행본 출간, 규장각 소장
38	1881 vol. 4. no. 5 광서7년 5월(1881. 6)	歷覽英國鐵廠記略	필자 傅蘭雅『한성순보』 1884 년 8월 1일 ; 8월 11일 ; 9월 19 일 ; 9월 29일 ; 10월 9일, 단행 본 출간
38	1881 vol. 4. no. 5 광서7년 5월(1881. 6)	閱克鹿卜廠造砲記	
38	1881 vol. 4. no. 5 광서7년 5월(1881. 6)	德國兵官西鐸上李星使論中國 宜政用西法治兵議	
39	1881 vol. 4. no. 6 광서7년 6월(1881. 7)	格致釋器 : 제2부 화학기 속 전권	단행본 출간

호수	발행연월	기사제목	특기사항
39	1881 vol. 4. no. 6 광서7년 6월(1881. 7)	화학위생론 - 속 전권	단행본 출간, 규장각 소장
39	1881 vol. 4. no. 6 광서7년 6월(1881. 7)	歷覽英國鐵廠記略 - 속 전권	필자 傅蘭雅『한성순보』1884 년 8월 1일 ; 8월 11일 ; 9월 19 일 ; 9월 29일 ; 10월 9일, 단행 본 출간
39	1881 vol. 4. no. 6 광서7년 6월(1881. 7)	海戰指要	
39	1881 vol. 4. no. 6 광서7년 6월(1881. 7)	德國兵官西鐸上李星使論中國 宜政用西法治兵議 속 전권	
39	1881 vol. 4. no. 6 광서7년 6월(1881. 7)	號上問答	
40	1881 vol. 4. no. 7 광서7년 7월(1881. 8)	造石灰法	
40	1881 vol. 4. no. 7 광서7년 7월(1881. 8)	格致釋器 : 제2부 화학기 속 전권	단행본 출간
40	1881 vol. 4. no. 7 광서7년 7월(1881. 8)	화학위생론 - 속 전권	단행본 출간, 규장각 소장
40	1881 vol. 4. no. 7 광서7년 7월(1881. 8)	歷覽記略 - 속 전권	필자 傅蘭雅『한성순보』1884 년 8월 1일 ; 8월 11일 ; 9월 19 일 ; 9월 29일 ; 10월 9일, 단행 본 출간
40	1881 vol. 4. no. 7 광서7년 7월(1881. 8)	海戰指要 속 전권	
40	1881 vol. 4. no. 7 광서7년 7월(1881. 8)	量光力器圖說	
41	1881 vol. 4. no. 8 광서7년 8월(1881.9)	格致釋器 : 제2부 화학기 속 전권	단행본 출간
41	1881 vol. 4. no. 8 광서7년 8월(1881.9)	화학위생론 - 속 전권	단행본 출간, 규장각 소장
41	1881 vol. 4. no. 8 광서7년 8월(1881.9)	歷覽記略-속 전권	필자 傅蘭雅『한성순보』1884 년 8월 1일 ; 1884년 8월 11일 ; 1884년 9월 19일 ; 1884년 9월 29일 ; 1884년 10월 9일, 단행 본 출간
41	1881 vol. 4. no. 8 광서7년 8월(1881.9)	海戰指要 - 속 전권	
41	1881 vol. 4. no. 8 광서7년 8월(1881.9)	量光力器圖說	

호수	발행연월	기사제목	특기사항
41	1881 vol. 4. no. 8 광서7년 8월(1881.9)	辨論三則	
41	1881 vol. 4. no. 8 광서7년 8월(1881.9)	號上問答	
42	1881 vol. 4. no. 9 광서7년 9월(1881.10)	格致釋器 : 제2부 화학기 속 전권	단행본 출간
42	1881 vol. 4. no. 9 광서7년 9월(1881.10)	화학위생론 - 속 전권	단행본 출간, 규장각 소장
42	1881 vol. 4. no. 9 광서7년 9월(1881.10)	歷覽記略 - 속 전권	필자 傅蘭雅『한성순보』1884 년 8월 1일 ; 8월 11일 ; 9월 19 일 ; 9월 29일 ; 10월 9일, 단행 본 출간
42	1881 vol. 4. no. 9 광서7년 9월(1881.10)	海戰指要 - 속 전권	
42	1881 vol. 4. no. 9 광서7년 9월(1881.10)	量光力器圖說	
42	1881 vol. 4. no. 9 광서7년 9월(1881.10)	景鎭瓷器燒花法略	
42	1881 vol. 4. no. 9 광서7년 9월(1881.10)	候氏電報	
42	1881 vol. 4. no. 9 광서7년 9월(1881.10)	號上問答	
43	1881 vol. 4. no. 10 광서7년 10월(1881.11)	格致釋器 : 제2부 화학기 속 전권	단행본 출간
43	1881 vol. 4. no. 10 광서7년 10월(1881.11)	화학위생론 - 속 전권	단행본 출간, 규장각 소장
43	1881 vol. 4. no. 10 광서7년 10월(1881.11)	歷覽記略 - 속 전권	필자 傅蘭雅『한성순보』1884 년 8월 1일 ; 8월 11일 ; 9월 19 일 ; 9월 29일 ; 10월 9일, 단행 본 출간
43	1881 vol. 4. no. 10 광서7년 10월(1881.11)	海戰指要 - 속 전권반	
43	1881 vol. 4. no. 10 광서7년 10월(1881.11)	西班牙國民俗略談	
43	1881 vol. 4. no. 10 광서7년 10월(1881.11)	影戲燈	
43	1881 vol. 4. no. 10 광서7년 10월(1881.11)	日蝕時期	

호수	발행연월	기사제목	특기사항
43	1881 vol. 4. no. 10 광서7년 10월(1881.11)	호상문답	
44	1881 vol. 4. no. 11 광서7년 11월(1881.12)	格致釋器 : 제2부 화학기 속 전권	
44	1881 vol. 4. no. 11 광서7년 11월(1881.12)	화학위생론 - 속 전권	
44	1881 vol. 4. no. 11 광서7년 11월(1881.12)	伏耳 견(金堅)廠管工章程	단행본 출간, 규장각 소장
44	1881 vol. 4. no. 11 광서7년 11월(1881.12)	閱博物會內紡絲機器記略	
44	1881 vol. 4. no. 11 광서7년 11월(1881.12)	高布敦記略	
44	1881 vol. 4. no. 11 광서7년 11월(1881.12)	博次答末官殿說略	
44	1881 vol. 4. no. 11 광서7년 11월(1881.12)	호상문답	
45	1881 vol. 4. no. 12 광서7년 12월(1882.1)	格致釋器 : 제2부 화학기 속 전권	단행본 출간
45	1881 vol. 4. no. 12 광서7년 12월(1882.1)	화학위생론 - 속 전권	단행본 출간, 규장각 소장
45	1881 vol. 4. no. 12 광서7년 12월(1882.1)	隸業要覽序文	
45	1881 vol. 4. no. 12 광서7년 12월(1882.1)	西北洋必深於東南洋論	
45	1881 vol. 4. no. 12 광서7년 12월(1882.1)	泰西治靡說略	
45	1881 vol. 4. no. 12 광서7년 12월(1882.1)	潮汐致日漸長論	
45	1881 vol. 4. no. 12 광서7년 12월(1882.1)	호상문답	

제4장 대한제국기 근대 과학의 변용

1. 『독립신문』 과학 관련 논설 :

주간 및 편집인 별 과학 및 문명 관련 논설 정리

[출처 : 사단법인 송재 문화재단편『독립신문 논설집』(1976). 주간 및 편집인별『독립신문』 과학 및 문명 관련 논설 정리(괄호 안 연기는 편집인 담당 기간임)]

1) 서재필(徐載弼, 1896. 4~1898. 5)

발행 일자	제목/내용	분류
96. 5. 2	조선 우물의 불결함	위생
96. 5. 7	미신에 의한 병의 치유를 비판함	미신
96. 5. 9	치도-위생과 유통	위생
96. 5.12	인민교육	교육
96. 5. 9	위생, 양생, 물 박테리아, 청소 요리 위생	위생
96. 5. 30	외국 학문과 산업	개화
96. 6. 2	외국 학문의 보급과 인쇄, 출판-문명개화	개화
96. 6. 27	위생국 경무청의 정책	위생
96. 7. 2	철도	교통
96. 7. 4	공설 공원. 위생	위생
96. 7. 9	군사론	군사
96. 7. 18	위생-상한 고기 판매를 금할 것, 개천 정비를 포함한 치도론, 위생 강화	위생
96. 7. 25	산업-농사 농법	부국
96. 8. 1	교육의 중요성	교육
96. 8. 11	식목-농상공부 일년에 2회	식목-위생
96. 8. 25	경무청-위생업무	기타
96. 9. 5	여성교육의 중요성-	교육
96. 9. 15	산업-권공장	부국
96. 11. 7	치도	위생
96. 12. 1	서양의학	의학
96. 12. 3	교육-서양학문	교육
96. 12. 10	도량형	기타
96. 12. 11	위생-공기, 환기	위생
97. 1. 7	병원설립	의학
97. 1. 16	도축-소	위생
97. 2. 1	치도, 공중위생	위생
97. 2. 22	체육- 위생	위생
97. 4. 3	위생, 치도, 전염병	위생
97. 4. 8	개화-신문	개화
97. 4. 20	교육	교육
97. 6. 1	산업을 통한 부국강병책	부국

발행 일자	제목/내용	분류
97, 6. 5	각급 학교의 설립	교육
97. 6. 12	섬유 산업-大朝鮮紵麻製絲會社	부국
97. 6. 17	학문 설명 및 생물학	생물학
97. 6. 24	생물학에서 금수학의 대상 중 인간에 대한 설명, 인종 차이	생물학
97. 6. 26	원숭이 속에 세 가지 종류	생물학
97. 6. 29	육식동물	생물학
97. 7. 1	초식동물	생물학
97. 7. 3	돼지의 종류	생물학
97. 7. 6	조류	생물학
97. 7. 10	기어다니는 짐승, 파충류	생물학
97. 7. 13	수토종류(양서류)	생물학
97. 7. 15	어류	생물학
97. 7. 17	환형(변태)동물	생물학
97. 7. 20	다지류	생물학
97. 7. 22	견갑류	생물학
97. 7. 24	생물학의 목적	생물학
97. 8. 3	국제관계를 사람의 각 기관과의 관계로 비교 의학도	부국
97. 8. 7	농업 장려	부국
97. 8. 31	위생-정수, 치도	위생
97. 9. 2	위생-식수, 음식	위생
97. 9. 16	학교 개설	교육
97. 9. 22	교육을 위해 외국 교사 초빙을 권유	교육

2) 윤치호(尹致昊, 1898. 6~1898.12)

발행 일자	제목/내용	분류
98. 6. 9	개항 통상 주장. 무역을 통한 산업발전을 주장	부국
98. 6. 28	광산업 개발	부국
98. 7. 6	학교 개설과 교육	교육
98. 7. 8	어학교 배설의 필요성	교육
98. 7. 31	아편의 폐단-위생	위생
98. 8. 13	교육의 중요성	교육
98. 8. 27	구황의 계책과 서양 음식의 우수성(특히 밀가루)	위생
98. 9. 16	승두척평-도량형	기타
98. 9. 19	학교 교육 과목들	교육
98. 9. 22	아편연 폐단-위생	위생
98. 11. 11	문명론	개화
98. 12. 26	운수론-미신타파	개화

3) 아펜젤러(Henry Gerhard Appenzeller, 1899. 1~1899. 5)

발행 일자	제목/내용	분류
99. 1. 6	교육의 급무	교육
99. 1. 14	일본 교육 예산	교육
99. 1. 25	중국 황제의 조칙-교육기관의 개설	교육
99. 2. 2	음양력론 : 음력과 양력의 역법에 대한 설명	천문
99. 2. 7	위생사업 : 청결함이 제일이라	위생
99. 2. 23	나라의 등수-개화	개화
99. 3. 1	학문의 득식-학문이 권력이다	교육
99. 3. 3	교육, 산업, 개명	교육
99. 3. 10	신구문답 : 신학문자와 구학문자의 문답	교육
99. 3. 10	어린이 교육의 필요성	교육
99. 3. 20	교육할 일	교육
99. 3. 29	의학교 개설	교육
99. 4. 3	교육론	교육
99. 4. 4	철도 건설-산업 진흥론	교통
99. 4. 6	유명한 폭포와 지계 수력발전에 대한 소개	전기-산업
99. 4. 8	궁구와 마탁 : 교육에 힘쓸 것	교육
99. 4. 11	위생에 급한 일-치도	위생
99. 4. 12	학문과 법률-학문의 정의 : 배운 것과 아는 것과 들은 것과 본 것이 많은 것,-일신상의 원기와 혈맥	개화
99. 4. 18	우두의 요건	위생
99. 4. 19	담배와 술-위생	위생
99. 4. 25	사람은 일반-동서양 학문의 차이, 격치	학문론
99. 4. 26	학문과 재주와 신분	학문
99. 4. 27	병원 관제 ; 대한 제국 병원 관제 게재	의료정책
99. 4. 28	사회진화론에 의거한 문명화-서양 학문 교육	교육
99. 5. 13	병원세칙	의료정책
99. 5. 13	명현의 사업-뉴튼, 갈릴레오 혁슬리 등의 업적 소개	개화론
99. 5. 22	산업 진흥론	부국
99. 5. 24	신학문 교육의 중요성	교육
99. 5. 29	세 가지 우매한 일-풍수, 우상 숭배, 여인 천시 중 풍수	개화
99. 5. 30	세 가지 우매한 일-풍수, 우상 숭배, 여인 천시 중 우상 숭배	개화
99. 5. 31	세 가지 우매한 일-풍수, 우상 숭배, 여인 천시 중 여인 천시	개화

4) 엠벌리(W. H. Emberley, 1899. 6~1899.12)

발행 일자	제목/내용	분류
99. 6. 21	위생론	위생
99. 6. 21	요긴한 일-교육의 중요성	교육
99. 6. 28	학도는 개명의 기초 : 나라의 흥망성쇠가 교육하는 일에 달려 있다.	교육
99. 7. 1	학도의 성공함 : 배재학당의 방학식 광경과 교육에 있어서 배재 학당의 의의	교육
99. 7. 8	의학교 규칙	의료정책
99. 7. 12	산림의 수목에 대해=위생	위생
99. 8. 10	인구 감소와 위생	위생
99. 8. 20	병원론	의료정책
99. 9. 4	호열자 예방 규칙	의료정책
99. 9. 5	두 가지 힘-개화를 이루는 두 가지 힘-조화옹, 사회	문명
99. 9. 9	동서양 학문 비교-서양(천문학, 디지, 인륜의 도리, 기술…) 신학, 이학 농리학	학문
99. 9. 11	인종과 나라의 분별-참개화한 나라는 인민의 지식이 발달	문명
99. 9. 2	여성교육의 의의	교육
99. 9. 26	위생론-빛과 생명체와의 관계	위생
99. 9. 27	위생론-건축과 내장에 태양빛이 잘 들게 할 것	위생
99. 9. 29	위생론-위생하는 절차	위생
99. 10. 3	의학의 필요성 : 전문적인 의학교육을 받은 의사가 필요.	의학교육
99. 10. 9	학문하는 태도	교육
99. 10. 12	조선 풍수의 문제-장례의 합리성	개화
99. 10. 16	국민교육에서 신문의 역할	교육
99. 10. 19	날씨와 지구의 공전 자전, 지리	지지
99. 10. 22	지구와 육대주 오대양에 대한 설명	지지
99. 10. 27	윤거와 윤선의 이익	교통
99. 11. 6	인도국 지형과 내력, 인물과 풍속	지지
99. 11. 18	지리상의 신대륙 발견과 백인종의 이주	지지

2. 학부 편찬 소학교 교과서

1) 학부 편찬 소학교 교과서 과학 내용

[출처 : 아세아문화사 영인, 『한국개화기 교과서 총서』(1977)] 마지막 항목의 '총서'는 각 교과서가 실려 있는 총서의 연번호임, 과학기술 관련 항목의 괄호의 번호는 총서 내 실린 쪽수임

교과서	간행처(혹은 저자) 및 출판년도	전체 항목	과학기술 관련	특이 사항	총서
국민소학 독본	학부, 1895	총41권	2. 광지식(11), 7. 식물변화(24), 10. 시계(31-32), 16. 풍(48-51), 18. 봉방(53-55), 29. 기식1(90-94), 30. 기식2(94-99), 36. 악어(鱷魚)(122-125), 37. 동물천성(125-130), 39 원소(135-140)	39항의 '원소' 당시 사용하던 용어인 원질을 대체함. 이후 'element'의 공식적 번역어는 원소가 됨	1
소학독본	학부, 1895		입지, 근성, 무실, 수덕, 응세	유교적 도덕 및 학습관	1
심상소학 권1	학부, 1896	총31과			1
심상소학 권2	학부, 1896	총32과	누에, 여우, 목리(나무의 나이) 기름(콩, 면화, 청어와 고래 멸치, 석유), 소금, 숫, 두견, 눈(雪), 달팽이, 소용돌이, 시계 보는 법 1&2		1
심상소학 권3	학부, 1896	총34과	회와 도, 산과 하라, 밀봉이라, 지구의 회전이라, 사절(四節)이라, 양생이라, 배(船), 무기, 군사		1
유년필독	현채, 1907(광무11)				2
초등소학	대한국민교육회, 1906(광무10)	총29과	2. 운거, 9. 魚, 11. 시계 보는 법		4
초등소학 권6	대한국민교육회, 1906(광무10)	총28과	4. 군함, 9. 기선과 기차, 12 水의 거처, 10. 지구, 16. 정거장(기차 이용법), 17. 금속, 25. 공업		4
초등소학 권7	대한국민교육회, 1906(광무10)	총29과	3. 신체의 건강, 7. 전기(305-307) 9. 비료(309-311), 18. 석탄과 석유(328-330), 19. 蜜蜂과 달팽이(蝸)(330-332), 22. 고래(鯨)(338 -340)	蜜蜂과 달팽이: 벌집에 들어간 달팽이가 움직이지 못하고 굶어죽음	4

교과서	간행처(혹은 저자) 및 출판년도	전체 항목	과학기술 관련	특이 사항	총서
초등소학 권8	국민교육회 3판	총25	1. 위생, 2. 인체. 9. 燐火, 21. 태양과 태음		
고등소학 독본 권1	휘문의숙편집부	총45과		13. 시간 시간엄수	5
고등소학 독본 권2	휘문의숙편집부	총45과	15. 수, 16. 지구, 17. 오대양육대주, 18. 아세아주, 21. 등대, 43. 태양흑점, 44. 공기, 45. 나반		5

2) 국민 소학독본 목차(학부 편찬, 1895)

[출처 : 아세아문화사 영인, 『한국개화기 교과서 총서』(1977), 괄호 안은 쪽번호임]

해설 : 우리나라 최초의 신교육용 교과서 (8)

제1과 대조선국 (15)

제2과 지식 넓히기 (17)

제3과 한양 (19)

제4과 우리 집 (21)

제5과 세종대왕 기사 (23)

제6과 상업 및 교역 (25)

제7과 식물 변화 (27)

제8과 서적 (29)

제9과 덕으로 원수에 보답하다 (31)

제10과 시계 (33)

제11과 낙타 (35)

제12과 조약국 (37)

제13과 지식 이야기 (39)

제14과 런던 1 (41)

제15과 런던 2 (43)

제16과 바람 (45)

제17과 근학(勤學) (47)

제18과 벌집 (49)

제19과 중국 1 (51)

3) 대한제국기 전후 과학관련 편찬된 과학 관련 교과서 목록

(1) 지지 및 박물

발행연간	필자 및 역자/ 서명/ 발간처
1890	불명, 『지구개론』
1893	오횡묵 편, 『여재촬요』(학부편집국간)
1896	학부편집국 편, 『만국지지』(학부편집국간)
	학부편집국 편, 『조선지지』(학부편집국간)
	미상, 『지구약론』

발행연간	필자 및 역자/ 서명/ 발간처
1899	현채 편집,『대한지지 1. 2』
1902	학부편집국,『중등만국지지』(학부편집국)
	오성근 저술, 윤태영 첨정,『신찬지리초보』
1906	김필순 번역, 어비신 교열,『신편 화학교과서 무기질』(제중원)
	김필순 번역, 에비슨 교열,『신편 화학교과서 유기질』(제중원)
1907	황윤덕 역술,『만국지리 상 하』(학부)
	유성준 편저,『신찬소박물학』(학부)
	脅水鐵五郞, 민대식 편,『중등광물계교과서』
	윤태영 역술,『중등지문학』(보성관)
	김홍경 저,『중등만국신지지』
	장지연 저,『대한신지지 건.곤』
	김건중 역술,『신편대한지리』
	안정화, 류근 공저,『초등대한지지』
1908	베어드(Baird) 번역,『텬문략해』
	학부 편,『이과서』
	유옥겸 번역,『중등외국지리』
	원영의 번역,『중등대한지지』
1909	정인호 번역,『최신초등대한지지』(의진사)
	김동규 편,『精選지문교과서』(의진사)
	박정동 저,『초등본국지지』
	정인호 역술,『최신고등대한지지』
	김필순 번역, 어비신 교열,『신편 화학교과서. 유기질』(제중원)
	김필순 번역, 어비신 교열,『신편 화학교과서. 무기질』(제중원)
1910	보성관편집부,『신식광물학』(보성관 간)
	안종화,『초등대한지리』
	안종화,『초등만국지리대요』

(2) 의학

발행연간	필자 및 역자/ 서명/발간처
1905	어비신 번역,『약물학 상권 무기질』(제중원)
1906	김필순 번역, 어비신 교열,『해부학 권일』(제중원)
	김필순 번역, 어비신 교열,『해부학 권이』(제중원)
	김필순 번역, 어비신 교열,『해부학 권삼』(제중원)
1906	홍석후 번역, 어비신 교열,『신편 생리교과서 전』(제중원)
	홍석후 번역, 어비신 교열,『진단학 1』(제중원)
1907	홍석후 번역, 어비신 교열,『진단학 2』(제중원)
	홍석후 저,『서약편방』(제중원)

발행연간	필자 및 역자/ 서명/발간처
1908	홍종은 번역, 『산과학 의사』(제중원)
1909	홍석후 번역, 어비신 교열, 『신편 생리교과서. 전』(제중원)
1910. 10.	김필순 역술, 『외과총론』(세브란스병원)

3. 근대 애국계몽기 학회지 및 협회지의 과학기술 관련 기사

[출처 : 한국역사정보통합시스템]

구분	제목	주제 및 특기 내용	필자/역자	기관지명	연기	호수	
공업	공업설	광물의 가치	송당 김성희	대한자강회월보	1907.04.25	제10호	논설
공업	미국의 공학	미국 볼리기공업대학교의 교과 과정 : 물질의 분류 : 산술, 물리, 화학, 회도, 병조, 기기, 공정		서북학회월보	1908.12.01	제7호	잡저
공업	공업대의	工業의 정의, 공업과. 과학과의 관련	H생	서북학회월보	1909.06.01	제13호	학술
농업	농업의 개량	천리를 좇아 농업을 개량할 일	정진홍	대동학회월보	1908.03.25	제2호	논설
농업	명농신설	농업에 대한 일반적 논의	이종준 초역	대한자강회월보	1907.07.25	제13호	논설
농업	농업개요	農業의 要素와 비료, 其糞法(퇴비)	중고초부(中皐樵夫)	대한협회회보	1908.10.25	제7호	잡저
농업	농업개요(속)	저분법(속) 果木培養法	중고초부	대한협회회보	1908.11.25	제8호	잡저
농업	농업개요	분저법(속)	중고초부	대한협회회보	1908.12.25	제9호	잡저
농업	농업개요	분저법(속)	중고초부	대한협회회보	1909.02.25	제11호	잡저
농업	농업개요	분저법(속)	중고초부	대한협회회보	1909.03.25	제12호	잡저
농업	농림적 한국	농업에 人工을 더하고 天理自然의 化翁을 利用할 것.	김성목	대한흥학보	1910.01.20	제9호	논설
농업	농업의 개량	부강을 도모하기 위해 농업 진흥에 힘쓸 것	경세생	서북학회월보	1908.09.01	제4호	논설
농업	민업진흥의 사견	종묘업, 잠사업	경세생	서북학회월보	1908.10.01	제5호	논설
농업	농자는 백업의 근이어 행복의 원인이라	유목 시대의 농업, 농업시대의 농업	김만규	태극학보	1906.11.24	제4호	학술
농업	농자는 백업의 근본	상업시대의 농업, 공업시대의 농업, 농업의 개요, 자연의 정의	김만규	태극학보	1906.12.24	제5호	학술

구분	제목	주제 및 특기 내용	필자/역자	기관지명	연기	호수	
농업	농자는 백업의 근본	농업의 노력, 농업 생산의 기초로서의 자본(肥料의 買入, 機械의 製作, 土壤의 改良의 발달이 農學發達을 도모)	김만규	태극학보	1907.01.24	제6호	학술
농업	양돈설	양돈의 필요성. 기르는 법의 개량이 필요.	김진초	태극학보	1907.02.24	제7호	학술
농업	농업의 보호와 개량에 관흔 국가의 시설	농업의 교육, 農産試作場	경세생	태극학보	1908.01.24	제17호	학술
농업	농업의 보호와 개량에 관흔 국가의 시설(속)	비료의 사용, 재배방법, 사용제도, 운수기관	경세생	태극학보	1908.02.24	제18호	학술
농학	농학설	농학초계 : 온도와 식물	이기	호남학보	1908.11.25	제6호	학술
농학	농학	삽종량, 비료, 시비량	이기	호남학보	1908.12.25	제7호	학술
농학	농학-농학초계	농학초계(속) : 植苗法, 잠업	이기	호남학보	1909.01.25	제8호	학술
농학	농학-농학초계	농학초계(속) : 農作物栽培上에 用語, 환작과 연작, 토양의 모관과 인수, 水原	이기	호남학보	1909.03.25	제9호	학술
임산	삼림학	삼림의 종류(원생림-천연적, 시업림-인공), 조림법	종수생 역	대한흥학보	1909.05.20	제3호	학술
임산	임정위부국지기관	임정-산림칭	백헌 나석기	서북학회월보	1908.06.01	제1호	논설
임산	조림학지필요	조림의 중요성	金鎭初	태극학보	1906.08.24	제1호	학술
임산	종식학설	森林 조성의 필요성	윤주찬	호남학보	1908.12.25	제7호	학술
임산	종식학설	森林法(續)	윤주찬	호남학보	1909.01.25	제8호	학술
임산	종식학설	森林法(續)	윤주찬	호남학보	1909.03.25	제9호	학술
임산	고 아산림학자 동포	조림의 중요성	박상준	태극학보	1907.11.24	제15호	논설
수산	아국 팔대수산업	일본전문가 수산업 조사보고서		대한자강회월보	1907.07.25	제13호	잡저
광물	광물학	광물계의 범주 설정	민대식	기호흥학회월보	1908.09.25	제2호	문평

구분	제목	주제 및 특기 내용	필자/역자	기관지명	연기	호수	
광물	광물학 (속)	수정, 경도	민대식	기호흥학 회월보	1908.10.25	제3호	문평
광물	광물학 (속)	운모	민대식	기호흥학 회월보	1908.11.25	제4호	문평
광물	광물학 (속)	운모, 장석	민대식	기호흥학 회월보	1909.01.25	제6호	문평
광물	광물학 (속)	납(蠟)석, 角閃석, 사문석, 석면, 활석, 유황(유황의 실험-소독 표백), 명반(염료)	민대식	기호흥학 회월보	1909.02.25	제7호	학술
광물	광물학 (속)	암석의 붕해(解) 풍화작용, 水蝕. 암석의 大別 : 화성암, 수성암	민대식	기호흥학 회월보	1909.03.25	제8호	학술
광물	광물학 (속)	석회암, 방해석, 석회제조, 탄산가스 제조시험, 방해석, 석회동	민대식	기호흥학 회월보	1909.04.25	제9호	잡저
광물	광물학 (속)	석고, 형석, 인회석	민대식	기호흥학 회월보	1909.05.25	제10호	학술
광물	광물학 (속)	석탄의 성질	민대식	기호흥학 회월보	1909.06.25	제11호	학술
광물	광물학 (속)	석탄의 공용, 콜타	민대식	기호흥학 회월보	1909.07.25	제12호	학술
광물	광물(수정 급 석영)	수정-규산, 석영	박상락(역)	태극학보	1907.02.24	제7호	학술
동물	동물학	생물학:생물을 功究하는 학, 엽은 공기를 흡수하여 상호 자양함으로 화실을 능성함이라. 그 理를 실험하려면	김봉진	기호흥학 회월보	1908.09.25	제2호	문평
동물	동 물 학 ((척추동 물(와류) (속))	척추동물 중 蛙	김봉진	기호흥학 회월보	1908.10.25	제3호	문평
동물	동 물 학 ((척추동 물(와류) (속))	척추동물-와류, 순환하는 피의 역할, 영양분 공급과 산소 공급, 질소화합물을 얻어 체외로 배출. 산화작용, 질소화합물	김봉진	기호흥학 회월보	1908.12.25	제5호	문평
동물	동물학	척추동물 ; 마루비기이(말피기), 체강(와류)	김봉진	기호흥학 회월보	1909.01.25	제6호	문평

구분	제목	주제 및 특기 내용	필자/역자	기관지명	연기	호수	
동물	동물학 (속)	뇌-근로(운동신경). 신 경작용, 근육(와류)	김봉진	기호흥학 회월보	1909.02.25	제7호	잡저
동물	동물학 (속)	철추동물(어류). 피부 : 표피. 진피, 인(비늘) -골편, 골격	김봉진	기호흥학 회월보	1909.03.25	제8호	학술
동물	동물학 (속)	어류	김봉진	기호흥학 회월보	1909.06.25	제11호	학술
동물	동물학 (속)	어류	김봉진	기호흥학 회월보	1909.07.25	제12호	학술
동물	동물의 특 성	맹수류, 상, 낙타, 경 등 등	한흥교	대한유학 생회학보	1907.05.25	제3호	학술
동물	동물계의 선과 악 (속)	동물계의 적자생존	이대용 역	대한학회 월보	1908.09.25	제7호	학술
동물	동물계의 선과 악 (속)	社會 組織 動物	이대용 역	대한학회 월보	1908.10.25	제8호	학술
동물	동물의 지 정	猿猴類		태극학보			
동물	동물사회 적의 생활	공동생활 蟻蜂 ; 개미 와 벌	항상기	태극학보	1906.12.24	제5호	학술
동물	이과강담	양서류 : 蛙(개구리)와 鳥와 魚(소학교원용 참 고)	호연자(역)	태극학보	1907.12.24	제16호	학술
식물	식물학	식물 정의(움직이지 못하는 유생기물류)	원영의	기호흥학 회월보	1908.09.25	제2호	문평
식물	식물계의 약설	식물과 탄산 : 탄소와 산소, 식물의 개화 결 실의 순서	원영의	기호흥학 회월보	1908.10.25	제3호	문평
식물	식물계의 약설	백합류, 소나무, 쌍자 엽 단자엽 식물	원영의	기호흥학 회월보	1908.11.25	제4호	문평
식물	식물계의 약설	맹아, 잎의 작용=탄산 흡수 및 호흡작용	원영의	기호흥학 회월보	1908.12.25	제5호	문평
식물	식물계의 약설	천연적 생리-호흡작 용, 엽류, 식물체 각부 명칭	원영의	기호흥학 회월보	1909.01.25	제6호	문평
식물	식물계의 약설(속)	뿌리	원영의	기호흥학 회월보	1909.02.25	제7호	학술
식물	식물계의 약설(속)	씨방	원영의	기호흥학 회월보	1909.03.25	제8호	잡저

구분	제목	주제 및 특기 내용	필자/역자	기관지명	연기	호수	
식물	식물계의 약설(속)	번식 방법-파종, 접목 압조(壓條), 삽(揷)목, 근분	원영의	기호흥학 회월보	1909.04.25	제9호	잡저
식물	식물계의 약설(속)	삽종	원영의	기호흥학 회월보	1909.0525	제10호	잡저
식물	식물계의 약설(속)	백합류, 소나무(나자 식물)	원영의	기호흥학 회월보	1909.06.25	제11호	학술
식물	식물계의 약설(속)	대나무	원영의	기호흥학 회월보	1909.07.25	제12호	학술
식물	식물학 : 동화작용	동화작용의 의미, 역할 : 탄산가스	백운초자	대동학회 월보	1908.06.25	제5호	학술
식물	식 물 학 - 생식	식물의 번식 방식- 무성생식과 유성생식 자화수분, 타화수분	백양거사	대동학회 월보	1908.12.25	제11호	학술
식물	식 물 학 - 꽃 순서와 종류	꽃 개화 순서에 의한 구분-무한화서과 유한화서	백악거사	대동학회 월보	1909.05.25	제16호	학술
식물	식 물 학 - 꽃의 부분	꽃의 형태상 구분	이유응	대동학회 월보	1909.07.25	제18호	학술
식물	식 물 학 - 꽃의 부분	꽃의 부분	이유응	대동학회 월보	1909.08.25	제19호	학술
식물	식 물 학 - 잎의 부분	잎의 구조	이유응	대동학회 월보	1909.09.25	제20호	학술
식물	식물학 개요	잎 : 잎의 작용		서북학회 월보	1908.09.01	제4호	학술
식물	식물학대요 전호속	배유종자의 설명과 예, 뿌리의 구조		서북학회 월보	1908.12.01	제7호	학술
식물	식물학대요 전호속	식물의 화석, 석탄		서북학회 월보	1909.03.01	제10호	학술
식물	종자채수 저장급파 종법	식물 번식 : 종자의 채취 및 삽종법		서북학회 월보	1909.05.01	제12호	학술
식물	식물학	생물계. 무생물계. 생물계, 동물계 식물계 등의 대분류 : 식물의 종류 구분	류해영	서북학회 월보	1909.12.01	제18호	학술
식물	식물계	온대 지방의 다양한 식물종	홍정구	태극학보	1906.10.24	제3호	학술
식물	식충식물 (역)	毛氈苔(모전태)	홍정구	태극학보	1907.01.24	제6호	학술

구분	제목	주제 및 특기 내용	필자/역자	기관지명	연기	호수	
생리	생리의 정의급서론	생리:정의(동물과 식물의 생활 현상 강구) 물력(에너지) 전환, 화학, 물리, 유기화합물, 산소	류병필	기호흥학회월보	1908.08.25	제1호	문평
생리	생리학(속)(전신 골체)	면골, 척골, 脅骨	류병필	기호흥학회월보	1908.10.25	제3호	문평
생리	생리학(속)	골과 근	류병필	기호흥학회월보	1908.11.25	제4호	문평
생리	생리거(속)	신경	류병필	기호흥학회월보	1908.12.25	제5호	문평
생리	생리학(속)	근육, 피부, 상피(肌肉)의 역할과 공용	류병필	기호흥학회월보	1909.01.25	제6호	문평
생리	생리학(속)	뇌의 중요성	류병필	기호흥학회월보	1909.02.25	제7호	학술
생리	생리학(속)	뇌	류병필	기호흥학회월보	1909.03.25	제8호	학술
생리	생리학(속)	뇌	류병필	기호흥학회월보	1909.04.25	제9호	잡저
생리	생리학(속)	뇌, 眼官 부위론	류병필	기호흥학회월보	1909.05.25	제10호	학술
생리	생리학(속)	眼官 부위론	류병필	기호흥학회월보	1909.06.25	제11호	학술
생리	생리학(속)	官 부위론-미완	류병필	기호흥학회월보	1909.07.25	제12호	학술
생리	생리학-눈의 조절 작용	눈의 구조 및 조절 작용, 위생	양생자	대동학회월보	1908.08.25	제7호	학술
생리	생리학-귀의 구조와 위생	귀의 구조 및 작용, 위생	백양거사	대동학회월보	1908.10.25	제9호	학술
생리	생리학(생활의 주거)	주생활의 위생-환기	양생자	대동학회월보	1909.02.25	제13호	학술
생리	생리학	음식물	백악산인 ; 장응진거사	대동학회월보	1909.06.25	제17호	
생리	생리학(속)	음식물	이유응	대동학회월보	1909.07.25	제18호	학술
생리	생리학-신경계	신경계의 정의와 범주	이유응	대동학회월보	1909.09.25	제20호	학술

구분	제목	주제 및 특기 내용	필자/역자	기관지명	연기	호수	
생리	형체와 정신의 관계	形體의 정의	이풍재	대한학회월보	1908.11.25	제9호	학술
생리	호흡생리	生理學의 정의, 호흡	김윤영 역	대한학회월보	1908.06.25	제5호	학술
생리 (속)	호흡생리	공기와 호흡	김윤영 역	대한학회월보	1908.07.25	제6호	학술
생리	생리학의 보통 요용	생리학의 정의	이풍재	대한학회월보	1908.09.25	제7호	학술
생리 (속)	호흡생리	음식물의 소화-질소	김윤영 역	대한학회월보	1908.11.25	제9호	학술
생리	생리학	生理學의 정의	이명섭	서북학회월보	1909.10.01	제16호	학술
생리 (속)	생 리 학	뼈와 뼈의 구조	이명섭	서북학회월보	1909.11.01	제17호	학술
생리 (속)	생 리 학	골격-인신의 골수는 200여개, 요철	이명섭	서북학회월보	1909.12.01	제18호	학술
위생	위 생 학 - 공기와 물	호흡작용-인체 기관. 공기의 구성 : 물의 중요성	백운초자	대동학회월보	1908.07.25	제6호	논설
위생	貴要 食物의 개론	물, 동물성 식물-유즙, 조란. 식물성 식물 : 곡류협두류, 과실, 소채	위재생/이규영	대한유학생회학보	1907.05.25	제3호	학술
위생	행정의 위생	위생	궐은 유병필	대한자강회월보	1907.06.25	제12호	논설
위생	위생요람	위생의 중요성	이동초 역술	대한학회월보	1908.02.25	제1호	학술
위생	공기욕설	독일의 광고판-공기일광욕. 공기의 중요성	풍계생	대한학회월보	1908.02.25	제1호	잡저
위생 (속)	위생요람	환기	이동초 역술	대한학회월보	1908.03.25	제2호	학술
위생 (속)	위생요람	朝起	이동초 역술	대한학회월보	1908.04.25	제3호	학술
위생 (속)	위생요람	음식의 중요성 및 신체구조성분으로서의 음식물	이동초 역술	대한학회월보	1908.06.25	제5호	학술
위생 (속)	위생요람	食物	이동초 역술	대한학회월보	1908.09.25	제7호	학술
위생	식물론 급 방부법	인의 위생이 수의 배양함과 같으니…보신지법 ; 食物論 : 몸의 구성 : 단백질, 수 膠類, 지방 광물성, 염류	김기웅	서북학회월보	1908.10.01	제5호	학술

구분	제목	주제 및 특기 내용	필자/역자	기관지명	연기	호수	
위생	환기의 필요	공기 : 산소, 질소, 탄소	간제생	서북학회 월보	1908.12.01	제7호	학술
위생	위생에 관한 생리상 연구	눈	간재생	서북학회 월보	1909.03.01	제10호	학술
위생	人의 生活上 必要條件	위생	朴鳳憲	서북학회 월보	1909.04.01	제11호	학술
위생	생리위생학	인체생리학-인체3대부	몽련 송헌석	서북학회 월보	1910.01.01	제19호	학술
위생	학교위생의 필요	성질의 법의, 공기, 광선과 온도(지석영, 공기, 빛, 열)	류동작	서우	1906.12.01	제1호	논설
위생	공기	(학교위생의 필요) 위생 : 공기의 인생에게 필요한 것. 매돌(meter)	류동작	서우	1906.12.01	제1호	학술
위생	위생부	위생, 공기	김봉관	서우	1906.12.01	제1호	학술
위생	위생부	음식물	김봉관	서우	1907.01.01	제2호	소식
위생	위생부 (전호속)	음식, 酒精, 니코틴	김봉관	서우	1907.02.01	제3호	논설
위생	위생부	가옥 및 가옥 자재의 위생	김봉관	서우	1907.03.01	제4호	논설
위생	위생부	사회진화론:사람이 생존 경쟁하는 위치에 있다. 智育이 신체 발육을 억제방해, 신체발육-산보, 체조, 유영, 빙활 등	김봉관	서우	1907.06.01	제7호	논설
위생	위생요감	위생적 음식물 제조 판매, 목욕장과 이발소	이달원	서우	1907.07.01	제8호	학술
위생	위생론 십조	주야 청신한 공기는 건강을 조성하는 근원…	박상목 역술	서우	1907.08.01	제9호	학술
위생	위생	인간의 呼吸作用, 消化作用과 위생	강병옥	태극학보	1906.08.24	제1호	학술
위생	음료수 (기서)	식수 위생(식수 가운데 석회수의 문제 거론)	류전	태극학보	1906.09.24	제2호	학술
위생	위생 (전호속)(기서)	음식물(섭생):우유 계란, 우돈육, 물, 식기, 순환작용의 위생:신선한 공기, 신체의 유연	강병옥	태극학보	1906.09.24	제2호	학술

구분	제목	주제 및 특기 내용	필자/역자	기관지명	연기	호수	
위생	음료수(제이호속)	이산화탄소와 초산	유전	태극학보	1906.11.24	제4호	학술
위생	위생문답	위생 관련 질문과 대답	박상락	태극학보	1907.03.24	제8호	학술
위생	천연두 예방법	천연두 설명과 예방법	김영재	태극학보	1908.03.24	제19호	학술
위생	위생문답	뇌의 위생법	김영재	태극학보	1908.06.24	제22호	논설
물리	물리학 - 한난계제법	3태(고체 액체 기체). 寒暖計를 제조하는 수은 혹은 酒精(알콘-알콜)의 어는 점 끓는 점	격물자	대동학회월보	1908.08.25	제7호	학술
물리	물리학 - 삼태와 삼태의 변환	삼태와 삼태의 팽창, 分子間의 引力	격물자	대동학회월보	1908.11.25	제10호	학술
물리	물리학 - 열의 전도와 대류	열의 전도 및 대류 현상의 원리	이유응	대동학회월보	1909.03.25	제14호	학술
물리	공기총논	공기의 정의(설명 중 에네루기를 氣質로 정리)	김기옥	대한유학생회학보	1907.05.25	제3호	학술
물리	물리학의 적요	중력의 원리를 물리학이라 규정	강전	대한학회월보	1908.03.25	제2호	학술
물리	원자분자설	原子와 分子의 정의	육우생 역초	대한흥학보	1909.06.20	제4호	학술
물리	물리학(속)	단위 : 질량, 시각. 온도 물리학의 정의(力의 作用을 受흔 物體의 運動을 論ᄒ며)와 범주(소리, 열 빛 자기 전기 및 現象間의 關係) 방법론觀察(OBSERVATIONS) 實驗(EXPERIMENTS)	박한영	서북학회월보	1909.11.01	제17호	학술
물리	물리학(속)	운동과 정지, 속도, 물질	박한영	서북학회월보	1909.12.01	제18호	학술
물리	물리학	단위 : 표준의 양. 과학에서 사용하는 단위는 불국서 제정한 길이 단위-미터법. 백금과 이리슘의 합금의 봉으로 길이(長)의 기본을 삼는다.	박한영	서북학회월보	1909.10.01	제16호	학술

구분	제목	주제 및 특기 내용	필자/역자	기관지명	연기	호수	
물리	광신학이 보구학설	신구학의 비교, 효용의 차이 : 光電氣化의 신학 : 中國의 格致技藝之 學을 구학의 예로 듦	우지나 상해 미국 이가백 저 박은식 역 술	서우	1907.02.01	제3호	논설
물리	공기설	물질의 정의 : 視覺, 惑 聽覺, 或 觸覺 等의 감각 에 의함(외연의 인식), 총칠십오종의 원소	장응진	태극학보	1906.08.24	제1호	학술
물리	수증기의 변화	물의 순환	김지간	태극학보	1906.08.24	제1호	학술
물리	수증기의 변화 (전 호속)	비, 서리, 산(싸리기눈) 박(누리), 눈	김지간	태극학보	1906.09.24	제2호	논설
물리	공기설 (속전호)	지구상의 공기는 유한 하다 : 산소, 탄기 등. 공기의 순환	장응진	태극학보	1906.09.24	제2호	학술
물리	논 도량형	도량형의 정의와 필요 성(百貨交易의 標準)	양재창	태극학보	1907.02.24	제7호	학술
물리	소년백과 총서	동몽물리학 강담 : 지 구, 아르키메데스	椒海生	태극학보	1907.06.24	제11호	학술
물리	동몽물리 학 강담 (이)	뉴턴의 중력과 만유인 력	김낙영	태극학보	1907.07.24	제12호	학술
물리	동몽물리 학 강담 (이)	갈릴레오	김낙영	태극학보	1907.09.24	제13호	학술
물리	자 석 (속 의 소위 지 남 철) 의 니야기	자석	연구생	태극학보	1908.01.24	제17호	학술
물리	알키메데 스씨의 설	물질마다 비중이 다름 을 이용하게 된 아르키 메데스의 이야기-앞 에 제시된 초해생과는 다른 서술, 아르키메 데스의 나사 그림	죽정	태극학보	1908.07.24	제23호	학술
물리	물리학의 자미스러 운 이야기	뉴턴. 만유인력 다양한 이치를 研究, 實 驗	포우생	태극학보	1908.07.24	제23호	학술
물리	동몽물리 학 講話	갈바니	NYK생	태극학보	1908.10.24	제25호	학술

구분	제목	주제 및 특기 내용	필자/역자	기관지명	연기	호수	
물리	동몽물리학 講話	프랭클린	NYK생	태극학보	1908.11.24	제26호	학술
물리	동몽물리학 강 담 (사)	대기, 공기, 기압, 토리첼리	김낙영	태극학보	1907.10.24	제14호	학술
물리	물리학강의	활차, 동활차 원리	김현식	태극학보	1908.07.24	제23호	학술
물리	사이폰, 측량기, 폼푸	물리실험기구	포우생	태극학보	1908.09.24	제24호	학술
화학	응용화학 (유리)	유리의 이용 : 의학, 이학, 천문학(안경, 현미경, 망원경, 사진기의 제조), 화학실험기구	서병두	기호흥학회월보	1908.08.25	제1호	문평
화학	응용화학 (이) 석험	원소의 정의 및 화학과 응용화학 설명	서병두	기호흥학회월보	1908.09.25	제2호	문평
화학	응용화학 (삼) 석험	석험, 위생, 제조학문	서병두	기호흥학회월보	1908.11.25	제4호	문평
화학	응용화학	합금	서병두	기호흥학회월보	1908.12.25	제5호	문평
화학	응용화학 속	합금(미완-없음)	서병두	기호흥학회월보	1909.03.25	제8호	학술
화학	화학답문	화학의 정의, 탄질과 경기. 양기, 물리학의 변화와 화학의 변화의 차이, 원질은 78종	백운재	기호흥학회월보	1909.06.25	제11호	학술
화학	화학문답	원자, 분자, 화합물, 화합의 원리로 애섭력	이범성	기호흥학회월보	1909.07.25	제12호	학술
화학	화학-물	물의 정의, 다양한 물의 종류(식수, 광천수, 탄산수, 유황수, 알칼리수 등)	홍인표	대동학회월보	1908.03.25	제2호	학술
화학	화학-공기	공기의 조성, 산소, 질소, 알곤, 탄소 등의 일본의 화학 명명법 사용	백악산인 : 장응진	대동학회월보	1908.04.25	제3호	학술
화학	화학-산소	원소 개념 설명. 물과 같은 화합물과의 비교 설명. 연소 과정의 설명	자하유인	대동학회월보	1908.05.25	제4호	학술
화학	화학-탄소, 동소체	탄소, 동소체(탄소 동소체의 예 : 금강석, 석묵)	완물산인	대동학회월보	1908.09.25	제8호	학술

구분	제목	주제 및 특기 내용	필자/역자	기관지명	연기	호수	
화학	화학(속)	수소의 성질과 제법	이유응	대동학회 월보	1909.07.25	제18호	학술
화학	화학(속)- 수의 조성	물의 조성 : 전기 분해 에 의한 물의 분해	이유응	대동학회 월보	1909.08.25	제19호	학술
화학	화학문답	물리학적 변화와 화학 적 변화의 차이	최명환	대한유학 생회학보	1907.04.07	제2호	학술
화학	화학문답 (속)	원소와 화합물의 정의 와 특징 차이	최명환	대한유학 생회학보	1907.05.25	제3호	학술
화학	식산부	응용화학 : 염색 천연 염색 원료 추출 및 나염		대한자강 회월보	1907.04.25	제10호	잡저
화학	화학	응용화학 : 유리 원료	백성환 술	서북학회 월보	1909.10.01	제16호	학술
화학	무기화학	화학의 정의 및 산, 염 기, 염의 설명	일본유학생 정이태	서북학회 월보	1909.10.01	제16호	학술
화학	화학(수)	물	일본유학생 정이태	서북학회 월보	1909.12.01	제18호	학술
화학	석탄	갈탄	장지태	태극학보	1906.08.24	제1호	학술
화학	석유	석유	신성호	태극학보	1906.08.24	제1호	논설
화학	화학별기	화학의 정의, 다루는 범주	박정의	태극학보	1908.02.24	제18호	학술
화학	화학초보	산소와 질소의 화합물	박정의	태극학보	1908.03.24	제19호	잡저
화학	화학초보	산소탄소 화합물-산화 탄소, 탄산와사(CO_2)	박정의	태극학보	1908.05.24	제20호	학술
화학	화학초보	염소	박정의	태극학보	1908.06.24	제22호	학술
화학	화학강의	石炭瓦斯(메탄)	김홍량	태극학보	1908.07.24	제23호	학술
수학	논산학	숫자	이유정	서우	1906.12.01	제1호	논설
수학	논산학 (전호속)	야만의 숫자 - 손가락 발가락	이유정	서우	1907.01.01	제2호	학술
수학	논산학 (전호속)	고대인의 숫자 계산	이유정	서우	1907.04.01	제5호	논설
수학	동서양 양 인의 수학 사상	수학의 정의와 발달 과 정 및 인류 사회에서의 역할	김낙영(역술)	태극학보	1907.05.24	제10호	학술
수학	수학의 유 희	수학을 과학으로 지칭 함, 대수, 아라비아 숫 자의 사용	박유병	태극학보	1907.12.24	제16호	학술
수학	측량산학 신편서	구고 및 삼각함수	여규형	대동학회 월보	1908.07.25	제6호	문예 기타
지학	지문약론	관측, 실측, 태허	박정동	기호흥학 회월보	1908.08.25	제1호	문평
지학	지문약논	지구 현상은 지리학 :	박정동	기호흥학	1908.09.25	제2호	문평

구분	제목	주제 및 특기 내용	필자/역자	기관지명	연기	호수	
	(속)	천문에 속한 지리를 개론함, 천문지리		회월보			
지학	지문약논 (속)	지구의 역사-태양의 폭발, 제1 근고적, 제2 중고적, 제3상고적의 여러 흔적	박정동	기호흥학 회월보	1908.10.25	제3호	문평
지학	지문약론 (속)	시차, 지구의 태양계에서의 위치, 지축의 주위에 회전, 영국의 그리니치 천문대	박정동	기호흥학 회월보	1908.11.25	제4호	문평
지학	지문약론	시차, 자전(서~동), -앞 지문학내용. 그리니치, 태평양 4호의내 용과 유사	박정동	기호흥학 회월보	1909.01.25	제6호	문평
지학	지문학 (속)	지심(지구 중심)	박정동	기호흥학 회월보	1909.03.25	제8호	학술
지학	지문문답	태양계, 지축, 적도… 자오권, 지구의 남북 회귀	홍정유	기호흥학 회월보	1909.06.25	제11호	학술
지학	지문문답	남북극권, 공기(대기 권-分子, 탄산와사, 산소, 질소, 아곤, 대기권의 두께, 무역풍	홍정유	기호흥학 회월보	1909.07.25	제12호	잡저
지학	지리학 - 지구의 형상과 크기	地形-球인 증거	원유객	대동학회 월보	1908.09.25	제8호	학술
지학	옥기신설- 지구	지구의 모양, 크기, 북극성의 북남극출지의 차이, 해수면	송은도인	대동학회 월보	1908.08.25	제7호	학술
지학	옥기신설 2	지구의 운동, 월구	송은도인	대동학회 월보	1908.09.25	제8호	학술
지학	옥기신설 3	태양 8행성	송은도인	대동학회 월보	1908.10.25	제9호	학술
지학	옥기신설 4	태양 8행성	송은도인	대동학회 월보	1908.11.25	제10호	학술
지학	옥기신설 5	항성	송은도인	대동학회 월보	1908.12.25	제11호	학술
지학	옥기신설 6	시차	송은도인	대동학회 월보	1909.01.25	제12호	학술
지학	혜성설	태양계와 별의 운동	최남선	대한유학 생회학보	1907.03.03	제1호	학술

구분	제목	주제 및 특기 내용	필자/역자	기관지명	연기	호수	
지학	지구지과 거 급 미래 (속) (태양)	스펙트럼에 의한 빛의 분석, 수소와사, 태양 흑점, 반점	학불염생 역	대한유학 생회학보	1907.04.07	제2호	학술
지학	천문학강 담(일)	천문학의 유래 : 자연 과 천문관측을 촉진, 우주의 組立, 망원경, 태양계, 갈릴레오 목 성의 위성 발견.	앙천자	태극학보	1907.10.24	제14호	학술
지학	천문학강 담	태양의 크기, 흑점, 온 열, 운동	앙천자	태극학보	1907.12.24	제16호	학술
지학	천문학 講 話	태양계	앙천자	태극학보	1908.05.24	제20호	학술
지학	지리학 잡 기	지리학 정의와 범주 : 地文學(人文地理, 政治 地理, 商業地理, 工業地 理) 數理地理(천문지리)	최생	대한유학 생회학보	1907.04.07	제2호	학술
지학	인류의 기 원 급 발달	인류의 분포, 지질학 상 토지의 연대, 인류 의 기원과 유인원과의 비교	NS생 역	대한유학 생회학보	1907.05.25	제3호	학술
지학	역사 급 지 리의 개논	6대주의 구별, 크기, 6 대주의 국가	심의성 역술	대한자강 회월보	1907.05.25	제11호	학술
지학	음양력의 효용	음양력의 정의, 차이, 음력에 대한 부정적 평 가(절후의 조만과 달 의 대소를 알 수 없고 다민 귀신을 위해 조성 한 것이다)		대한협회 회보	1908.08.25	제5호	잡저
지학	대한신지 리학(제1 편 지문지 리)	한국 지리역사	김하정	기호흥학 회월보	1908.10.25	제3호	문평
지학	지리와 인 문의 관계	조선인과 중국인, 일 본인의 차이-대륙과 섬나라의 '天然'의 風 氣 차이에 의함	악예	대한흥학 보	1910.02.20	제10호	학술
지학	지리와 인 문의 관계 (속)		악예	대한흥학 보	1910.03.20	제11호	학술
지학	지지	단군 강역	현은	대한협회 회보	1908.04.25	제1호	잡저

구분	제목	주제 및 특기 내용	필자/역자	기관지명	연기	호수	
지학	대한지지	4군, 원삼국시대	현은	대한협회 회보	1908.07.25	제4호	잡저
지학	지지역사	3한		대한협회 회보	1908.08.25	제5호	잡저
지학	지리과 전 호속	지리의 정의 : 박물(광 물, 식물, 생리위생, 동 물 4과)을 총괄하고 자 연계의 복잡한 관계와 생존경쟁, 자연도태 등을 설명하고 자연계 와 인간의 관계를 이해		서북학회 월보	1909.03.01	제10호	잡저
지학	설지빙천 (雪地氷天)	만년설이 존재하는 각 대륙의 위도	김달하	서우	1907.02.01	제3호	학술
지학	양력의 시 구역	각 문명권 달력의 기원 이 되는 해의 유례		서우	1907.04.01	제5호	논설
지학	아한의 석 탄	한반도의 탄층과 매장 량이 많은 평양의 지질 학적 특성		서우	1907.11.01	제12호	논설
지학	화산설	火山의 설명, 화산폭발 의 이유, 용암의 종류 와 구성	장응진	태극학보	1906.09.24	제2호	학술
지학	지진설	지진의 설명	박상락(역)	태극학보	1907.04.24	제9호	학술
지학	지문학강 담(일)	지학의 정의 및 설명 : 학문의 발전과 '天然에 關흔 學術'	연구생	태극학보	1907.09.24	제13호	학술
지학	지문학강 담(이)	지형	연구생	태극학보	1907.10.24	제14호	학술
지학	지중의 온 도	학문 목적, 땅속의 온 도 및 변화	연구생	태극학보	1907.11.24	제15호	학술
지학	동서기후 차이 관감	지세, 지역에 따른 기 온의 차이	觀海客	태극학보	1908.07.24	제23호	문예 기타
지학	海의 談	바다 생물, 바다 깊이, 해저의 구성 암석, 바 닷물 구성 염류	학해주인	태극학보	1908.03.24	제19호	학술
지학	지리학- 바다의 운 동과 풍향	바다의 운동-파랑, 조 석, 양류(해수의 온도 차에 의한 운동)-바 람 : 해풍과 육풍	백양산인	대동학회 월보	1909.01.25	제12호	학술
지학	지구학설	지구의 정의(커다란 땅덩어리) 공같이 둥 글다. 각 국가에 따른	천연자	대한협회 회보	1908.11.25	제8호	잡저

구분	제목	주제 및 특기 내용	필자/역자	기관지명	연기	호수	
		정오의 표준. 세계의 구역					
지학	지문학 (지구의 운동)	'地文'의 정의(지구와 다른 천체간 관계와 지구상의 '天然的' 제 현상을 연구하는 학문)	홍주일 역	대한흥학보	1909.05.20	제3호	학술
지학	지문학 (지구 운동 속)	지구 운동 : 주야, 주야의 장단, 기후대, 계절	홍주일	대한흥학보	1909.06.20	제4호	학술
지학	지문학 (지구 운동 속)	기후대 : 열대, 사계, 태양력, 태음력	홍주일	대한흥학보	1909.07.20	제5호	학술
지학	지문학문답	지구의 삼권, 대기의 성분, 대기의 온도, 기압, 운동, 바람, 수분	여생	대한흥학보	1910.03.20	제11호	학술
지학	지문학	지각의 발달. 편미암, 사암, 화강암	홍주일	대한흥학보	1909.10.20	제6호	학술
교육	학전(속)	교육은 애국심을 배양. 학교령에 의한 각 교과목의 특징, 교수요지	이응종	기호흥학회월보	1909.06.25	제11호	논설
교육	학전(속)	각급 학교의 교과 과정 : 第一. 小學校, 第二. 中學校-중학교(고등보통학교(실수학교, 예비중학 - 전문학교 진학), 弟三, 專門學校(單一한 科學 或 技術을 敎授目的)	이응종	기호흥학회월보	1909.07.25	제12호	논설
교육	흥학이 위국지선무 (속)	究其天理 人類相同 ; 문학의 중요성 강조. 문학의 정의 : "凡禁惡罰罪와 奬勸工藝와 通商貿易과 保國禦敵의 諸端이 皆不能及於文學之 敎品勵行"-문학은 과학을 포함 : 태서의 부강은 오로지 문학에 힘쓴 탓임 강조	안종화	기호흥학회월보	1909.07.25	제12호	논설
교육	교육설	교육의 정의 : 국가의 인격을 만들어 지식을 흥하며 직업을 받고 단	송당 김성희	대한자강회월보	1906.11.25	제5호	논설

구분	제목	주제 및 특기 내용	필자/역자	기관지명	연기	호수	
		체에 이바지(供)하는 것-교육의 체제(초중 고대학 분류)					
교육	논아교육 계의 시급 방침	신구학의 조화로 역사 정치 경제에 많고 이학 과 有形理學 등에는 스 승이 없다	평의원 심의 성	대한자강 회월보	1906.11.25	제5호	논설
교육	신학육예 설	도덕인의는 理요 육예 는 器니, 도덕인의는 모두 육예에서 나왔다	지산음수 저 홍필주 술	대한자강 회월보	1907.04.25	제10호	논설
교육	학교총론	양계초의 글 : 今에 治 國을 言ㅎ는 者는 必曰 西法을 倣效ㅎ야 富强을 力圖ㅎ리라	박은식	서우	1907.02.01	제2호	
교육	학교총론	양계초의 글 : 西學이 不興ㅎ면 其一二淺末之 新法은 오히려 洋員을 任ㅎ야써 擧ㅎ려 이와 中學이 不興ㅎ면 엇지 能히 各部의 堂司와 各 省의 長屬을 倂ㅎ야써 其 乏를 承ㅎ리오.	박은식	서우	1907.03.01	제3호	
교육	학교총론	양계초의 글 ; 西人學 校의 等差와 各號와 章 程의 功課는 彼西土의 所著德國學校와 七國新 學備要와 文學 興國策 等 書가 類能言之ㅎ얏 스니 吾言無取홀지라.	박은식	서우	1907.04.05	제4호	
교육	학교총론	양계초의 글 : 今之同 文館과 廣方言館과 水師 學堂과 武備學堂과 自强 學堂과 實學館之類가 其 不能得異才는 何也 오.… 此 中人士는 六經 을 閣束ㅎ고 羣籍을 吐 棄ㅎ야 於中國舊學에 旣一切不問ㅎ고 西人 의 富强之本과 制作之精 으로써 叩ㅎ면 또ㅎ 能 言之ㅎ며 能效之者가	박은식	서우	1907.05.01	제5호	

구분	제목	주제 및 특기 내용	필자/역자	기관지명	연기	호수	
		罕有ᄒ니 推其成就之所 至ᄒ면　能任象罷之事 가 己爲上才矣오					
교육	실업논	時代變遷ᄒ야 優勝劣敗 ᄒ고 弱肉强食ᄒ니 架 虛鑿空은 不容一髪이라 (사회진화론 입장)；實 業이 是農商工業也라 義 務를 獎勵ᄒ고 方針을 講究ᄒ야 實業學校를 可 以廣設也오 實業生徒를 可使遠遊也니 克勉敎育 이어다	이승교	서우	1908.05.01	제17호	논설
교육	氷集節略	양계초 소개	홍필주 역술	대한협회 회보	1908.05.25	제2호	논설
교육	학교총론	양계초의 글/氷集節略 (속)	홍필주 역술	대한협회 회보	1908.06.25	제3호	논설
교육	학교총론	양계초의 글	홍필주 역술	대한협회 회보	1908.06.25	제3호	논설
교육	학교총론	양계초의 글	홍필주 역술	대한협회 회보	1908.07.25	제4호	논설
교육	학교총론	양계초의 글	홍필주 역술	대한협회 회보	1908.08.25	제5호	논설
교육	학교총론	양계초의 글	홍필주 역술	대한협회 회보	1908.09.25	제6호	잡저
교육	학교의 개 설	學校의 사회적 역할과 기능(時勢의 必要에 基 因ᄒ 者이며 又는 社會的 發達上에 重要ᄒ 機關)	강매	대한흥학 보	1909.05.20	제3호	잡저
교육	학 생 론 (상)	학생의 의무 역할：	소양생	대한흥학 보	1909.06.20	제4호	논설
교육	여생의게 의학 연구 를 권고흠	동경의학교의 교과과 정, 동경여의학교 교 과과정	창해자	대한흥학 보	1909.10.20	제6호	논설
교육	교육은 독 립의 준비 라	교육의 정의와 역할： 人皆被敎育ᄒ야 先達其 德育智育體育이면 學業 界에 有模範的 行動이 오 實業界에 有勤勞的 行爲也라	경성양원여 학교학생 김 순희	대한흥학 보	1910.01.20	제9호	논설
교육	학과의 요	先進國 中學校 學課表		서북학회	1909.02.01	제9호	잡저

구분	제목	주제 및 특기 내용	필자/역자	기관지명	연기	호수	
	설	소개		월보			
교육	我國教育界의 現象을 觀ㅎ고 普通教育의 急務를 論홈	보통 교육의 특징과 필요성	張膺震	태극학보	1906.08.24	제1호	논설
교육	교육의 목적	敎育의 目的 : 獨立 自裁 완성, 將來 社會의 職分을 完全케 함	우경명(역)	태극학보	1907.05.24	제10호	학술
교육	교육이 불명이면 생존을 부득	사회진화, 교육	박상용	태극학보	1907.05.24	제10호	논설
교육	이과강담 (소학교원 참고ㅎ기 위ㅎ야)(일)	람프, 등피(람프에 이용되는 것)-탄산이 혼재한 공기는 상구로 향출하고 소선이 백열	호연자 역	태극학보	1907.09.24	제13호	학술
교육	이과강담 (이)(소학교원 참고)	植林 : 삼림의 광대한 공용	호연자 역	태극학보	1907.10.24	제14호	학술
교육	이과교수법문답	이과의 정의와 범주 : 자연계 현상의 연구, 동물학, 식물학, 광물학, 인류학, 물리학, 화학, 성학, 지질학 등	호연자	태극학보	1907.11.24	제15호	학술
교육	권학론	實學(궁리학, 지리학, 역사학, 경제학등)을 습득하고 사농공상에 각각 힘써서 공공의 사업을 영위, 그 몸이 독립하면 나라가 립한다.	복택유길 기 김홍량 역	태극학보	1908.10.24	제25호	논설
교육	식산교육	식산을 날마다 번성하게 하고 국가 독립을 도모할 것	임정규	호남학보	1908.07.25	제2호	논설
일반	학계의 관념	각종 과학도 보통 일반은 무불이해 하야	이철주	기호흥학회월보	1909.02.25	제7호	논설
일반	학문체용	利用厚生之路서의 학문	한치유	대동학회월보	1908.02.25	제1호	논설
일반	가신가구		장박	대동학회	1908.02.25	제1호	논설

구분	제목	주제 및 특기 내용	필자/역자	기관지명	연기	호수	
	설			월보			
일반	학문체용	西儒之學의 종류와 범주. 서학의 장점	김사설	대동학회월보	1908.02.25	제1호	논설
일반	양기설(養氣說)	일본에서 유학한 중국인의 글 : 天演 範圍, 理學의 설명과 특징	장박 識	대동학회월보	1908.03.25	제2호	논설
일반	신학과 구학의 관계 장학사 이일구호	신학의 특징 : 文化稍開 고 人智漸進. 文學이 나날이 더해지고 智識이 해마다 늘어나 지금의 문명을 이룸		대동학회월보	1908.03.25	제2호	논설
일반	신구학문이 동호아 리호아 속	신학문의 특징과 비교	이종하	대동학회월보	1908.03.25	제2호	논설
일반	신학 육예설	구학문의 육예에 신학을 대비	김윤식	대동학회월보	1908.07.25	제6호	논설
일반	학문신구(전호속)	신학문의 특징과 비교 : 구학이 지니는 장점도 주장	신기선	대동학회월보	1908.07.25	제6호	논설
일반	물명고	사물 이름 번역	우산거사	대동학회월보	1908.08.25	제7호	잡저
일반	물명고(속)	사물 이름 번역	우산거사	대동학회월보	1908.09.25	제8호	잡저
일반	물명고(속)	사물 이름 번역	우산거사	대동학회월보	1908.11.25	제10호	잡저
일반	물명고(속)	사물 이름 번역	우산거사	대동학회월보	1908.12.25	제11호	잡저
일반	물명고(속)	사물 이름 번역	우산거사	대동학회월보	1909.01.25	제12호	잡저
일반	물명고(속)	사물 이름 번역	우산거사	대동학회월보	1909.02.25	제13호	잡저
일반	물명고(속)	사물 이름 번역	우산거사	대동학회월보	1909.03.25	제14호	잡저
일반	물명고(속)	사물 이름 번역	우산거사	대동학회월보	1909.05.25	제16호	잡저
일반	식산부	천산지물, 인지공력, 농학, 광학, 격치지결과	소암 여병현	대한자강회월보	1906.08.25	제2호	논설
일반	문명론	실지실학	송당 김성희	대한자강회월보	1906.12.25	제6호	논설
일반	국민의 의	만물지 소장흥쇠는 태	남궁훈	대한자강	1907.04.25	제10호	논설

구분	제목	주제 및 특기 내용	필자/역자	기관지명	연기	호수	
	무	공조화의 의무요~ : 국민의 의무를 강조하기 위한 비유법		회월보			
일반	철학과 과학의 범위	哲學의 정의와 범주 및 科學의 정의와 범주	이창환	대한학회 월보	1908.06.25	제5호	학술
일반	水上에 착용화			대한학회 월보	1908.07.25	제6호	잡저
일반	공중비행선	독일에서 새로 발명한 공중 비행선 소개		대한학회 월보	1908.07.25	제6호	잡저
일반	태서사물기 원의 적요	각종 과학 기술적 발견 및 발명		대한학회 월보	1908.09.25	제7호	학술
일반	일본 문명관(속)		우양생	대한학회 월보	1908.11.25	제9호	잡저
일반	신구학변	신학 : 지식이 발달하며 기술이 정묘해짐	박해원	대한학회 월보	1908.03.25	제2호	논설
일반	식산론	식물학(포플러, 낙엽송)	김명준	대한협회 회보	1908.04.25	제1호	잡저
일반	학인불학인의 궐계	사회진화론	백성환	대한협회 회보	1908.06.25	제3호	논설
일반	신구학의 관계	蓋 今日之汽車火帆이 卽 古之舟車라. 變而使之速也	이종린	대한협회 회보	1908.07.25	제4호	논설
일반	실업정신의 여하	실업-사농공상의 망실된 사태를 논함	권동진	대한협회 회보	1908.08.25	제5호	논설
일반	격치학의 공용	格致者는 格物致知之謂 也니 其有功於利用厚生 이 大矣	여병현	대한협회 회보	1908.08.25	제5호	잡저
일반	격치학의 공용(속)	격치학의 분류 : 氣學者(경기-수기 양기-산소, 광학자(빛의 속도, 빛의 회절, 망원경, 현미경), 성학자 : 소리의 속도(전화기). 중학자 : 중심 및 중량중심, 전학자…	여병현	대한협회 회보	1908.09.25	제6호	잡저
수학	격치학의 공용(속)	격치자는 算學之進攻者, 산학의 중요성(격치지용구라 ; 근본으로서의 산학)	여병현	대한협회 회보	1908.10.25	제7호	잡저
일반	적자생존	適者는 生存ᄒ고 不適	김영기	대한흥학	1909.03.20	제1호	논설

구분	제목	주제 및 특기 내용	필자/역자	기관지명	연기	호수	
		者는 滅亡홈이 此是 進化的 必然흔 原則이라		보			
일반	일본문명관(전 대한학보 제구호 속)	사회진화론	최석하	대한흥학보	1909.03.20	제1호	논설
일반	청국의 각성과 한국 [전 대한학회월보 속]	사회진화론	채기두	대한흥학보	1909.03.20	제1호	논설
일반	일본 문명관(속)	사회진화론	최석하	대한흥학보	1909.04.20	제2호	논설
일반	생존경쟁담	생존경쟁-한글 읽기 삽입	KM생	대한흥학보	1910.05.20	제13호	잡저
일반	학생의 직분과 의무	自然에 出흔 職分, 自由에 任흔 職分, 國家에 對흔 職分	주동한	서북학회월보	1908.08.01	제3호	논설
일반	국민학과 물질학	국민학 : 애국사상과 애국정신. 물질학 : 국력을 키우고 민산(民産)을 부유하게 함. 민산은 실업발전에 있음. 물질학의 연구가 필요함. 물질학은 國家存亡과 人種生滅의 最大關係가 되는 學問	백남산인	서북학회월보	1908.12.01	제7호	학술
일반	물질개량론	물산경쟁		서북학회월보	1909.01.01	제8호	논설
일반	진학의 요로	학문의 중요성, 학문정진	대명학란	서북학회월보	1909.01.01	제8호	잡저
일반	국가론의 개요	國家의 정의, 우승열패의 경쟁	선우순	서북학회월보	1909.01.01	제8호	학술
일반	신학과 구학의 구별	구학과 신학의 장단점 비교	구신자	서북학회월보	1909.01.01	제8호	잡저
일반	식산흥업위생활방침	動物植物을 연구해 실업을 강구할 것	박한흠	서북학회월보	1909.02.01	제9호	잡저
일반	국가논의 개요(속)	자연의 이치, 국가의 부	선우순	서북학회월보	1909.02.01	제9호	학술
일반	유교구신론	구학문의 폐단과 이를 대체하는 各種 새로운	겸곡생	서북학회월보	1909.03.01	제10호	논설

구분	제목	주제 및 특기 내용	필자/역자	기관지명	연기	호수	
		科學의 등장. 이를 수용하는 것이 중요					
일반	논의력	사회진화론/ 빙집=양계초의 글	빙집 역술	서북학회월보	1909.03.01	제10호	잡저
일반	諸學釋名節要	과학의 정의와 계통적 범주의 설정		서북학회월보	1909.04.01	제11호	학술
일반	국가논의개요 속	순연한 자연인(개인)		서북학회월보	1909.05.01	제12호	학술
일반	전기대왕애디손의소년력사	에디슨 전신	소년자	서북학회월보	1909.06.01	제13호	잡저
일반	학문연구의 요로	학문의 상호 관계 : 實質的 科學, 그 하위 범주로 精神的 科學 及 自然的 科學	죽포생	서북학회월보	1909.07.01	제14호	논설
일반	관학무국장윤치오씨도서누		김원극	서북학회월보	1909.12.01	제18호	잡저
일반	시 간 과 금전과의 절용		춘몽자	서북학회월보	1910.01.01	제19호	잡저
일반	구습개량론	유림가의 구습을 타파하고 시무학문을 체용해 국가 인민의 행복을 추구해야 함	박은식	서우	1907.01.01	제2호	논설
일반	한국공업	일문경성보 번역 신다 : 자가 경영의 실업 개량을 독려		서우	1907.06.01	제7호	논설
일반	社會敎育		蔡奎丙	태극학보	1906.08.24	제1호	논설
일반	국가론	存競爭時代. 優勝劣敗, 强食弱肉	최석하	태극학보	1906.08.24	제1호	논설
일반	告我二千萬同胞 (寄書)		工學士 尙灝 논설	태극학보	1906.08.24	제1호	논설
일반	無學의 不幸이라	자연의 현상, 물체의 法則을 연구하고 이해하는 것이 眞誠흔 學識이라	全永爵논설	태극학보	1906.08.24	제1호	논설
일반	과학론	관찰, 분류, 설명을 구비해야 과학이라 할 수 있다.	장응진	태극학보	1906.12.24	제5호	학술

구분	제목	주제 및 특기 내용	필자/역자	기관지명	연기	호수	
일반	국가와 국민기업심의 관계		장홍식	태극학보	1907.01.24	제6호	학술
일반	진보의 삼계급	독단, 회의, 총명	문일평	태극학보	1907.06.24	제11호	논설
일반	한국의 장래 문명을 논흠		문일평	태극학보	1907.07.24	제12호	논설
일반	문명의 정신을 논흠	元氣의 정의와 이의 육성을 장려함	정제원	태극학보	1907.12.24	제16호	논설
일반	세계문명사 비문명적 인류	氷雪時代 後期 원시 인류가 등장,	김낙영(역술)	태극학보	1908.01.24	제17호	학술
일반	학문의 목적	學問目的 : 自己의 能力 發達. 英 美國과 독일의 학문 목적의 차이 비교	연구생	태극학보	1908.01.24	제17호	논설
일반	세계문명사 (전 호 속)	비문명적 인류 : 자연민족, 자연계 현상, 자연민족, 천연의 행복, 천연의 결정체형	김낙영 역술	태극학보	1908.03.24	제19호	학술
일반	실력의 희망	문명 발달과 사회의 개인	백진규	태극학보	1908.05.24	제20호	논설
일반	과학의 급무	과학의 중요성	김영재	태극학보	1908.05.24	제20호	논설
일반	세계문명사	동양의 문명	초해생(역술)	태극학보	1908.05.24	제20호	학술
일반	세계문명사 (동 양 문명)	인도	초해 역술	태극학보	1908.06.24	제22호	학술
일반 :	경쟁의 근본	근본적 원인은 생존. 약육강식	포우생	태극학보	1908.06.24	제22호	학술
일반	성질의 개량		중수	태극학보	1908.07.24	제23호	논설
일반	제충국의 연구		연구생	태극학보	1908.10.24	제25호	학술
일반	신종보경	산학, 지학, 물리학, 경제학 등의 중요성	최동식	호남학보	1908.08.25	제3호	논설
일반	국가학 속	일본-명치 이후 개항을 서로 하여 태서학술이 먼저 도래해 동양의 강국이 되었다.	이기	호남학보	1908.08.25	제3호	

구분	제목	주제 및 특기 내용	필자/역자	기관지명	연기	호수	
일반	채약인 문답	경쟁, 농공상병 정비 및 정법이화의 실학의 정리가 이루어짐, 이를 현재 적용해야 함	청파 윤주신	호남학보	1908.08.25	제3호	기타

종 장

개항 이래 경술국치까지 30여 년 동안 고종 치하의 조선 정부는 많은 변화를 겪었다. 정치제도의 개혁도 있었고, 국정 개혁도 있었으며 통치기반의 개혁도 추진되었다. 이를 구체적으로 실현하기 위한 인력 양성을 위한 방안도 국정 차원에서 이루어졌다. 1890년대 중반 이후에는 새로운 근대 학제를 신설해 운영하기 시작했던 것이다. 이 과정에서 조선 혹은 대한제국의 지식 사회는 커다란 변화를 겪었다. 이런 변화의 바탕에는 개항 이후 서양 제국의 문물도입을 위해 청으로부터 구입한 200여 종의 근대 과학기술서적이 있었다.

1부는 한역 근대 과학기술서적의 전모를 밝히며 그 영향의 형성과 탈각의 과정을 살핀 것이다. 1장은 조선 지성 사회에 깊은 영향을 미치기 시작한 정부 주도의 다양한 근대 과학기술서적의 도입 과정, 도입 통로와 서적들의 내용을 분류했다.

이 서적들을 분류한 바에 의하면 조선 정부의 관심사는 무비(武備)에 쏠려 있음을 확인할 수 있었다. 수집 흔적이 있는 책들 220여 종 가운데 현존하는 160여 종을 분류하면 격치 분야가 68종(보존 서적 57종), 수학

54종(보존 서적 38종), 무비는 46종(보존 서적 30종), 예기 및 기술이 36종(보존 서적 20종), 의학 분야가 18종(보존 서적 17종) 등이다. 가장 많이 남아 있는 분야는 격치 분야이지만 이 분야가 기본적으로 무비를 갖추기 위한 기초 분야임을 감안하면 무비와 관련한 분야는 급격히 늘어난다. 또 무비와 예기 및 기술 분야들이 수집된 서적에 비해 가장 많이 없어진 분야임을 알 수 있다. 이 분야들의 서적들은 현업 부서에 비치되었던 탓에 오히려 많이 사라진 것으로 보인다.

본격적으로 이 서적들의 활용과 영향을 미쳤던 방식을 살펴본 것이 2장과 3장이다. 2장에서는 조선 정부에서 펴낸 『한성순보』와 『한성주보』를 검토했다. 이들 매체들은 이 서적들에서 다양한 정보들을 정리하고 발췌하거나 혹은 전재해 실었으며 국문으로 번역하기도 했다. 이렇게 편집된 『한성순보』와 『한성주보』에서 볼 수 있는 서양 과학기술 관련 기사들은 제철, 개인 및 대형화기, 전신, 증기선, 의료 시설 및 우두법, 새로운 농법 및 양잠법, 채광 기술과 더불어 교육 등을 주제로 하고 있어 다양할 뿐만 아니라 기사 분량도 방대했다. 이들 과학기술 관련 기사들은 서양의 문물을 도입해 수행하려 했던 각종 국정개혁 정책들의 시행 시점과 일치하거나 전후에 보도되었음을 알 수 있다. 또 정책 지원만이 아니라 새로 편입된 국제 사회에 대한 이해를 높이기 위한 세계지리, 세계 각국 지략과 더불어 서양의 근대 천문학, 기상학 등을 보도했다. 이들 기사는 중국을 중심으로 하는 전통 지리 인식이나 전통적 재이론에서 벗어나 새로운 근대적 자연관 및 세계관으로의 이행을 촉구했다.

정부의 근대 과학기술 도입과 관련한 정책 시행은 새로운 세계를 이해하려는 당시 조선의 지성 사회의 조류와 맞물렸다. 지석영을 통해 조선의 지성 사회에서 한역 근대 과학기술서적을 이해하는 방식을 살펴보았다. 그는 1880년대 조선 정부가 수집한 한역 근대 과학서 가운데 『박물신편』, 『전체신론』, 『유문의학』, 『부영신설』, 『서약약석』 등을 활용해 1891년 『신학신설』을 편찬했다. 이 책을 검토한 바에 의하면 이 책들을 통해 그는 그의 가장 큰 관심사인 위생과 관련한 '보신지학'을 구성했음을 볼 수 있다. 그는 이 과학기술서적을 통해 근대 과학과 전통 한의를 습합해 '몸에 관한 학설'의 변용을 이루어냈다. 그의 방식은 이전 시대 최한기가 했던 전통 자연관의 재구축이 아니라는 점에서 차이가 난다. 이처럼 근대 과학기술서적의 영향을 받은 1890년대에 이르면 조선 지식 체계의 중심은 전통이 아니라 근대 지식 체계로 이전되고 있음을 볼 수 있다.

1880년대 이래 지속된 근대 과학기술서적들의 이해와 활용으로 근대 과학의 변형, 변용, 혼종 등이 형성되었다. 그리고 중국 영향으로부터 벗어나려는 움직임이 1890년대 중반 이래 전개되었다. 4장에서 1895년 이후 『대조선독립협회회보』, 『독립신문』, 대한제국 학부 출간의 교과서들에 나타난 여러 형태의 변형을 보았다. 그 가운데 하나가 중국으로부터 들여온 한역 근대 과학기술서적들에 의한 영향이다. 또 하나의 변형은 미국에서 서양 과학을 공부하고 귀국한 서재필이나 윤치호, 혹은 조선에서 활동하던 서양 선교사들에 의해 형성되었다. 마지막으로 제시된 변형은 새로운 근대 학교제도와 연관되었다. 이런 변형들은 전통적 자연관을 탈피하면서 자연에 대한 이해 방식을 모색하는 과정에서 발생한 혼재라 할 수 있다.

5장은 혼용들의 영향력이 지속되거나 단절되거나 변형되는 양상과 관련이 있다. 애국계몽운동기로 불리는 이 시기 출판된 11종의 학술지 등을 검토했다. 비록 당시 필자들은 '격치'를 많이 이용했으나 이전 시대와 뚜렷한 차이를 보였다. 이 용어에서 청나라로부터 들어온 영향력,

즉 한역 근대 과학기술서의 흔적들이 지워지기 시작했다. 그것을 애써 되살리려는 시도도 찾을 수 있으나 이미 주류에서 벗어난 움직임이었고, 신학문으로 지칭되기도 한 과학과 동질성을 제시했지만 더 이상 설득력을 가지지 못했다. 이 시기 매체들에서 사용된 격치, 신학문, 과학은 구체적으로 실험이라는 과학 연구의 방법론을 제시했고, 사용언어로서의 수학이 중요함을 강조했으며 자연관은 근대 서양과학의 물질과 그것의 운동만이 존재하는 공간으로의 인식으로 전환되었다. 또 더 이상 신에 의해 창조된 세상과 관련한 언급도 찾을 수 없었다. 비록 이 시기 그들이 '격치'라는 단어를 사용했을지라도 그 의미와 용법이 달라졌음을 볼 수 있었다.

2부에 정리한 자료들은 한역 근대 과학기술서적이 도입된 이래 전파되고 활용되고 이해되는 과정과 더불어 그 영향을 벗어나는 과정까지를 살펴보면서 정리한 자료들이다. 1장은 규장각한국학연구원 소장의 한역 과학기술서적 162종에 관한 점검이었다. 이 분류에 의하면 가장 많은 분야는 격치 분야로 모두 56종에 이르며 다음이 수학 39종, 무비가 30종, 예기 및 기술이 20종, 의학 분야가 17종이다. 이를 통해 당시 정부의 관심이 무비에 집중되어 있음을 볼 수 있다.

2장에서는 『한성순보』, 『한성주보』에 실린 과학기술관련 기사들을 정리했다. 이에 따르면 천문학 포함 지구과학 관련 기사는 모두 51건(순보 28건, 주보 23건, 그 가운데 기상학 관련 기사 13건), 화학 관련 기사는 9건(순보 8건, 주보 1건), 무기 관련 기사는 24건(순보 18건, 주보 6건), 광학(鑛學) 및 광업 관련 기사는 10건(순보 4건, 주보 6건), 교통통신 관련 기사는 67건(순보 48건, 주보, 19건), 도량형 관련 기사는 4건(순보 3건, 주보 1건), 의학 관련 기사는 7건(순보 6건, 주보 1건),

농업 및 잠상을 포함한 산업 분야 기사는 15건(순보 12건, 주보 3건) 등이다. 이들 신문에 명기된 출처뿐만 아니라 새롭게 출처들을 찾아 함께 정리했다.『한성순보』,『한성주보』에서 식물학 혹은 동물학 기사를 찾을 수 없는데 이는 한역 근대 과학기술서에서도 식물학, 동물학은 따로 존재하지 않고 총서인『서학약술』에만 각각 1권 싹 포함되어 있었던 상황과도 연관되어 있다. 이런 경향은 당시 서적 수집의 주도자인 정부의 관심사를 반영하는 일이기도 했다.

3장은『대조선독립협회회보』,『독립신문』및 당시 학부에서 편찬된 교과서에서 과학기술 관련 글과 항목들을 정리해 실었다. 한역 근대 과학기술서의 영향을 살펴보기 위해『대조선독립협회회보』의 기사원을 정리했다. 중국에서 펴낸 방대한 양의 근대 과학기술 관련 잡지인『중서문견록』,『격치휘편』의 목차를 정리해 실었다. 더불어 이 잡지들을 전재한 국내 매체들도 정리했다. 비록 1880년대뿐만 아니라 1890년대까지도 이들 잡지가 큰 영향력을 행사했다고 하지만 목차를 정리하며 기사들을 살펴본 바에 의하면 이 두 매체를 일반화시켜 함께 평가할 수 없다. 이들 기사들을 보면, 두 매체가 다루는 기사의 수준이 달랐다.『중서문견록』이 일반 대중을 위한 매체라면『격치휘편』의 경우는 전공자를 위한 학술지였다. 다루는 내용이나 분량이 개론서를 뛰어 넘는 전문서적 수준이었다.

4장은 애국계몽운동기 편찬된 11종의 학회지 및 학술지에 나타난 과학기술관련 기사들을 모아 분류한 것이다. 국내의 애국계몽운동을 표방한 각 학회들에서 펴낸『기호흥학회월보』,『대동학회월보』,『대한자강회월보』,『대한협회회보』,『서북학회월보』,『서우』,『호남학보』와 더불어 일본 유학생들이 국내 계몽을 위해 출판한『태극학보』,『대한유학생회학보』,『대한학회월보』,『대한흥학보』등을 분석했다. 이들 매체가 실은 문명론 및 교육 관련 기사를 포함한 과학기술 관련 기사는 560여 종에 달한다. 이들을 분류했는데 1880년대 중후반 매체인 『한성순보』, 『한성주보』와 비교해보면 두 시기의 매체들이 모두 문명론을 포함한 일반론과 교육과 관련한 기사들과 지지 관련 기사들이 많은 비중을 차지했지만 『한성순보』, 『한성주보』에서 많이 보였던 교통 및 통신과 관련한 기사들이 애국계몽운동기의 학회지들에서는 잘 보이지 않았다. 1880년대의 매체에 비해 이 시기의 매체의 두드러진 특징은 위생 및 생리 관련 기사들이 55건으로 많아졌다는 점과 이전 시대에는 보이지 않던 동식물학 관련 기사들이 현저히 늘었다는 점을 들 수 있다. 특히 식물학과 관련한 기사가 『한성순보』, 『한성주보』에서 찾을 수 없었으나 이 시기 식물학 관련 기사 24건으로 증가한 것은 두 시대가 관심사에서 확연하게 차이가 있음을 보여준다. 동물학 기사도 비슷한 수준으로 증가했다. 이는 천지인 합일이라는 전통적 자연관에서 굳이 가질 필요가 없던 관심이 근대 자연관으로 전환됨에 따라 새롭게 형성되었음을 보여준다.

2부의 자료들은 좀 더 많은 연구와 분석이 필요하다. 심도 있는 연구들을 통해 1910년 이전의 근대 과학기술 관련 지식 풍토, 이를 이루는 인물들의 자연관 및 과학관의 변화, 지적 맥락의 전환 등도 분명하게 정리될 것으로 기대된다. 이들의 지적 흐름이 일관되지 않음은 근대 과학지식에 대한 당시 지식 사회의 대응 양상일 수 있다. 친일적이며 수구적인 잡지에서 사용되는 용어들이나 사유 방식이 모두 개항 초기의 이른바 동도서기적 입장을 견지한 것도 아니었다. 또 진보적이라고 알려진 매체에서 보이는 기사들이 모두 중국의 영향에서 벗어난 것도 아님을 확인할 수 있다.

개항 이래 경술국치 이전까지 30년 동안 조선 혹은 대한제국은 사회

각 방면으로 큰 변화를 겪었다. 과학기술 분야에서의 변화 역시 놀라웠다. 사유 방식의 전통에서 벗어나는 변화에도 수동적이거나 소극적이지 않았다. 또 이 변화를 한역 근대 과학기술서적들을 중심으로 살펴볼 때 조선의 지식 사회가 근대 지식 유입 통로에만 영향 받지 않았음을 볼 수 있다. 즉 중국으로부터 일본으로의 전환에 의존해 조선의 지식 사회, 지적 풍토가 변하지 않았다. 이는 전통의 고집과 폭력적 쇄신과 같은 단순한 방식으로 움직인 것이 아니라 이해와 수용, 오독과 정정, 변형과 혼종의 형성 등에 의한 다양한 과정을 통해 조선의 지적 풍토, 지적 맥락이 전환하고 있었음을 의미했다. 일제강점기 이전에 이미 조선의 지식 사회가 근대 과학을 수용하기 위한 기반을 조성했던 것이다. 이런 지적 토대를 일본이 식민 지배를 위해 탈취, 강점하는 한편 왜곡했고 조선에 미개, 완고의 이미지를 덮어 씌었음을 볼 수 있다.

필자는 이 책을 통해 더 많은 심도있는 연구들이 진행되어 개항 이래 일제강점 이전까지의 조선 지성 사회의 변화가 수면 위로 드러나기를 바란다.

참고문헌

원전류

『고종실록』『일성록』, 『승정원일기』
아세아문제연구소, 『구한국외교문서』
Hulbert, 『Echos of the Orient』(2000. 선인)
Hulbert, 『사민필지』
『격치휘편』, 『중서문견록』 등 규장각 소장 한역 근대 과학기술서적류 160여 종
傅蘭雅, 『譯書事略』(奎中 5406, 1880)

신문 및 기관지

『한성순보』
『한성주보』
『대조선독립협회회보』
『독립신문』
『기호흥학회월보』
『대동학회월보』
『대한유학생회학보』
『대한자강회월보』
『대한학회월보』
『대한협회회보』
『대한흥학보』
『서북학회월보』
『서우』

『태극학보』
『호남학보』

영인본

『한국개화기교과서총서』 4(아세아문화사 영인, 1977).
朴志泰 편저, 『대한제국 정책사자료집 VIII』(이하 『정책사자료집 8』로 줄임)(선인
　　　문화사, 1999).

단행본

강상규, 『19세기 동아시아의 패러다임 변환과 한반도』(논형, 2008).
강재언, 『조선의 서학사』(민음사, 1990).
교수신문기획, 『고종황제 역사청문회』(푸른역사, 2005).
기상청 기후국 기상정책과, 『근대기상100년사』(기상청, 2004).
김연희, 『한국근대과학형성사』(들녘, 2016).
김연희, 『전신으로 이어진 대한제국, 성공과 좌절의 역사』(혜안. 2018).
김영식, 『과학혁명』(민음사, 1986).
김영식, 김근배 엮음, 『근현대 한국사회의 과학』(창작과 비평사, 1998).
러시아 대장성 편, 한국정신문화연구원 번역, 『국역 한국지』(1984).
박성래, 『한국과학 사상사』(유스북, 2005).
박성순, 『조선유학과 서양과학의 만남』(고즈원, 2005).
박종석, 『개화기 한국의 과학교과서』(한국학술정보, 2006).
배항섭, 『19세기 조선의 군사제도 연구』(국학자료원, 2002),
야부우치 기요시, 전상운 역, 『중국의 과학문명』(민음사, 1997).
유길준, 김태준 역, 『서유견문 속』(박영사, 1982).
유길준, 채훈 역주, 『서유견문』(명문당, 2003).
이배용, 『한국근대광업침탈사연구』(일조각, 1989).
이태진, 『고종시대의 재평가』(태학사, 2000).
이필렬, 『우리나라 기상사 정립에 관한 연구』(기상청, 2007).
홍이섭, 『조선과학사』(정음사, 1946).

토마스 쿤, 『과학혁명의 구조』.

톰 스탠디지(Tom Standage) 지음, 조용철 옮김, 『19세기 인터넷과 텔레그래프 이야기』(이하 『19세기 인터넷』으로 줄임, 한울, 2001).

퍼시벌 로웰 지음, 조경철 옮김, 『내 기억 속의 조선, 조선 사람들』(예담, 1999).

Adrian Bennett, *John Fryer : The Introduction of Western Science and Technology into Nineteenth-century China* (Cambridge, MA : Harvard University Research Center, 1967).

Benjamin A. Elman, *From Philosophy to Philology : intellectual and social aspects of change in late imperical China* (Cambridge(Massachusetts) and London : Harvard University Press, 1984).

Benjamin Elman, *On Their Own Terms, Science in China* (Havard University, 2005).

Michael Lackner, Iwo Amelung, and Joachim Kurtz, *New Terms for New Ideas : Western Knowledge and Lexical Change in Late Imperial China* (Leiden : Brill, 2001).

Thomas Kuhn, *The Copernican revolution : planetary astronomy in the development of Western thought* (Cambridge : Harvard University Press, 1985).

논문

강순돌, "애국계몽기 지식인의 지리학 이해 : 1905~1910년의 학보를 중심으로", 『대한지리학회지』 제40권 제6호(2005).

권태억, "1904-1910년 일제의 한국침략 구상과 '施政改善'", 『韓國史論』 31(2004).

김경일, "문명론과 인종주의, 아시아 연대론", 『사회와역사』 제78집(2008).

김성근, "근세일본에서의 氣的 세계상과 원자론적 세계상의 충돌", 『동서철학연구』 61호(2011).

김성근, "동아시아에서 '자연(nature)'이라는 근대 어휘의 탄생과 정착", 『한국과학사학회지』 32-2(2010).

김성근, "일본의 메이지 사상계와 '과학'이라는 용어의 성립과정", 『한국과학사학회지』 25-2(2003).

김성혜, "고종 친정 직후 정치적 기반 형성과 그 특징", 『한국근현대사연구』 52(2010).

김연희, "영선사행 군계학조단의 재평가", 『한국사연구』 137호(2007. 6).

김연희, "『한성순보』 및 『한성주보』의 과학기술 기사로 본 고종시대 서구문물수용 노력", 『한국과학사학회지』 33-1(2011).

김영희, "대한제국 시기의 잠업진흥정책과 민영잠업", 『대한제국연구(V)』(이화여자대학교 한국문화연구원, 1986).

김용구, "조선에 있어서 만국공법의 수용과 적용", 『국제문제연구』 23-1(1999).

김원모, "朝鮮報聘使의 美國使行(1883) 硏究(下)", 『東方學誌』 50(1886).

김정기, "1880년대 기기국 機器廠의 설치" 99(1978).

김정기, "조선정부의 청차관도입(1882-1894)", 『한국사론』 3(1978).

김채수, "근현대 일본인들의 서구의 자연관 수용양상과 그들의 자연에 대한 인식 고찰", 『일본문화연구』 9(2003).

남상준, "한국근대교육의 지리교육에 관한 연구", 『교육개발』 14-4(Vol. 79, 1992. 8).

박성래, "마테오 릿치와 한국의 서양과학수용", 『동아연구』 3(1983).

박성래, "한국근세의 서양과학수용", 『동방학지』 20(1978).

박성래, "한성순보와 한성주보의 근대과학 인식", 김영식, 김근배 엮음, 『근현대 한국사회의 과학』(창작과 비평사, 1998).

박성진, "한국사회에 적용된 사회진화론의 성격에 대한 재해석", 『현대사연구』 제10호(1998).

박영민, 김채식, 이상구, 이재화, "수학자 이상설이 소개한 근대자연과학 : <식물학(植物學)>", 『한국수학교육학회 학술발표논문집』 2011권 1호(2011).

박종석, 정병훈, 박승재, "1895년부터 1915년까지 과학교과서의 발행, 검정 사용에 관련된 법적 근거와 사용승인 실태", 『한국과학교육학회지』 18-3(1998).

박찬승 "사회진화론 수용의 비교사적 검토 한말 일제시기 사회진화론의 성격과 영향", 『역사비평』 1996년 봄호(34호, 1996).

박충석, "박영효의 부국강병론", 와타나베 히로시, 박충석 공편, 『'문명' '개화' '평화'-한국과 일본』(아연출판사, 2008).

설한국, 이상구, "이상설 : 한국 근대수학교육의 아버지", 『한국수학사학회지』 22권3호(2009).

송명진, "'국가'와 '수신', 1890년대 독본의 두 가지 양상", 『한국어어문화』 39(2009).

신동원, "한국 우두법의 정치학- 계몽된 근대인가, '근대'의 '계몽'인가", 『한국과학사학회지』 22-2(2000).

오진석, "광무개혁기 근대산업육성정책의 내용과 성격", 『역사학보』 193(2007).

이면우, "한국근대교육기(1876~1910)의 지구과학교육"(서울대학교 박사학위 논문, 1997).

이상구, "한국 근대수학교육의 아버지 이상설(李相卨)이 쓴 19세기 근대화학 강의록", 『화학계몽초(化學啓蒙抄)』 『Korean Journal of mathematics』 20권 4호(2012).

이상구, 박종윤, 김채식, 이재화, "수학자 보재 이상설(李相卨)의 근대자연과학 수용 -『백승호초(百勝胡艸)』를 중심으로", 『E-수학교육 논문집』 27권 4호(2013).

장보웅, "개화기의 지리교육", 『지리학』 5-1(1970).

장현근, "유교근대화와 계몽주의적 한민족국가 구상", 『동양정치사상사』 제3권 제2호(2003).

전복희, "사회진화론의 19세기말부터 20세기초까지 한국에서의 기능", 『한국정치학회보』 제27집 제1호(1993).

전복희, "애국계몽기 계몽운동의 특성", 『동양정치사상사』 Vol. 2, No. 1(2003).

전상운, "담헌 홍대용의 과학사상", 『이을호박사정년기념실학논총』(1975).

전용호, "근대 지식 개념의 형성과 『국민소학독본』", 『우리어문연구』 25-0(2005).

전용훈, "조선후기 서양천문학과 전통천문학의 갈등과 융화"(서울대 박사학위 논문, 2004).

전우용, "19세기~20세기 초 한인회사 연구"(서울대박사학위논문, 1997).

정상우, "개항이후 시간관념의 변화", 『역사비평』 50호(2000).

정상우, "일주일 도입 고찰을 위한 시론", 『문화과학』 44호(2005).

정인경, "일제하 경성고등공업학교의 설립과 운영", 『한국과학사학회지』 16-1(1994).

정재걸, "원산학사에 대한 이해와 오해", 『중등우리교육』 제1호(1990).

정재걸, "韓國 近代敎育의 起點에 관한 硏究", 『敎育史學硏究』 제2·3집(1990).

조형근, "식민지와 근대의 교차로에서-의사들이 할 수 없었던 일", 『문화과학』

29호(2002).

주광호, "周敦頤 『太極圖說』의 존재론적 가치론적 함의", 『한국철학논집』
20-0(2007).

채성주, "근대적 교육관의 형성과 '경쟁' 담론", 『한국교육학연구』(2007).

최보영, "育英公院의 설립과 운영실태 再考察", 『한국독립운동사연구』 42(2012).

허동현, "1880년대 개화파 인사들의 사회진화론 수용양태 비교 연구−유길준과
윤치호를 중심으로", 『사총』 Vol. 55, No. 0(2002).

허동현, "1881년 조사 어윤중의 일본 경제정책 인식−『재정견문』 등을 중심으
로", 『한국사연구』 93(1996).

현채, 『문답 대한신지지』, 서문, 강철중, "문답 대한신지지 내용분석−자연지리
를 중심으로", 『한국지형학회지』 17-4(2010).

찾아보기